# 绒毛用羊生产实用技术手册

田可川 主编



金盾出版社

# 内容提要

我国是世界最大的羊毛制品加工国，羊毛的数量和质量远不能满足国内毛纺工业的需要。提高绒毛用羊的产值、质量对养羊优势产区的经济效益影响较大。本书由国家绒毛用羊产业技术体系首席科学家、新疆畜牧科学院畜牧研究所所长田可川组织编写，系统阐述了绒毛用羊生产技术，技术先进实用，指导性强，是绒毛用羊领域中较权威的科普参考书。本书主要内容包括：绒毛用羊的羊场建设、品种选择、选种选配、繁殖技术、饲养管理、营养需要与饲料配制、疫病防控、毛绒皮生产技术、生产资料和档案管理、羊场经营管理等。适合绒毛用羊生产管理者和大专院校相关专业师生阅读。

**图书在版编目(CIP)数据**

绒毛用羊生产实用技术手册/田可川主编．— 北京 ：金盾出版社，2014.6(2015.2 重印)

(国家绒毛用羊产业技术体系系列丛书)

ISBN 978-7-5082-9135-2

Ⅰ．①绒…　Ⅱ．①田…　Ⅲ．①毛用羊—饲养管理—技术手册　Ⅳ．①S826.9-62

中国版本图书馆 CIP 数据核字(2014)第 009556 号

**金盾出版社出版、总发行**

北京太平路 5 号(地铁万寿路站往南)

邮政编码：100036　电话：68214039　83219215

传真：68276683　网址：www.jdcbs.cn

封面印刷：北京凌奇印刷有限责任公司

正文印刷：北京华正印刷有限公司

装订：北京华正印刷有限公司

各地新华书店经销

开本：850×1168 1/32　印张：13.625　字数：332 千字

2015 年 2 月第 1 版第 2 次印刷

印数：4 001～7 000 册　定价：30.00 元

# 《绒毛用羊生产实用技术手册》

主　编

田可川

编著者

毛杨毅　李范文　牛文智　张富全

王瑞金　王建华　石　刚　刘少卿

白骊骅　王贵东　刘月琴　申小云

乔海生　单德海　央　金　张亚军

李青春　杨　祎　宋先忱　苟锡勋

于丽娟　张艳花　徐新明　付雪峰

官却扎西　益西多吉　木乃尔什

# 总 序

绒毛用羊业是我国畜牧业的重要组成部分，我国存栏绵、山羊约 3.8 亿只，其中 70%为绒毛用羊。绒毛用羊在国民经济中占有重要的地位，对促进畜牧业经济发展、维护产业平衡和健康可持续发展等方面具有重要作用。

根据我国国民经济发展的需要，细毛羊业首先为纺织工业提供大量优质绒毛原料。我国是世界羊毛的最大消费国，平均每年毛纺工业需要净毛约 30 万吨，国产羊毛只能满足 1/3 左右，有 2/3 的羊毛依赖进口。巨大的国内市场供求缺口，为我国发展细毛羊产业创造了得天独厚的市场条件，同时我国具有世界洗毛、毛条制造、毛纱及布料制造和最大的服装加工四大基地之称，可以说，细毛羊产业在我国农村、农业乃至整个国民经济中占着举足轻重的地位。

我国绒山羊具有产绒量高、绒纤维品质好的特点，是我国独特的种质资源。绒山羊占全国山羊存栏量的 50%左右，产绒量约占世界 70%以上，在世界羊绒产业中具有举足轻重的地位和得天独厚的优势。可以说，绒山羊是我国农业生产及农业经济的重要组成部分。

半细毛羊与细毛羊生产相比，对生态条件要求严格，纤维直径以 29～34 微米为主体的同质粗绒毛。主产区在云南省，分布地区分散、偏远，在少数民族聚居的山区和少量的农区，因此对这些地区的经济发展、人民的生产生活具有重要影响。另外，半细毛羊是毛肉兼用品种，既可提供毛，又可提供更多的肉，也可提供羊皮等产品，满足轻纺和社会直接消费利用的需要。因此，绒毛用羊产业作为畜牧业的重要组成部分，在国民经济中占有重要的地位。

为推动我国绒毛用羊产业又好又快发展，推广先进适用的绒毛用羊养殖技术，提升我国基层畜牧技术推广人员科技服务能力和绒毛用羊养殖者的养殖技能，国家绒毛用羊产业技术体系组织体系内具备多年绒毛用羊养殖生产经验的试验站站长及相关专家编写了《绒毛用羊生产实用技术手册》一书。该书针对绒毛用羊生产中的羊场建设、品种选择、选种选配、繁殖技术、饲养与管理、营养与饲料、疫病防控、毛绒皮生产技术、资料档案管理、经营管理等技术进行了详细介绍，对于提高我国绒毛用羊科学养殖水平具有重要的指导意义。

本书从绒毛用羊生产实际出发，将绒毛用羊生产各环节有机结合起来，内容丰富，论述系统，可操作性强，适合从事绒毛用羊养殖生产者、管理技术人员、技术咨询人员使用。

《绒毛用羊生产实用技术手册》一书凝聚了国内绒毛用羊遗传育种与繁殖、疾病防控、营养与饲料、环境控制、绒毛加工与流通、产业经济等方面的专家和技术人员多年研究和实践的心血，相信此书的出版，对我国绒毛用羊养殖技术的推广和应用及产业的可持续发展一定会起到积极的推动作用。

国家绒毛用羊产业技术体系首席科学家：田可川

# 目 录

# 第一章 概 述

人类利用羊毛的历史可追溯到新石器时代,羊毛纤维柔软而富有弹性,可用于制作呢绒、绒线、毛毯、毡呢、地毯等生活用和工业用的纺织品。绵羊毛按细度分为细羊毛、半细毛、粗羊毛等,其中细羊毛具有较高的经济价值,是现代毛纺织工业主要的原料。人类将山羊绒用于纺织的时间相对较短。最早取羊绒制成保暖衣衫的方式起源于喜马拉雅山北部克什米尔地区,通常将山羊绒称为 Cashmere。早期在欧美国家中,羊绒制品被认为是珍贵且奢华的象征,被贵族人士广泛的接受及喜爱。在我国,17 世纪《天工开物》一书中就记述了山羊绒可用于织造之事。因为羊绒的生成受气候、地形影响,产量稀少,全球只有少数几个国家拥有,使之成为纺织业中珍贵且奢华的原材料。因此,人们也称它为“纤维钻石”、“纤维皇后”或“软黄金”。

目前,世界上有近 100 个国家和地区生产羊毛,羊毛产量较大的国家有澳大利亚、中国、新西兰、乌拉圭、阿根廷和南非六个国家。饲养绒山羊的国家主要有中国、蒙古、俄罗斯、伊朗、伊拉克、阿富汗、印度、巴基斯坦、土耳其等,其中我国是世界上山羊绒主要生产国,原绒产量和贸易量约占世界的 70%,蒙古约占 20%。

毛、绒是纺织工业的重要原料,毛绒用羊养殖上接种植业,下连加工业,既能促进种植业结构的调整,又能延伸到纺织加工业,带动饲料工业、兽药行业、畜牧机械、毛纺及皮革加工等一系列相关产业的发展,实现多环节、多层次、多领域的增值增收。

我国是绒毛羊生产大国,存栏绵山羊中 70%为绒毛用羊,拥有量大面广、生产独特绒毛产品的地方优良绒毛用羊品种和高产优质适应性强的众多培育品种。

细毛羊生产概况：新疆和内蒙古自治区以及吉林、甘肃、青海等省，自20世纪80年代以来，相继培育出既能适应当地生态环境又具备良好生产性能的细毛羊品种，如中国美利奴羊（新疆型）、敖汉细毛羊、鄂尔多斯细毛羊、甘肃高山细毛羊、青海细毛羊、新吉细毛羊等优良品种，这些自主培育的地方优良品种为改良当地粗毛绵羊的生产性能、提高我国优质细毛产量和质量具有重大的意义。同时，国家投入了较大的人力、物力建立了保种场，为我国优质细毛羊的遗传品质的保存起到了很大作用，这些品种经过近30年遗传改良，个体生产性能都有很大改善，羊毛产量和质量不断提高。

半细毛羊生产概况：半细毛羊产业是我国绒毛用羊产业的重要组成部分，我国的半细毛羊主要分布在云南、四川、西藏、青海和内蒙古等少数民族地区，主要有云南半细毛羊、西藏彭波半细毛羊、凉山半细毛羊三大主体品种。云南半细毛羊是20世纪60年代后期，利用当地粗毛羊为母系，用长毛种半细毛羊（罗姆尼羊、林肯羊等）为父系通过级进杂交再横交固定选育而成。1996年5月正式通过国家新品种委员会鉴定验收，成为我国第一个粗档半细毛羊新品种，2000年7月被国家畜禽资源委员会正式命名为“云南半细毛羊”。西藏彭波半细毛羊的中心产区位于拉萨市林周县南部原彭波农场所辖的几个乡，主要分布在日喀则、山南、拉萨市的河谷巴等地区。至2008年群体数量达6万余只。四川省凉山地区半细毛羊品种是凉山半细毛羊，经过国家“七五”、“八五”重点科技项目攻关，历经20年培育成功的我国第一个48～50支半细毛羊新品种，2009年经国家畜禽遗传资源委员会命名为“凉山半细毛羊”，主要分布在四川省凉山州的昭觉、会东、金阳、美姑、布拖等地。

绒山羊生产概况：绒山羊是我国独特的种质资源，许多优良特性为世界独有。绒山羊广泛分布在我国北部、西北部、青藏高原等

10余个省(自治区)的干旱半干旱山区和荒漠半荒漠草原。我国绒山羊主要优良地方品种包括内蒙古绒山羊、辽宁绒山羊、河西绒山羊、新疆绒山羊、西藏绒山羊。近年来,又相继培育成罕山绒山羊、陕北绒山羊、柴达木绒山羊和晋岚绒山羊。其中内蒙古白绒山羊和辽宁绒山羊因其独有的优良品质而享誉世界。内蒙古绒山羊绒白、细、长,对干旱半干旱的荒漠化草原具有很强的适应能力。辽宁绒山羊因其体型大、产绒量高、绒综合品质好、遗传性能稳定,对改良其他绒山羊品种具有重要的意义。西藏、青海等地区绒山羊的原始品种,虽生产优质羊绒但产量较低,这些绒山羊具有很强的耐受大温差和抗缺氧环境的能力。

粗毛羊生产概况:在内蒙古、新疆、西藏、青海和宁夏等地区,饲养大量粗毛羊品种,如内蒙古及其周边地区饲养的蒙古羊,西藏、青海地区饲养的藏绵、山羊以及新疆地区饲养的哈萨克羊和宁夏及其周边地区饲养的滩羊等,这些优良粗毛羊地方品种因适应性强,耐粗饲,仍是当地养殖主体。这些地方粗毛羊品种除生产羊肉外,以生产地毯毛,羔、裘皮为特色产品,但生产水平较低。

我国绒毛用羊的主要分布具有很强的地域性。主要分布在16个省(区、市),其中新疆、内蒙古、陕西、西藏、甘肃、青海、宁夏和辽宁为主产区。涉及214个牧业县(旗),面积约400万公顷,主要是边疆少数民族牧民聚居区,生活着包括蒙古族、哈萨克族、藏族、维吾尔族、回族、柯尔克孜族、塔吉克族、苗族、彝族、纳西族、鄂伦春族等多个民族,这些地区的牧民多以绒毛用羊养殖为生产和生活的主要经济来源。据调查,新疆阿克苏地区,牧民收入的85%来自毛绒销售;西藏阿里地区日土县、那曲地区尼玛县,牧民收入的80%来自出售山羊绒。绒毛用羊产业的发展对提高边疆地区少数民族的生活水平,促进各民族农牧民安居乐业,对农牧区发展、畜牧业增效、边疆地区的稳定起到了重要作用。

# 第二章 羊场建设

## 第一节 羊场场址选择

羊场建设是养羊生产中最基本的建设内容，完善而配套的羊场建设是进行规范化生产和优质高效生产的必要条件之一。

羊场建设的目的是为养羊生产提供必要的生产环境、生产条件、管理条件等，为养羊业生产提供必要的保证，促进养羊业可持续发展及经济效益的提高。羊场建设不仅体现在为羊提供适宜的生产环境（包括羊舍、运动场及养殖设施），而且体现在围绕养羊生产而必须提供完善的辅助生产设施建设和管理设施条件建设，如草棚、青贮池、饲料库、饲草料加工机械和加工场所、兽医室、配种室、药浴池、供水、供电、废弃物处理等辅助生产设施建设，还包括羊场管理及办公部分的技术资料室、技术培训、员工住宿、食堂及管理用办公场所等。

我国地域辽阔，受自然条件和生产、生活条件的影响，不同区域的羊场建设在场地选择、建筑风格等方面都有所不同。按照我国畜牧地理的划分，从东北松嫩平原西部—辽河中上游—阴山山脉—鄂尔多斯高原东缘（除河套平原）—祁连山山脉（除河西走廊）—青藏高原东缘连线，此分界线以东为农区，以西为牧区，周边区域为半农半牧区。半农半牧区约有 230 多个县，牧区主要分布在内蒙古、青海、新疆、西藏、宁夏以及甘肃和四川西部地区，其中内蒙古、青海、新疆、西藏为我国的四大牧区。

# 一、农区羊场场址选择

由于我国农区涉及的区域从北到南地理跨度比较大，气候条件、农业生产条件和畜牧业生产水平也有较大的差异，在羊场的选择和设计建设方面也有所差异，即使在同一个区域内也受养殖品种和养殖目标的不同、养殖规模和养殖方式的不同、经济实力和土地条件的不同等多方因素的影响，在羊场建设方面也有所不同。因此，在养殖场的建设中，既要考虑羊只的生物学特性、羊群规模大小和生产管理方式，又要因地制宜综合考虑当地的实际情况，建设设计合理、方便生产管理和经济实用的羊场。在此节中所述的农区羊场建设场址选择仅作为原则性的要求，供在羊场建设时参考。

羊场建设地址的选择应从政策性要求、地势和环境条件三个大的方面考虑。

## (一)政策性要求

**1. 土地规划**　养殖场的建设离不开土地，土地的使用必须符合当地的土地利用规划，并通过土地管理部门的审批并取得土地使用权证，这是建设养殖场的前提。在《中华人民共和国畜牧法》(以下简称《畜牧法》)中明确提出："农村集体经济组织、农民、畜牧业合作经济组织按照乡(镇)土地利用总体规划建立的畜禽养殖场、养殖小区用地按农业用地管理。畜禽养殖场、养殖小区用地使用权期限届满，需要恢复为原用途的，由畜禽养殖场、养殖小区土地使用权人负责恢复。在畜禽养殖场、养殖小区用地范围内需要兴建永久性建(构)筑物，涉及农用地转用的，依照《中华人民共和国土地管理法》的规定办理。"

**2. 禁止建设区域**　按照《畜牧法》的要求，禁止在下列区域内建设畜禽养殖场、养殖小区:生活饮用水的水源保护区,风景名胜区,以及自然保护区的核心区和缓冲区;城镇居民区、文化教育科学研究区等人口集中区域;法律、法规规定的其他禁养区域。

### (二)养殖场地势地形要求

**1. 地势** 地势是指养殖场建设地段的高低起伏状况。地势选择应从两个方面考虑。一是养殖场周边地势选择。养殖不同的品种在建设地点的选择上有较大的不同。若养殖细毛羊和半细毛羊品种,养殖场应选择在地势平坦的平地或缓坡丘陵地带,有利于羊出行和放牧运动,若是养殖山羊,则还可以选择在土石山区。二是养殖场区地势选择。羊怕潮湿的环境,养殖场要建在地势较高的地块,高出历史洪水线,最好有一定的坡度,有利于排水。不要在低洼潮湿地段建设羊场,不要在河沟、陡坡边及容易发生泥石流地质灾害地段建设羊场。不要把羊场建在风口和山顶,否则不利于冬季保温。

**2. 地形** 地形是指养殖场可供建设用地的形状和面积的大小。按照养殖规模和规划选择养殖场地的大小,场地一定要满足养殖生产的最低需求(每只羊按 15～20 米$^2$ 考虑),并留有一定的发展空间。养殖场的地形要开阔整齐,有利于养殖场的合理布局。地形狭长地块,在建设过程中使建筑物布局拉长,相应的管线和道路加长,给运输和管理造成不便,由于不利于建筑物布局,还可能造成建筑用地的增加或浪费。同样,多边形和不连片地块也不利于养殖场建筑物的布局和使用,应尽量避免选择此类场地。

**3. 朝向** 朝向是相对于养殖场周边地势所处的地理位置。在平原地区建设羊舍主要考虑羊舍的朝向,在山区和丘陵地带建设养殖场,一定要考虑养殖场相对于周边地势所处的方位。一般情况下,羊场应建在背风向阳地段,有利于羊舍采光、保温和保持场地的干燥,避免在阴坡地段建设羊场。

**4. 地下水位**　地下水位主要影响羊舍的湿度。羊喜干厌湿，潮湿的环境也容易诱发寄生虫病和腐蹄病的发生，在冬季还会加剧寒冷程度，潮湿的环境容易使建筑物受潮，降低其隔热性能和使用寿命。因此，羊场地下水位宜在5米以下。

**5. 土壤**　养殖场土壤要求未被生物学、化学、放射性物质污染过，不得在垃圾填埋场、废弃物处理场建设羊舍。

建筑场地的土壤类型应是透水透气性强、毛细管作用弱，吸湿性和导热性弱，质地均匀，抗压性强的土壤。黏土的透水性和透气性较差，降水后容易潮湿、泥泞，受粪尿等有机物污染后，污染物降解速度慢，不容易被消除，因此不宜建设羊场。沙土和沙石土的透水和透气性较好，易干燥，受有机物污染后的自净能力强，抗压能力也强，可以作为养殖场建设用地。沙壤土和壤土是养殖场建设最为理想的土壤类型。

**6. 风向、方位**　养殖场的建设要考虑当地的常年主导风向。由于养殖场粪便污染物对空气有一定的污染，因此，养殖场应建在居民区、学校的下风向或侧方位，在化工厂、电厂等工厂的上风向。

### (三)养殖场周边环境要求

周边环境影响养殖场持续稳定发展和经济效益。主要包括以下方面。

**1. 饲草料供应充足**　农区养羊有不同于牧区的明显特点，即生产场所固定，对当地农业生产的依赖性。在牧区养羊，游走性较强，不同季节有不同的放牧地，饲草料主要来源于天然牧草。农区养羊主要是舍饲或放牧＋补饲，有相对固定的养殖场所，饲草料来源于天然草地和农副产品。

饲草料是养羊生产最基本的条件之一，也是最主要的一项开支，饲草料余缺和价格直接影响到养殖业的经济效益。因此，养殖场周边一定范围内(3～5千米)的饲草料供应要充足或有人工草地，以降低运输成本，增加养殖效益。

**2. 水资源充足** 养羊生产过程中需要大量的水，以满足生产、生活和消防用水的需求。水质应符合农业部NY 5027《畜禽饮用水质量标准》要求，水源不符合饮用水卫生标准时，须净化消毒处理，达到标准后使用。

**3. 电力有保障** 电力保障是指能够满足羊场饲草料加工、生活、社会用电的基本需求。一是要有满足饲草料加工机械所需的三相电力线路，二是在用电负荷上能够满足需求，三是电压要稳定且能够满足要求，四是能够保障大多数时间的用电，不应经常停电。在大型养殖场，若用电负荷比较大，应自备变压器和低压供电设备。

**4. 交通方便** 养殖场与外界有可供大型车辆（载重车辆）和小型车辆通行的道路（考虑路面的宽度和平整度），能够保障生产资料的运输和管理用车的通行。路面应硬化。

**5. 环境友好** 羊场周围3千米以内无大型化工厂、采矿场、皮革厂、肉品加工厂、屠宰场或畜牧场等污染源（从化工污染和生物污染、疫病防控角度考虑），羊场距离干线公路、铁路1千米以上（从防疫和防噪声角度考虑）。羊场距离城镇、居民区和公共场所1千米以上（从防疫和防污染角度考虑），远离生活用水水源地（不应建在水源地的上游），远离高压电线。羊场周围有围墙或防疫沟，并建立绿化隔离带。绿化带具有防风阻沙、改善场区小气候、净化空气、减少尘埃、降低噪声、美化环境等作用。

**6. 利于防疫** 羊场建设防疫条件主要从三方面考虑：一是羊场不受外界环境影响，远离猪场、牛场和其他羊场，防止相互影响。二是羊场及周边区域过去未发生过重大传染性疾病。三是羊场要有利于封闭，以防在发生传染性疾病时能够采取隔离和封闭。所以，羊场不要建在交通要道及其他养殖场放牧通道边。

## 二、牧区羊场场址选择

进行规模化的绵羊生产，场址的选择十分重要，需要周密考虑，统筹安排，要适应养羊业长远的发展。牧区羊场的场址选择要从以下几个方面考虑：

第一，场区附近要有清洁而充足的水源，不宜在严重缺水或水源严重污染的地区建场。羊场要在居民点的下风头，距离住宅区至少 300 米，并在水源的下头。地势应低于居民住房、生活区和水井。在山区建场的尤其应该考虑是否有充足的水源和良好的水质。

第二，羊场的地势应比较干燥。绵羊生活在低洼潮湿的环境中很容易感染寄生虫及发生腐蹄病，影响生长发育和健康。因此，建设羊场应选择地势较高、南向斜坡、排水良好、通风干燥的地方，不能在低洼涝地、山洪水道、冬季风口等地建场，以防被洪水或河水淹没。建场地的地下水位一般要在 2 米以下，最高地下水位需在青贮坑底部 0.5 米以下。

第三，饲料来源充足。选择在有充足饲料来源地区建场，尤其是有足够的越冬青干草和青贮饲料。本着尽可能就地供应的原则解决好饲草料问题。

第四，场区地势要平坦而稍有坡度(不超过 5%)，山区地势变化大，面积小，坡度大，可结合实际情况而定。场区土质应坚实。

第五，充分了解当地的疫情，不能在传染病和寄生虫病的疫区建场。羊场要远离居民区和其他畜群、畜场。

第六，交通要方便。同时考虑邮电通讯和能源供应条件。

第七，根据羊场的性质，场址一般选择在当地的中心产区，便于就近推广种羊或销售产品。

第八，场址面积、间隔距离等应遵守卫生防疫的要求，符合配备的建筑物和辅助设备的需要以及羊场远景发展需要。

## 第二节 羊舍建设

羊舍是羊生产、活动的最主要的场所，是进行养羊生产管理的重要场所，是养羊生产中最基本的建筑设施。羊舍包括圈羊的场所（提供夜间羊休息、产羔和保证羊安全的房屋结构）和羊活动的户外场所（提供羊采食、饮水、活动的场所）两个组成部分。其主要的作用是给羊提供适合生产和活动的生活环境，并提供管理上的方便。

我国南北方的气候条件差异较大，因此在羊舍的建筑上也要有所差异。要按照南北方的气候特点、羊的生活习性、养羊方式、建筑风格等多方面进行统筹考虑。

### 一、北方羊舍

#### （一）北方气候特点

北方地区是指中国季风气候区的北部，1 月份 0℃ 等温线和 800 毫米等降水量线以北，主要是秦岭—淮河一线以北，大兴安岭、乌鞘岭以东的地区，东临渤海和黄海。北方地区包括黑龙江，辽宁，吉林，内蒙古，北京，河北，宁夏，新疆，甘肃，陕西，山西，山东，河南，天津，安徽、江苏北部，面积约占全国的 20%，人口约占全国的 40%。

北方地区为温带季风气候，四季分明，夏季高温多雨，冬季寒冷干燥，但各个区域降雪量差异较大，东北三省及西北新疆地区冬季降雪较多，积雪时间较长。全年降水较少，但秋季多雨，季节性降水差异明显，温度较低。

因此，北方地区羊舍建筑中除考虑生产因素外，主要考虑的是防寒保暖。

**(二)北方羊舍建筑的基本要求**

根据北方气候特点和羊的生活习性，羊舍建设的基本原则和要求是：羊舍要适合羊的生存条件，要有足够的活动和生产空间，并达到冬季防寒避风雪，夏季防暑避风雨，四季防潮、经济适用、方便生产的要求。

第一，满足羊对各种环境卫生条件的要求，包括温度、湿度、空气质量、光照、地面硬度及导热性等。羊舍的设计应有利于夏季防暑、冬季防寒，有利于保持地面干燥、柔软、保暖和清扫。因此，在羊舍建筑的设计和材料的使用方面都要围绕环境条件的要求进行，科学合理的设计和建筑不仅有利于生产和管理，也有利于降低生产成本或提高生产效率。

第二，符合方便生产管理要求，有利于减轻劳动强度和提高管理效率，保障生产的顺利进行和技术措施的顺利实施。羊舍的建筑和辅助设施的配置都要有利于羊群的组织、调整和周转，草料的运输、分发和给饲，饮水的供应及其卫生的保持，有利于粪便的清理运输及称重、防疫、试情、配种、接羔与分娩母羊和新生羔羊的护理等。

第三，结实牢固，经济适用。羊舍是一长期使用的固定建筑物，建筑物的牢靠程度不仅决定了建筑物的使用寿命，也影响到安全生产及正常使用和使用效果。特别是房屋建筑质量相当重要。对其他的建筑设施如饲槽、圈栏、隔栏、圈门等，一定要修得特别牢固，以便减少以后维修的麻烦。羊舍建筑要经济适用，不求豪华气派，不盲目模仿国外，不搞不符合实际的、好看不中用的建筑设施。在我国的部分羊场，只注重投入大量资金搞高标准建设，结果因不符合生产实际而不能使用或运行成本过高无法运行，最后成了摆设，而不注意生产管理和羊群质量，经济效益低甚至亏损，我们应引以为戒。

由于北方地区气候差别也较大，特别是冬季气温差距较大，所以在建造羊舍、运动场和其他房屋时，一定要考虑到当地冬季的寒冷程度对建筑物的影响，除了考虑屋顶、墙壁的保温性以外，要考虑当地的冻土层厚度，所有建筑物的地基深度要在冻土层以下，否则会影响到建筑物的安全和使用寿命。

**(三)羊舍建筑的技术要求**

**1. 羊舍面积** 羊舍面积的大小以羊的品种、生产方向、性别、年龄、生理状况、气候条件等因素的不同而有所差异。通常要求每只羊应占有的羊舍面积为：种公羊 1.5～2 米$^2$，母羊 0.8～1.2 米$^2$，春季产羔母羊为 1.2～1.5 米$^2$，冬季产羔母羊为 1.4～2 米$^2$，育成羊为 0.6～0.8 米$^2$，3～4 月龄的羔羊为 0.3 米$^2$。在公羊、母羊、羔羊混群饲养时，其平均羊舍面积为 0.8～1.2 米$^2$。一般细毛羊和半细毛羊所占的面积要比本地绵羊的面积大，绵羊的占地面积要比山羊的占地面积大，南方的羊舍面积要比北方的羊舍面积大。此处所说的羊舍面积不包括羊舍内饲槽、水槽、走道及饲草料储备所占有的面积。羊舍建筑入深(跨度)8～10 米，羊舍长度 50～100 米，每栋羊舍可饲养的羊数以不超过 1 000 只为宜。

笔者不主张在羊舍内建饲槽和饮水槽，这样会增加羊舍建筑面积和建筑成本，而且对羊舍的卫生状况和羊的健康也有不利影响。若饲槽建在羊舍内，饲槽占用羊舍的宽度不低于 50 厘米(按单列式饲槽考虑)，同时要在羊舍内留饲喂通道，其宽度也在 120～150 厘米(甚至更宽)，两者约占羊舍的宽度将达到 200 厘米，这样会增加羊舍的建筑面积，而且在饲槽上也需要焊接护栏，两者都会加大建筑成本。若在运动场将饲槽和围栏一并建造，不仅减少了羊舍面积，而且也减少了运动场围墙建造，会降低羊舍及运动场的建造成本。从环境卫生角度考虑，在羊舍内饲喂，按每天饲喂3次、每次1.5小时计算，那么羊在羊舍的采食时间约5小时，这样减少了在运动场的采光时间，而且由于羊长时间待在羊舍，羊舍内粪尿增加使湿度加大，污染程度加重，容易诱发疾病的发生，不利于羊的健康。

**2. 羊舍门窗高度与采光**　羊舍门窗的高度与面积不仅影响羊舍的防暑、防寒性能，而且影响到羊舍的通风和采光效果。羊舍的高度一般为2.5米左右，单坡式羊舍前墙高度不低于2.5米，后墙高度不低于1.8米。羊舍的门窗应朝阳，门的宽度不小于1.5米(羊群大时可适当放宽到2～2.5米，每200只羊设1个门)。窗户距地面的高度不低于1.5米，窗户的总面积与羊舍的地面面积比为1∶15；窗户分布要均匀，以保证有良好的采光与通风效果。制作门窗所用的材料以木材为好，在门的表面不要包铁皮，特别是在北方寒冷的地区更不应包铁皮。因铁皮的导热性能好，在寒冷的冬季，羊的舌头如果粘在铁皮上时，可能会造成冻伤。

**3. 羊舍地面的处理**　羊舍地面是羊舍建筑中的重要组成部分，对羊只健康有直接影响。

羊舍地面有实地面和漏缝地面之分。实地面又分为土质地面、砖地面和水泥地面。

在我国的北方和比较干燥的地区，多选用土质地面。土质地面属于暖地(软地面)类型，易于保温，造价低廉。地面柔软，富有弹性不打滑，有利于羊蹄保护。渗水性强，有利于防止地面过于潮湿。土质地面主要有黏土、三合土(黏土∶石灰∶碎石的比例为4∶1∶2)、三七灰土(白灰∶黏土的比例为3∶7)等几种。土地面要求地面一定要夯实，切勿使用虚土(浮土)地面，这些地面因羊在卧地休息时，羊鼻腔离地面很近，随着呼吸容易将浮土吸入肺部引起肺部疾病。不宜采用砖地和水泥地面等。黏土、三合土和三七混土比较实用和廉价，对保护羊蹄和防止羊舍的潮湿有好处。

砖砌地面属于冷地面(硬地面)类型。因砖的空隙较多,导热性小,具有一定的保温性能。成年母羊舍粪尿相混的污水较多,容易造成不良情况。又由于砖地易吸收大量水分,破坏其自己的导热性而变冷变硬。砖地吸水后,经冻易破碎,加上自己磨损的特点,容易形成坑穴,不便于清扫消毒,所以一般不主张用砖地面。

水泥地面属于硬地面,造价高。其优点是结实、便于清扫消毒。缺点是造价高,地面太硬,导热性强,保温性能差,不透水,对羊蹄和防止羊舍的潮湿都不利,尽量不要采用。

漏缝地面和木质地面多适宜于南方潮湿的地区使用,在北方有些地区也有使用。用木材或硬质塑料做的漏缝地面,其木条的宽度为 30～40 毫米,木条的厚度为 30～35 毫米,缝隙的宽度为 15 毫米。漏缝木板离地面的高度根据实际情况而定,有的地区漏缝木板离地面 15～20 厘米,隔一定时间进行一次清扫。有的地区漏缝木板离地面的高度为 1～1.5 米,在漏缝木板下面可用铁刮刮粪。

**4. 墙壁的建设** 我国的羊舍多采用砖墙,在农村也有用石头墙或土墙。砖墙造价适中,比较坚实耐用。墙壁的厚度多数为 24 厘米(二四墙),在过于寒冷的地区墙壁厚度可为 37 厘米(三七墙)。随着新型建筑的发展,离地面 150 厘米高的墙可砌成砖墙,再往上的部分可用保温的彩钢板搭建,保温效果也不错,价格也不高。有的地方可用土墙,隔热保温效果好,但不耐用。

**5. 屋顶的建造** 屋顶的作用主要是防雪、防雨、隔热、防寒。所使用的材料有陶瓦、水泥、炉灰渣和保温彩钢板等,但无论用什么材料都要考虑保温效果和强度,特别在寒冷地区,冬季下雪较多的地区,屋顶一定要坚实,要承受雪的压力,以防止垮塌。屋顶可以采用双坡式、单坡式和平顶式等,平顶式羊舍屋顶也要考虑有一定的坡度,有利于雨水排放。

**6. 运动场的建设** 运动场的作用主要是保证羊在一定的范围内活动或运动，提供羊采食饲草、饲料和饮水的场所。运动场多数应建设在羊舍的前面向阳处，运动场的面积一般是羊舍面积的2倍。运动场的围墙多使用砖围墙，或石头墙，或用钢管、钢筋焊接而成。运动场应铺设砖地面，地面平坦，稍有坡度以便于排水。在运动场内要建饲槽、水槽。

为减少建筑成本和方便生产管理，笔者主张在建围墙的地方不建围墙，而直接建饲槽，在饲槽上方焊接钢筋或钢管做成围栏，再在上方搭建遮雨棚（可用石棉瓦或单层彩钢板），这样既建造了饲槽，又有了围栏，减少了建造成本，方便了饲喂（饲养员不用进圈，在围栏外走道直接喂羊，而且由于饲槽上方有遮雨棚也不怕下雨天气影响喂羊），一举多得。

**7. 饲槽、水槽建设要求** 饲槽主要是在饲喂羊精饲料、颗粒饲料、青贮料、青草和干草时使用。饲槽建设的基本要求：一是饲槽长度要满足羊的采食需求，一般按每只羊的槽位不少于30厘米长计算。二是饲槽要坚实耐用，不容易被踩塌或踩烂。饲槽分为固定式饲槽和和移动式饲槽两种。

（1）固定式饲槽 在羊运动场的四周或中间，用水泥或砖砌成固定式饲槽。饲槽高度为25～30厘米，槽口宽25～30厘米，槽底宽20～25厘米，槽深20厘米。在槽的边缘用钢筋做成护栏，防止羊踩进饲槽，减少饲料受到粪尿污染。

（2）移动式饲槽 移动式饲槽多用木料或铁皮制作而成。具有移动方便、存放灵活的特点。

（3）水槽 在羊的运动场中间或靠墙处设固定式的水槽或放置水盆，供羊饮水用。

### （四）羊舍建筑类型

羊舍建筑的类型依气候条件、饲养要求、建筑场地、建材选用、传统习惯和经济实力等条件而定，所以，羊舍的类型有很大的不同。无论何种类型的羊舍，都要经济适用、方便生产和具有抗自然灾害能力。在南方以防潮和隔热为主要目的，在北方以冬季保温为主要目的。

按羊舍屋顶结构和造型可分为三种。

**1. 房屋式羊舍** 房屋式羊舍是目前普遍采用的羊舍类型之一。北方地区羊舍在建造时主要从保温的角度考虑得多，羊舍多坐北朝南，呈长方形的布局。羊舍主要为砖木结构，墙壁用砖或石块垒成。屋顶有双坡式、单坡式、平顶式和圆形拱顶式多种。羊舍前面有运动场和饲槽，有的在舍内设饲槽。

**2. 棚舍式羊舍** 棚舍式羊舍适宜在北方气候温暖的地区使用，不适宜在寒冷地区使用。这种羊舍三面有墙，羊棚的开口在向阳面，前面为运动场。由于棚舍式羊舍为开放式羊舍，棚内面积和运动场面积都可作为活动场地，所以羊棚的建筑面积较小。特点是造价低、光线充足、通风良好。夏季可作为凉棚，雪雨天可作为补饲的场所。

**3. 塑料大棚式羊舍** 塑料大棚式羊舍是将房屋式或棚舍式的羊舍的部分屋顶用塑料薄膜代替而建设的一种羊舍。这种羊舍主要在我国北方冬季寒冷地区使用，具有经济适用、采光保温性能好的特点。它可以利用太阳的光能使羊舍的温度升高，又能保留羊体产生的温度，使羊舍内的温度保持在一定的范围内，可以防止羊体热量的散失，提高羊的饲料利用效果和生产性能。

棚舍式羊舍改建为塑料大棚式羊舍时，先在棚前2～3米处筑1堵高1.5米、宽0.24～0.37米的矮墙；矮墙的中间留1.5～2米宽的门与运动场相连接；在棚檐和矮墙之间每隔1米，用1根钢管支撑，上面覆盖塑料薄膜，并加以固定。棚顶部留若干个排气孔，以利于舍内空气的交换。使用这种塑料薄膜式大棚羊舍要注意羊舍的湿度，若封闭过严，空气流通不好，则在塑料布上凝结有水珠，水珠滴落在地面使羊舍过于潮湿。在羊出圈前，先打开所有通气孔，逐渐降低羊舍的温度和湿度，然后赶羊出圈，否则羊容易感冒。

### （五）活动羊栏

**1. 产羔栏（母仔栏）** 产羔期间，为了对产羔母羊进行特殊的护理，增加母仔感情，提高羔羊的成活率，经常使用母仔栏。母仔栏多用木板制作，也可用钢筋焊制而成。每块围栏高 1 米、长 1.5 米、宽 0.8～1 米。使用时靠墙围成 1.2～1.5 米$^2$ 的小栏，放入 1 只带羔母羊。一般母羊在产羔栏内饲养 7 天，使母羊完全认羔。在冬季产羔时，要注意羊舍的温度，当温度较低时可在产羔栏上方挂红外线灯泡，提高产羔栏的温度，有利于羔羊的成活和增加羔羊的抵抗力。

**2. 羔羊补饲栏** 羔羊补饲栏专用于羊羔的补饲。可在羊运动场内用围栏隔出一定的场地，在围栏内对羔羊进行补饲补料。围栏应用钢筋焊制而成，钢筋间的间距为 15～20 厘米，使羔羊可以自由出入，而大羊不能进入。

### （六）羊舍建筑布局

羊场建筑布局的合理与否，不仅影响到土地的使用问题，而且涉及是否方便生产管理和有利于防疫，影响到养殖场今后的发展等。因此，羊场的建筑要考虑以下几方面的因素：

根据生产工艺要求，结合当地的气候条件、地形地势、交通条件和周边环境的特点，做好功能区的布局划分，合理布局各种建筑物，满足使用功能和方便管理。

羊场各个功能区的布局，要依据当地的主要风向和地势，从有利于防疫的角度出发，行政管理区和生活区位于上风向和地势较高的地段，依次为生产辅助区（水电设施、饲料贮存与加工等）、生产区和隔离区、粪便处理区域(图 2-1)。

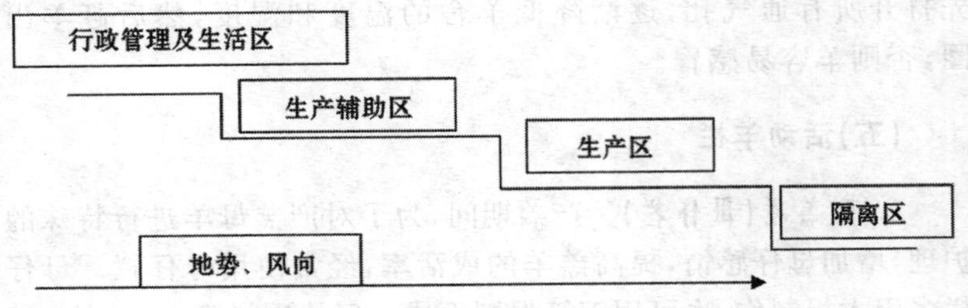


**图 2-1　种羊场建设分区规划示意图**

充分利用地形地势,建筑物的长轴要顺场区的等高线布局。

合理安排场区内外的人流、物流通道,净道、污道分离,创造最有利的环境条件和降低劳动强度的生产联系。

羊舍及运动场建筑物要满足采光和自然通风条件,保证建筑物有良好的朝向,建筑物之间要保留足够的防火间距和生产中机械车辆通行的通道。

在满足生产的基本前提下,建筑物布局要紧凑,节约用地,要为今后的扩展留有余地。

要有利于羊场的防疫和废弃物的处理与利用。废弃物处理场所和外运通道要位于场区的下风向,不能和生产区及其他功能区交叉。

## 二、南方羊舍

### (一)羊舍设计基本参数

**1. 羊舍及运动场面积**　羊舍总面积的大小主要取决于饲养量的大小。根据饲养羊的数量、品种和不同生产方向的羊群以及处于不同生长发育阶段的羊只,所需要的羊舍面积是不同的(表

2-1、表 2-2)。面积过大，浪费土地和建筑材料；面积过小，羊在舍内过于拥挤，环境质量差，会妨碍羊的健康生长，影响生产效率，也不方便管理。

表 2-1　各类羊所需羊舍面积

| 类　别 | 面积(米$^2$/只) | 类　别 | 面积(米$^2$/只) |
|---|---|---|---|
| 细毛羊、半细毛羊 | 1.5～2.5 | 肉用羊 | 1.0～2.0 |
| 奶山羊 | 2.0～2.5 | 毛皮羊 | 1.2～2.0 |
| 绒山羊 | 1.5～2.5 | | |

表 2-2　同一生产方向各种羊所需羊舍面积

| 类　别 | 面积(米$^2$/只) | 类　别 | 面积(米$^2$/只) |
|---|---|---|---|
| 春季产羔母羊 | 1.1～1.6 | 成年羯羊与育成公羊 | 0.7～1.0 |
| 冬季产羔母羊 | 1.4～2.0 | 周岁育成母羊 | 0.7～0.8 |
| 公羊(群饲) | 1.8～2.5 | 去势羔羊 | 0.6～0.8 |
| 种公羊(单饲) | 4～6 | 3～4 月龄羔羊 | 占母羊面积的 20% |

产羔室可按基础母羊数的 20%～25%计算面积。此外，还要根据羊群大小，在羊舍外朝阳面有一定面积的运动场地。一般为羊舍面积的 2～2.5 倍。成年羊运动场面积可按 4 米$^2$/只计算。运动场一般设在羊舍的南面，低于羊舍地面 60 厘米以下，向南缓缓倾斜，以沙质壤土为好，便于排水和保持干燥。

**2. 羊舍高度**　羊舍空间高度应根据饲养地区的气候条件和羊数而定。南方温暖地区，为了夏季庇荫散热，空间高度 2.8～3 米；南方高寒地区可适当降低空间高度，一般为 2.4～2.6 米。羊数愈多，羊舍也应愈高些。楼板阁上层如需储备草料，空间高度可适当地增高到 3～3.5 米。单坡式羊舍，一般前高 2.2～2.5 米，后高 1.7～2.0 米，屋顶斜面呈 45°。

**3. 羊舍防热防寒温度界限** 冬季产羔舍，舍温最低应保持在 8℃以上，一般羊舍在 0℃以上；夏季舍温不超过 30℃。

**4. 羊舍湿度** 修建羊舍必须考虑到羊喜欢干燥、厌恶潮湿的生活习性和当地的气候条件。我国南方属亚热带和热带季风气候带，温暖湿润。因此，羊舍应保持干燥，地面不能太潮湿，空气相对湿度应保持 50%～70%。

**5. 通风换气参数** 通风的目的是降温，换气的目的是排出舍内污浊空气，保持舍内空气新鲜。以绵羊为例，通风换气参数如下(表 2-3)。如果采用有管道通风，舍内排气管横断面积为 0.005～0.006 米$^2$/只。

**表 2-3 通风换气参数** （单位：米$^3$/分・只）

| 类别 | 冬季 | 夏季 |
|---|---|---|
| 成年绵羊 | 0.6～0.7 | 1.1～1.4 |
| 育肥羔羊 | 0.30 | 0.65 |

**6. 采光** 羊舍要求光照充足，采光系数成年绵羊舍 1∶15～25、高产绵羊舍 1∶10～12；羔羊舍 1∶15～20，产羔室可小些。

**(二)羊舍基本结构**

**1. 地面** 通常称为畜床，是羊躺卧休息、排泄和生产的地方。地面的保暖与卫生状况很重要。以经济实用为原则，石头、土坯、干打垒均可。要使圈舍冬暖夏凉，便于消毒。地面一般以沙壤土较好，土木结构为好，要有向外倾斜的坡度，便于排水。羊舍地面有实地面和漏缝地面两种类型。实地面以建筑材料不同有夯实黏土、三合土(石灰∶碎石∶黏土为 1∶2∶4)、石地、混凝土、砖地、水泥地、木质地面等。黏土地面易于去表土，造价低廉，但易潮湿和不便消毒，建议南方地区不采用。三合土地面较黏土地面好。石地面和水泥地面不保温、太硬，但便于清扫与消毒。砖地面和木质地面保暖，也便于清扫与消毒，但成本较高，适合于南方高寒地区。漏缝地面能给羊提供干燥的卧地。国外常见，国内亚热带地区新区养羊已普遍采用。漏缝地面，适用于成年绵羊和 10 周龄羔羊。镀锌钢丝网眼，要略小于羊蹄的面积，以免羊蹄漏下伤及羊身。

**2. 墙** 墙在羊舍保温上起着重要的作用。我国多采用土墙、砖墙和石墙等。土墙造价低，导热小，保温好，但易湿，不易消毒，小规模简易羊舍可采用。砖墙是最常用的一种，其厚度有半砖墙、一砖墙、一砖半墙等，墙越厚，保暖性能越强。石墙，坚固耐久，但导热性大，寒冷地区效果差。国外采用金属铝板、胶合板、玻璃纤维材料建成保温隔热墙，效果很好。

**3. 门、窗** 一般门宽 2.2～3 米、高 1.8 米，应设为双扇门。冬季为保暖，可用秸秆或芦苇编成帘子，挂在通风地方，挡住寒风。羊舍应留有一定面积的窗户，窗户大小依圈舍面积而定，一般为地面面积的 1/15 左右，宽 1.0～1.2 米、高 0.7～0.9 米，窗台距地面高 1.3～1.5 米。

**4. 屋顶与天棚** 屋顶具有防雨水和保温隔热的作用。其材料有陶瓦、石棉瓦、木板、塑料薄膜、油毡等。国外有采用金属板的。在南方高寒地区可加天棚，其上可贮冬草，能增强羊舍保温性能。

### (三)适合南方的羊舍类型及式样

因生产方向、地区小气候条件、饲养方式不同，选择羊舍类型亦有很大的差别。以不同结构划分标准，可划分为若干类型。根据羊舍四周墙壁封闭的严密程度，可划分为封闭式羊舍、敞开与半敞开式羊舍和棚舍三种类型；根据羊舍屋顶的形式，可分为单坡式、双坡式、拱式、钟楼式、双折式等类型；此外，根据南方气候特点，有吊楼式羊舍、地下式羊舍和土窑洞羊舍等。现将适宜于南方地区的典型羊舍具体介绍如下。

**1. 适于南方气候暖和地区的羊舍** 半开放式羊舍，指三面有墙，正面上部敞开，下部仅有半截墙的羊舍，夏季可兼作凉棚和剪毛棚。农区养羊，很多农户都采用这种形式的羊舍。利用民房改建羊舍，也可以改建成这种形式。下图为适合在我国南方地区比较温暖的地区建造的半开放双坡式羊舍(图 2-2)。

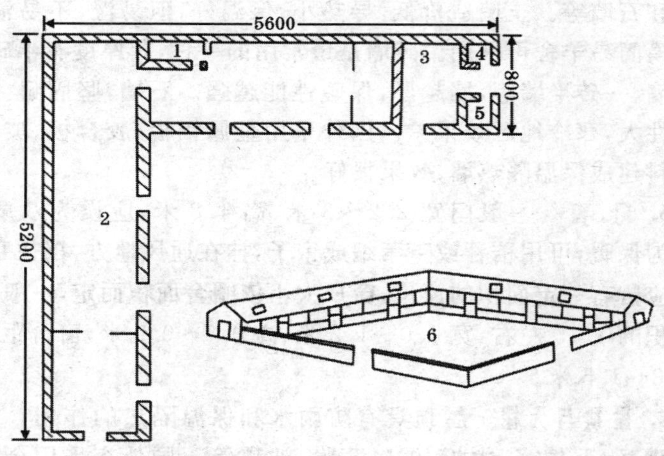


**图 2-2 半开放双坡式羊舍** (单位:厘米)

1. 人工授精室 2. 普通羊舍 3. 分娩栏
4. 值班室 5. 饲料间 6. 运动场

**2. 适于南方气候炎热地区的羊舍** 开放、半开放结合单坡式羊舍，由开放式羊舍和半开放式羊舍两部分组成，羊舍排列成"┌"形，羊可以在两种羊舍中自由活动。在半开放羊舍中，可用活动围栏临时隔出或分隔出固定的母羊分娩栏(图 2-3)。

**3. 适于长江以南多雨地区的羊舍** 楼式羊舍又称吊脚楼羊

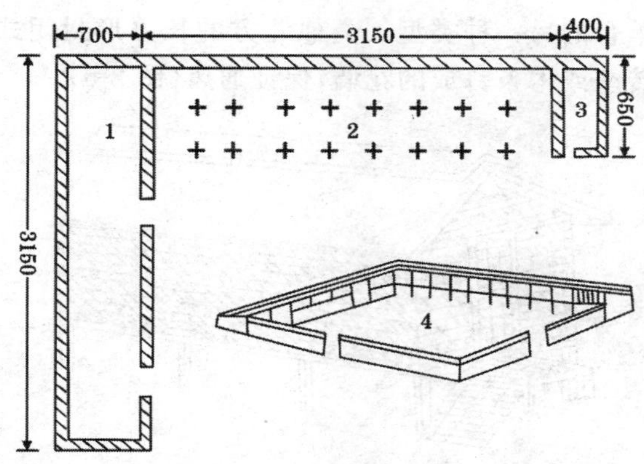


**图 2-3 开放和半开放结合单坡式羊舍** (单位:厘米)

1. 半开放羊舍 2. 开放羊舍 3. 工作室 4. 运动场

舍(图 2-4),羊舍采用单列式木结构形式,为楼式结构,楼台距地面 1.0～1.8 米,楼板用木条或竹片铺设。木条宽 6～10 厘米,2 根木条为 1 组,组间空隙 4 厘米左右。吊楼下为接粪斜坡地,吊楼上是羊舍。羊舍的运动场位于地面,用片石砌成围墙,也可用围栏代替,围墙一般高 1.5～2 米,运动场面积是羊舍的 2～3 倍。该羊舍通风透气,防潮防暑,又便于冬季采取防寒保暖措施。这种羊舍结构简单,投资较少,通风防潮,防暑降温,清洁卫生,无粪尿污染,适合于南方天气炎热、多雨潮湿、缓坡草地面积较大的地区。

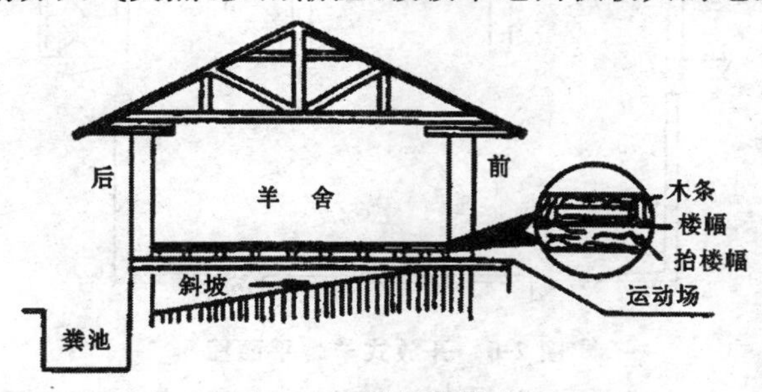


**图 2-4 吊脚楼羊舍**

楼式羊舍的另一种类型。类似北方的长方形封闭式羊舍，但四壁均为砖垒或木条钉成的花墙，保证通风(图 2-5)。

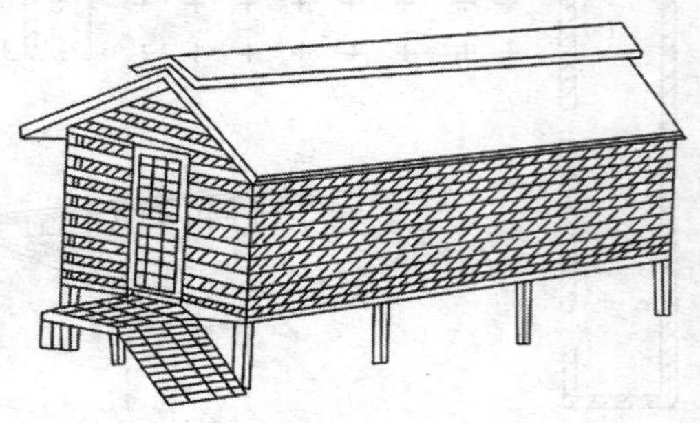

图 2-5 楼式羊舍

此外，开放式羊舍是三面有墙，一面敞开的羊舍。舍墙可用泥土筑成或石块砌成，围栏用土石筑成或竹、木编扎而成。结构简单，节省材料，造价低廉，经济实用。开放式羊舍，空气流通，光线充足，栏舍干燥，夏季风凉，适合于温暖潮湿的气候特点。其缺点是冬季比较寒冷，羊只冬季在舍内产羔，需注意保暖和护理。开放式羊舍的大小可根据羊群规模而定，大的羊舍可以养 200～400 只，小的羊舍仅养 10～20 只(图 2-6)。

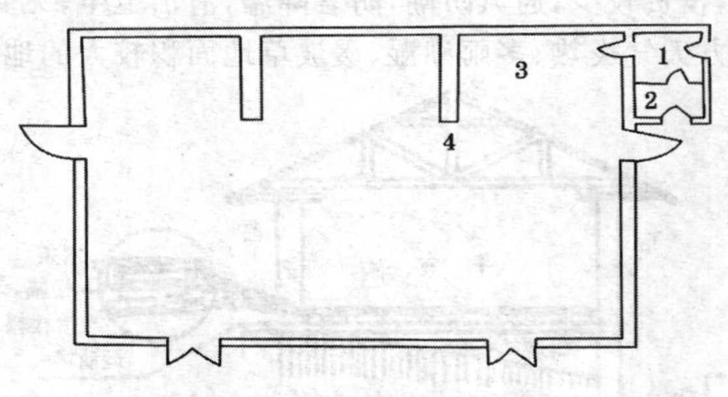


图 2-6 开放式羊舍平面图

1. 人工室 2. 饲料室 3. 羊圈 4. 联合草料架

**4. 适于南方高寒地区的羊舍**　封闭双坡式羊舍四周墙壁封闭严密，屋顶为双坡，跨度大，排列成"一"字形，保温性能好。适合南方高寒地区，可作冬季产羔舍。其长度可根据羊的数量适当加以延长或缩短（图 2-7）。此外，国外典型的漏缝地面、双坡式羊舍，圈舍采用漏缝全封闭式，保暖条件好，羊只不与粪便直接接触，降低了氨气浓度和羊只发病率，且该类型羊舍设计结合楼式羊舍特点，因此也适宜于南方大部分温暖、潮湿地区（图 2-8）。

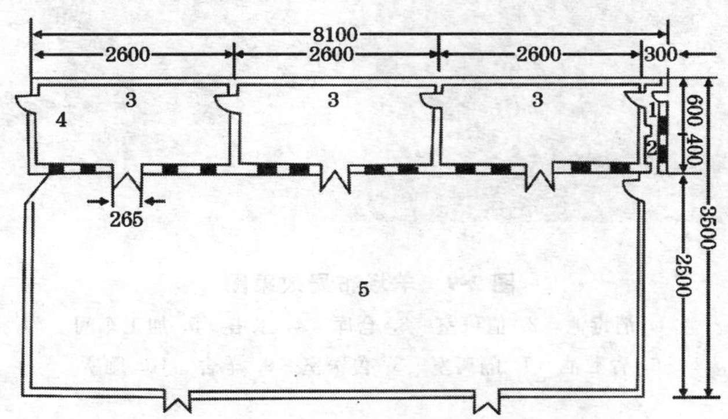


**图 2-7　封闭双坡式羊舍平面图**　（可容纳 600 只母羊，单位：厘米）

1. 值班室　2. 饲料间　3. 羊圈　4. 通气管　5. 运动场

**图 2-8　封闭式羊舍效果图**

**5. 南方地区规模化羊场建设布局** 羊场主要分生产区、办公区、隔离区及粪污处理区，生产区内有羊舍、草料加工及贮藏间、消毒室等(图 2-9)。

**图 2-9 羊场布局效果图**

1. 消毒池 2. 值班室 3. 仓库 4. 水塔 5. 加工车间 6. 青贮池 7. 隔离室 8. 兽医室 9. 羊舍 10. 厕所

## 第三节 羊场附属设施

### 一、主要生产附属设施的建筑

同其他畜牧业生产一样，只有满足各生产环节所需的基本条件，才能保证养羊生产的安全、优质、高产、所以涉及各生产环节设施的建筑是必要的。

#### (一)人工授精站(室)

人工授精站(室)是羊场必要的基本设施之一。大中型羊场受配母羊较多，一般多是分点进行人工授精，若能分建多个永久性的人工授精站最好，若无这种条件，也可利用帐篷或太阳能暖棚，再配置若干活动羊圈分点进行人工授精。不受草场限制的牧区和垦区羊场，以舍饲为主的农区和南方中小型羊场应修建永久性的人工授精站（室）。

人工授精站应当有采精室、精液检查室、输精室，若为制作、应用或推广出售绵、山羊冷冻精液的种羊场，则需另设一间冷冻、解冻和保存冷冻容器的工作间。同时，需设配套的种公羊圈、待配母羊圈、已配母羊圈。人工授精站（室）要求保温、明亮。为满足精液检查室 25℃，采精和输精室 20℃左右的要求，人工授精站（室）应有火炉或火墙或自制暖气。输精室的采光系数不应小于 1∶1.5。受配母羊较多的人工授精站输精室面积不宜小于 6 米×4 米，以便分设两个配种架，两人同时操作。为节约投资，提高棚舍利用率，也可在不影响冬春产羔母羊放牧的条件下，利用一部分产羔舍，再增设一个人工授精室即可，对小型羊场，以舍饲为主的羊场、奶山羊场，在羊舍的适当位置多修一间人工授精室即可满足需要。

### （二）饲草青贮设施

实践证明，青贮饲料是补饲各类羊只皆宜的优质饲料，更是舍饲条件下或短期育肥条件下的优质饲料，为制作和保存青贮饲料，应在羊舍附近修建青贮设施。

**1. 青贮窖**　一般为圆桶形，底部呈锅底状，可分地上式、半地下式、地下式三种。应选地势高燥处修建，窖壁、窖底用砖、卵石、水泥砌成，窖壁要光滑，要防雨水渗漏。窖的大小、多少，可根据羊只数量、补饲量及青贮制作量确定，一般直径 2.5～3.5 米、深 3 米左右，太深贮量大，但不便取用。

**2. 青贮壕**　一般为长方形，壕底、壕壁用砖石、水泥砌成，为防壕壁倒塌，应有 1/10 的倾斜度，壕的断面呈上大下小的梯形。

壕的尺寸应根据养羊头数决定。在人工制作青贮时，壕深 3～4 米、宽 2.5～3.5 米、长 4～5 米，便于机械操作，地下水位低，并要在壕四周 0.5～1.0 米处修排水沟，以防污水流入。

**3. 青贮塔** 补饲量大、又有条件的羊场可用砖石、钢筋水泥修建地上青贮塔，虽然投资较大，但经久耐用，容积大，损失少，质量好，取用方便。塔的直径与高度可根据羊只数量、补饲量，制作量确定。

**4. 青贮饲料库** 青贮饲料的优点早为实践证实，但是，无论青贮窖、青贮壕、青贮塔均受气候限制，只能就地生产就地饲喂，难以商品化，而且取用不便，浪费损失较大，所需设施和机具多，投资较大。

近年来研制成功并正在推广的袋装青贮和草捆青贮技术，具有投资较少、设备简单、封口迅速、制作容易、不受气候和场地限制、浪费损失小、运输和取用方便、易于商品化等优点，各类羊场均可应用。但是，必须防止人畜践踏、鼠害、积水、暴晒、硬物碰戳等使青贮塑料袋破裂，导致青贮饲料霉烂变质。因此，制作袋装青贮和袋装草捆青贮的羊场，应在羊舍附近或青贮原料的生产基地修建青贮饲料库。库房地面及墙壁要平整，四周要有良好的排水沟和防洪设施，建筑形式可以是封闭式、半敞开式或棚式，若青贮量较大，库的建筑要便于机械化运输、堆垛、取用。建筑材料可因地制宜，就地取材。

### (三)药浴设施

每年定期给羊药浴，以防外寄生虫的危害，是各羊场必不可少的生产技术措施。设有药淋装置或流动式药浴设备的羊场，应在不对人畜、水源、环境造成危害污染的地点修建药浴池。药浴池一般为长方形，池深 1 米，长 10～15 米，上口宽 0.6～0.8 米，底宽 0.4～0.6 米，以一羊能通过而不能转身为度，池的入口端为陡坡，以利羊只迅速入池，出口端为台，以使浴后羊只身上多余药液流回池内，储羊圈和滴流台的大小可根据羊只数量确定，但要修成水泥地面。

在我国北方牧区，常有春、秋两季剪毛、药浴，同时进行驱虫、防疫的生产安排，但到秋季特别是晚秋，气温、水温下降，秋季牧场多数没有固定棚舍，给药浴、驱虫、防疫带来不便。内蒙古锡林郭勒盟牧机所等单位研制的太阳能多用途药浴设施，大体可满足这一需要。该设施由大小 2 个蒙古包式塑料棚组成，棚体由钢骨结构支撑，棚周用土块、条石砌成，也可用塑料编织布衬围，棚面用透明塑料薄膜，安置活动天窗，棚下设 1 个带活动盖板的长条药浴池，再配 1 台 12 马力四轮拖拉机带动 1 台微型水泵。9 月末至 10 月初，棚内药浴温度可提高 7℃～15℃，每 30 分钟可药浴羊只 300～500 只。在封闭的情况下，可在棚内用 1.5 马力背负式喷雾器施行气雾免疫或驱虫。在彻底清理、消毒之后，还可兼作春季接羔，冬季饲养老弱羊只，秋季储备干草和羊只育肥场地。

### (四)供水设施

清洁的饮水，配置合理的饮水设施，是保证羊群健康、减轻放牧与饲养人员劳动强度、提高劳动效率的重要条件。以舍饲为主的羊场、南方天然饮水易受寄生虫危害地区的羊场、北方没有河道或泉水地区的羊场以及冬、春舍饲期较长的羊场，都应在羊舍附近修建水井、水塔或贮水池，也可用手压式唧筒将水抽送到贮水池或水槽。北方天寒易冻，修建水塔投资较大，但水不结冰，使用水塔十分方便卫生。为防止粪、尿、泥土污染水井与水槽，水井与羊舍应相隔一定距离，井口应用砖石或水泥砌成，亦可安装木框，加设井盖，井口高出地面 70～100 厘米。水槽处地面应用砖、石、粗沙铺砌，以免地面泥泞。

## 二、主要设备

### (一)饲槽和饲草架

饲槽和饲草架主要用来饲喂精料、颗粒饲料、青贮饲料、青草或干草。根据建造方式和用途,大体可分为移动式、悬挂式、固定式饲槽,移动式、固定式草架以及草料结合饲喂的饲槽架。常见的有如下几种。

**1. 固定式长形饲槽** 用砖、石、水泥等砌成若干平行排列的固定式饲槽,一般设置在羊舍或运动场内。以舍饲为主的羊舍,应修建永久性饲槽,结实耐用,可根据羊舍结构进行设计。若为双列式对头羊舍,饲槽应修建在窗户走道一侧;放牧为主的羊舍,一般饲槽应修建在运动场或其四周墙角处,而羊舍内可使用移动式长条饲槽。固定饲槽一般上宽 50 厘米,深 20～25 厘米,槽高 40～50 厘米,槽底为圆弧形。

**2. 移动式长形饲槽** 用木板和铁皮制成,运输、存放方便灵活,可作为放牧补饲用。饲槽的大小和尺寸可灵活掌握,一般做成一端高一端低的长方形,横截面为梯形。饲槽两侧最好安置临时性且方便装卸的固定架,可防止羊攀登踩翻,主要用于冬、春季补饲之用。

**3. 羔羊哺乳饲槽** 这种饲槽可先做成一个长方形铁架。用钢筋焊接成圆形架,每个饲槽一般有 10 个圆形孔,每孔放置搪瓷碗 1 个,适宜于哺乳期羔羊的哺乳。

**4. 悬挂式饲槽** 主要用于断奶羔羊的补饲,为防止羔羊攀踏、抢食翻槽,而将长条形小饲槽悬挂于羊舍补饲栏上方,高度以羔羊吃到为原则。

**5. 饲用草架** 利用饲草架喂羊,可以减少浪费,避免草屑污染羊奶。草架的形式多样，有靠墙设置的单面饲草架，亦可在运动场内设置若干平行双面草架。一般木制饲草架成本低，容易移动，在放牧或半放牧饲养条件下比较实用。舍饲条件下在运动场内用砖块砌槽，水泥勾缝，钢筋作隔栅，做成饲料、饲草两用槽架，使用效果更好。建造尺寸可根据羊群规模设计。

饲槽和饲草架示意见图 2-10。

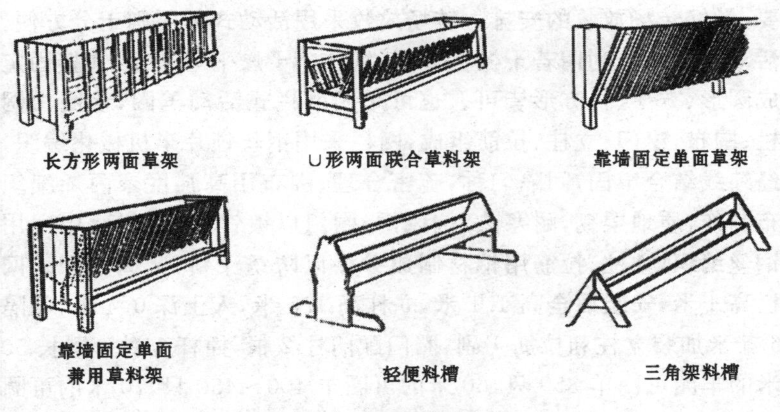


图 2-10　饲槽饲草架示意

### (二)多用途栅栏和网栏

**1. 母仔栏**　半放牧条件下，大多数羊场用铰链将两块栅板连接而成，高 1.2 米、长 1.2～1.5 米，可固定于羊舍墙壁上，围成母仔栏。在产羔旺季常用这种设备，供 1 只母羊及羔羊单独使用。

**2. 羔羊补饲栏**　可用多个栅栏、栅板或网栏，在羊舍或补饲场靠墙围成足够面积的围栏，并在栏间插入一个仅能让羔羊自由出入采食的栅门。

**3. 分羊栏**　分羊栏是供羊分群、鉴定、防疫、驱虫、称重、打号等生产技术活动中用。分羊栏由许多栅板联结而成。在羊群的入口处为喇叭形，中部为一小通道，可容羊只单行前进。沿通道一侧或两侧，可根据需要设置 3～4 个可以向两边开门的小圈，利用这种设备，就可以将羊群分成所需要的若干小群。

**4. 活动羊圈** 除寒冷季节外，羊群多数露天过夜，以放牧为主的羊场，必须根据季节、草场生产力的动态变化、垦区不同作物的收获时间，以及羊群放牧抓膘、剪毛、药浴、配种等生产环节的需要，做好转场放牧的安排。转场放牧采用活动式羊圈则十分方便。活动式羊圈可利用若干棚栏或网栏，选一干燥平坦地面，连接固定成圆形、方形、长方形皆可。也可采用网栏式活动羊圈，该圈由网栏、围布、窗门、立柱、拉筋组成，网栏采用钢丝锁片半机械化编织，经纬线结合牢固，间隔匀称，疏密合理；围布用高强度聚丙烯编织布制作，质地柔韧，耐寒热，抗风雨；圈门以镀锌钢管焊接，中间用钢丝编织，立柱、拉筋用钢材制成并涂以防锈漆料，坚固耐用。网栏高 1 米，安装后全高 1.1 米，立柱高 1.5 米，入土深 0.4 米，每隔 6.5 米加装立柱和拉筋 1 副，圈门配门柱 2 根，插杆 1 对。网长 50 米的羊圈可圈羊 350 只，60 米的可圈羊 400～450 只，70 米的可圈羊 500～600 只。根据气候围布可装可取，夏、秋季节取掉围布，羊圈通风，便于夜间管理，冬、春季加上围布能防风御寒。网栏式活动羊圈体积小，重量轻，拆装搬运方便，省工省时，灵活机动，适用范围广，牢固可靠，尤其适用于半放牧奶山羊饲养，目前正在推广使用。

**5. 草圈** 各类羊场，在任何情况下均有储备干草或农作物秸秆的必要，为防止人、畜践踏浪费，亦可采用棚栏或网栏成草圈，十分方便。

### （三）分娩栏、护腹带等

细毛羊、半细毛羊等绒毛用羊的初生羔羊适应性较差，在饲养管理不善、奶水不足或头胎产羔的情况下，会出现母不认仔的现象，需要重点防护。因此，配备若干分娩栏、护腹带等是必不可少的。一般按200只母羊为一群计算，每群羊舍需配备20副左右分娩栏和30～40条羔羊护腹带，待羔羊出生7天以后可将护腹带换至刚出生的羔羊身上，轮番重复使用；分娩栏每幅4片，每片长80厘米×60厘米，用12毫米的钢筋条焊接最好，围起来的面积刚好适合母仔活动。

### (四)疫病预防治疗药品及器械

饲养区有不同程度的疫病发生，储备一定数量的药品及辅助治疗器械以防急用是必不可少的，包括一些预防常见病的疫苗、防疫架、药浴池等。

### (五)机械剪毛设施

毛用羊主要产品是羊毛，因此在饲养过程中，剪毛工作是一项重要的生产环节，羊毛产品也是增产增收的主要畜产品，因此，每年一茬的剪毛环节显得尤为重要。为了提高羊毛的优质优价，便于分级整理和打包，一般规模养殖区采用机械剪毛效果较好，这就得配备一定数量的剪毛工具：机械剪毛器械一般包括电机、软轴、剪头、刀片、磨刀盘，羊毛分级台、羊毛打包机、剪毛台、剪毛房、羊毛打捆机等。

# 第三章　品种选择

## 第一节　饲养品种选择

### 一、细 毛 羊

细毛羊以生产同质细毛为主，其被毛由粗细、长短较一致的无髓毛组成。毛纤维细度在60支以上，平均直径小于25微米，生长12个月的毛丛自然长度在7厘米以上。细毛羊的羊毛细度和长度均匀，羊毛弯曲明显、整齐，羊毛密度大，产毛量高，油汗多、杂质少，毛色洁白，工艺性能好。

**(一)我国的细毛羊品种**

**1. 中国美利奴羊**

【分布及育成简史】　中国美利奴羊是我国1972—1985年在新疆巩乃斯种羊场、紫泥泉种羊场、内蒙古嘎达苏种畜场和吉林查干花种畜场联合育成的。父本为中毛型澳洲美利奴羊，体型结构良好，体重90千克以上，净毛量8千克以上，净毛率50%以上，毛长11厘米以上，4个育种场的基础母羊分别是波尔华斯羊、新疆细毛羊、波新一代及军垦细毛羊，采用级进杂交法，从杂交的第二、第三代中选择的理想型个体经横交固定，严格选留，精心培育而成的。中国美利奴羊有4个类型：新疆型、军垦型、吉林型和科尔沁型，主要分布在我国的新疆、内蒙古、吉林等羊毛主产区。

【外貌特征】　体型呈长方形，头毛宽长，着生至眼线，外形似帽状，前肢细毛到腕关节，后肢至飞节，公羊有螺旋形角，颈部有1～2个横褶皱，被毛密度大，毛长，白色，具明显的大中弯曲（图3-1）。

公 羊

母 羊

图 3-1 中国美利奴羊

【生产性能】 剪毛后平均体重公羊91.8千克，母羊45.84千克。平均剪毛量公羊17.58千克，母羊7.12千克，净毛率60.87%。平均毛长公羊12.51厘米，母羊10.24厘米。平均毛细度22微米，单纤维强度8.4克以上，伸度46%以上，卷曲弹性率92%以上，接近进口56型澳毛。

中国美利奴羊遗传性能稳定，与各地细毛羊杂交改良效果良好。

**2. 新疆细毛羊**

【分布及育成简史】 1934年用高加索羊和泊列考斯羊等品种与哈萨克羊和蒙古羊杂交，经长期选育于1954年由农业部批准并命名为"新疆毛肉兼用细毛羊"，是我国育成的第一个细毛羊品种。目前仅在新疆就有纯种羊238万只。

【外貌特征】 体质结实，结构匀称。公羊鼻梁微有隆起，有螺旋形角，颈部有1～2个褶皱；母羊鼻梁呈直线，无角或只有小角，颈部有一个横褶皱或发达的纵褶皱。羊体覆白色的同质毛，成年公羊平均体高75.3厘米，母羊65.9厘米，体长分别为81.9厘米、

72.6 厘米，胸围分别为 101.7 厘米、86.7 厘米(图 3-2)。

**图 3-2　新疆细毛羊公羊**

【生产性能】　剪毛后平均体重公羊 88.01 千克，母羊 48.6 千克。平均剪毛量公羊 11.57 千克，母羊 5.24 千克。净毛率 48.06%～51.53%。产羔率 130%左右。屠宰率 49.47%～51.39%。

新疆细毛羊善牧耐粗，增膘快，生活力强，适应严峻的气候条件，冬季扒雪采食，夏季高山放牧。

**3. 东北细毛羊**

【外貌特征】　体质结实，结构匀称，体躯长，后躯丰满，肢势端正。公羊有螺旋形角，颈部有 1～2 个横褶皱；母羊无角，颈部有发达的纵褶皱。被毛白色，毛丛结构良好；弯曲正常，油汗适中。平均成年体高公羊 74.3 厘米，母羊 67.5 厘米；平均体长分别为 80.6 厘米、72.3 厘米；平均胸围分别为 105.3 厘米、95.5 厘米(图 3-3)。

【生产性能】　剪毛后平均体重公羊 83.66 千克，母羊 45.03 千克。平均剪毛量公羊 13.44 千克，母羊 4.503 千克。净毛率 35%～40%。平均毛丛长度公羊 9.33 厘米，母羊 7.37 厘米。产羔率 125%。屠宰率 38.8%～52.4%。

公　羊

母　羊

图 3-3　东北细毛羊

**4. 内蒙古细毛羊**

【分布及育成简史】　内蒙古细毛羊是以苏联美利奴羊、高加索羊、新疆细毛羊和德国美利奴羊为种羊与蒙古母羊采取杂交方式育成。1976 年 8 月，经内蒙古自治区人民政府批准命名，属于毛肉兼用型细毛羊品种。

【外貌特征】　体质结实，结构匀称，公羊多为螺旋形角，颈部有 1～2 个横皱褶；母羊无角，颈部有发达的皱褶。平均体高公羊 93.3 厘米，母羊 73.7 厘米。平均体长公羊 79.5 厘米，母羊 70.3 厘米。平均胸围公羊 112.4 厘米，母羊 92.1 厘米(图 3-4)。

图 3-4　内蒙古细毛羊

【生产性能】 剪毛后平均体重公羊 91.4 千克，母羊 45.9 千克。平均剪毛量公羊 11.0 千克，母羊 5.5 千克。净毛率 36%～45%。羊毛长度公羊 8～9 厘米，母羊 7.2 厘米左右。产羔率 110%～125%。屠宰率 44.1%～48.4%。

内蒙古细毛羊是典型的干旱寒冷草原地区大群放牧的品种，游牧力强，在－40℃和积雪 20 厘米的环境下仍能扒雪吃草。

**5. 敖汉细毛羊**

【分布及育成简史】 敖汉细毛羊主要分布在内蒙古赤峰一带，现已推广到全国 14 个省、直辖市、自治区 20 万余只，出口朝鲜 2 000 只。敖汉细毛羊是由内蒙古赤峰市敖汉种羊场培育的毛肉兼用型细毛羊品种，是由蒙古羊与高加索羊、斯达夫细毛羊杂交培育，于 1982 年内蒙古自治区人民政府正式验收命名为“敖汉毛肉兼用细毛羊”新品种。后经导入澳洲美利奴羊血缘杂交，使生产性能及羊毛品质显著提高。经专家组鉴定认为：敖汉细毛羊已达到澳美型细毛羊标准，在国内处于领先水平。

【外貌特征】 体质结实，结构匀称，骨骼坚实有力，头颈结合良好，体躯宽深而长，背平直，四肢端正。公羊有螺旋形角或无角；母羊均无角。公、母羊颈部有宽松的纵皱褶；公羊有 1～2 个完全或不完全的横皱褶，体躯无皱褶，全身被毛白色，结构良好，呈闭合型，密度大，细度均匀，油汗多呈白色和乳白色，羊毛弯曲均匀，整齐而明显，光泽良好，羊毛覆盖在头部达两眼连线，前肢达腕关节，后肢达飞节(图 3-5)。

【生产性能】 剪毛后平均体重公羊 100.4 千克，母羊 52.55 千克。平均剪毛量公羊 16.41 千克，母羊 8.17 千克。平均羊毛长度公羊 11.25 厘米，母羊 9.55 厘米。羊毛细度 66～70 支。繁殖率为 115%～139%，最高可达 168%。屠宰率 35%～40%。敖汉细毛羊具有适应能力强、抗病力强等特点，适于干旱沙漠地区饲养，是较好的毛肉兼用细毛羊品种。

公　羊

母　羊

**图 3-5　敖汉细毛羊**

### 6. 甘肃高山细毛羊

【分布及育成简史】　甘肃细毛羊是以新疆细毛羊为种羊与当地蒙古母羊杂交的二、三代杂种羊，采取杂交方式育成，育成于甘肃省皇城绵羊育种试验场皇城区和天祝藏族自治县境内的场、社，1981 年甘肃省人民政府正式批准为新品种，命名为“甘肃高山细毛羊”，属于毛肉兼用型细毛羊品种。

【外貌特征】　甘肃高山细毛羊体格中等，体质结实，结构匀称，体躯长，胸宽深，后躯丰满。公羊有螺旋形大角，母羊无角或小角。公羊颈部有 1～2 个横皱褶，母羊颈部有发达的纵垂皮，被毛闭合良好，密度中等。细毛着生于头部至两眼连线，前肢至腕关节，后肢至飞节（图 3-6）。

公　羊

母　羊

**图 3-6　甘肃高山细毛羊**

【生产性能】 成年公、母羊剪毛后平均体重分别为 80 千克和 42.9 千克,平均剪毛量分别为 8.5 千克和 4.4 千克,平均毛丛长度分别为 8.24 厘米和 7.40 厘米。主体细度 64 支,其单纤维强度为 6～6.83 克,伸度为 36.2％～45.7％。净毛率为 43％～45％。油汗多为白色和乳白色,黄色较少。经产母羊产羔率为 100％。

甘肃高山细毛羊自育成以来,经过不断的选育工作,特别是 4 次引入澳洲美利奴羊、新西兰美利奴羊和中国美利奴羊的血液,使其生产力水平有了进一步的提高,羊毛综合品质也获得了明显的改善。甘肃高山细毛羊肉和沉积脂肪能力良好,肉质鲜嫩,膻味较轻。在终年放牧条件下,成年羯羊宰前平均活重 57.6 千克,胴体平均重 25.9 千克,屠宰率为 44.4％～50.2％。

**7. 青海细毛羊**

【分布及育成简史】 青海细毛羊是自 20 世纪 50 年代由青海省刚察县境内的青海省三角城种羊场开始培养,以新疆细毛羊、高加索细毛羊、萨尔索细毛羊为父系,西藏羊为母系,进行复杂杂交,经不断选择和培养于 1976 年育成,命名为"青海毛肉兼用细毛羊",简称"青海细毛羊"(图 3-7)。

公 羊

母 羊

图 3-7 青海细毛羊

【外貌特征】 体质结实，结构匀称，背腰平直，四肢端正，蹄质致密。公羊有螺旋形大角，颈部有1～2个完全或不完全的横皱褶；母羊多数无角，少数有小角，颈部有发达的纵垂皮。被毛纯白色，呈毛丛结构，闭合性良好，密度中等以上，细毛着生于头部到两眼连线，前肢到腕关节，后肢到飞节。

【生产性能】 成年公羊剪毛后平均体重72.2千克，成年母羊43.02千克。成年公羊平均剪毛量8.6千克，成年母羊4.96千克，净毛率47.3%。成年公羊平均羊毛长度9.62厘米，成年母羊8.67厘米，羊毛细度60～64支。产羔率102%～107%。屠宰率44.41%。

青海毛肉兼用细毛羊体质结实，对海拔3 000米左右高寒牧区自然条件有很好的适应能力，善于登山远牧，耐粗放管理，在终年放牧冬春少量补饲情况下，具有良好的抗病力和适应性。

**8. 鄂尔多斯细毛羊**

【分布及育成简史】 鄂尔多斯细毛羊是在内蒙古鄂尔多斯市(原伊克昭盟)境内毛乌素地区，以新疆细毛羊及少量苏联美利奴羊和茨盖羊品种为父系，以当地蒙古羊为母系培育而成。在杂交育种过程中曾导入过波尔华斯羊的血缘。1985年，内蒙古自治区政府正式命名，1986年后导入澳洲美利奴羊血缘。

【外貌特征】 体质结实，结构匀称，个体中等大小。公羊多数有螺旋形角，颈部有1～2个完整或不完整的褶皱；母羊无角，颈部有纵皱褶或宽松皮肤。颈肩结合良好，胸深而宽，背腰平直，四肢坚实，姿势端正。被毛封闭性良好，呈毛丛结构。羊毛细度以64支为主，有明显的正常弯曲，油汗适中，呈白色(图3-8)。

【生产性能】 体格健壮，成年公羊体重平均64千克，成年母羊体重38千克。12月龄公羊平均毛长9.5厘米，母羊毛长8厘米。成年公羊平均剪毛量11.4千克，母羊5.6千克，净毛率38%。产羔率为105%～110%。

公 羊

母 羊

**图 3-8 鄂尔多斯细毛羊**

鄂尔多斯细毛羊以终年放牧为主，冬春辅以少量补饲。对育成地区风大沙多、气候干旱、草场生产力低等恶劣自然条件有较强的适应能力，具有耐粗放饲养管理、耐干旱、抓膘复壮快等特点。

## (二)我国引进的细毛羊品种

### 1. 澳洲美利奴羊

【分布及育成简史】 澳洲美利奴羊是世界著名细毛羊品种，原产于澳大利亚，是由英国和南非引进的西班牙美利奴羊、德国萨克逊美利奴羊、法国和美国的兰布列羊杂交育成，现已输往世界许多国家。澳洲美利奴羊根据羊毛细度、长度和体重分为超细型、细毛型、中毛型和强毛型四种。超细型和细毛型澳洲美利奴羊主要分布于澳大利亚新南威尔士州北部和南部地区、维多利亚州的西部地区和塔斯马尼亚的内陆地区；中毛型是澳洲美利奴羊的主体，分布于澳大利亚新南威尔士州、昆士兰州、西澳的广大牧区；强毛型羊主要分布于新南威尔士州西部、昆士兰州、南澳和西澳。

【外貌特征】 澳洲美利奴羊体质结实，结构匀称，体躯近似长方形。公羊有螺旋形角，颈部有 1～3 个发育完全或不完全的横皱褶；腿短，体宽，背部平直，后肢肌肉丰满。母羊无角，颈部有发达的纵皱褶。被毛为毛丛结构，毛密度大，细度均匀，弯曲均匀、整齐而明显，光泽好，油汗为白色。头毛覆盖至两眼连线，前肢毛着生至腕关节或腕关节以下，后肢毛着生至飞节或飞节以下（图 3-9）。

公 羊

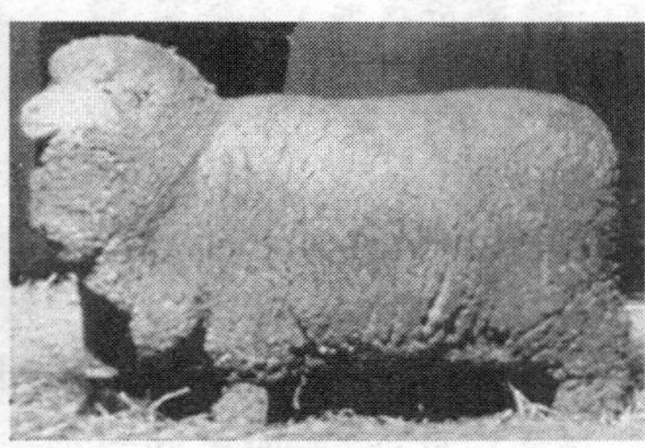

母 羊

**图 3-9 澳洲美利奴羊**

**【生产性能】** 超细型羊体型较小，成年公羊体重 50～60 千克，母羊 32～38 千克，成年公羊剪毛量 7.0～8.0 千克，母羊 3.4～4.5 千克，羊毛白度好，手感柔软，密度大，纤维直径 16.5～20.0 微米，毛长度 7.0～7.5 厘米，净毛率 65％～70％。细毛型羊体型中等，成年公羊体重 60～70 千克，母羊 33～40 千克，成年公羊剪毛量 7.5～8.5 千克，母羊 4.5～5.0 千克，毛纤维直径 18.1～21.5 微米，毛长度 7.5～8.5 厘米，净毛率 63％～68％。

中毛型是澳洲美利奴羊的主体，分布于澳大利亚新南威尔士州、昆士兰州、西澳的广大牧区。体型较大，成年公羊体重 70～90 千克，母羊 40～45 千克，皮肤宽松、皱褶较少，产毛量高，成年公羊剪毛量 8.0～12 千克，母羊 5.0～6.5 千克，毛纤维直径 20.1～23.0 微米，毛长度 8.5～10.0 厘米左右。羊毛手感柔软，颜色洁白。净毛率 65％。

强毛型羊主要分布于新南威尔士州西部、昆士兰州、南澳和西澳，体型大，成年公羊体重 80～100 千克，母羊 43～68 千克，光脸、无皱褶，成年公羊剪毛量 9.0～14 千克，母羊 5.0～8.0 千克，毛纤维直径 23.1～27.0 微米，毛丛长度 8.8～15.2 厘米，净毛率 60%～65%。

**2. 波尔华斯羊**

【分布及育成简史】 原产于澳大利亚的维多利亚州西部地区，是以林肯公羊杂交一代母羊与美利奴羊轮回杂交育成，是优良的肉毛兼用型品种，1966 年引入我国。

【外貌特征】 具美利奴羊特征，但没有褶皱，少数有角，多数在鼻、眼、唇部有色斑，体躯较宽平，属长毛型细毛羊。

【生产性能】 体重成年公羊 66～80 千克，母羊 50～60 千克。剪毛量成年公羊 5.5～9.5 千克，母羊 3.6～5.5 千克。毛长 10～15 厘米，细度 58～60 支，净毛率 65%～70%。繁殖力强，泌乳好。

**3. 高加索细毛羊**

【分布及育成简史】 高加索细毛羊产于俄罗斯斯塔夫洛波尔地区，是用美国的兰布列公羊与高加索母羊杂交，在改善饲养管理的条件下，有目的地选种选配培育而成，1949 年前输入我国。

【外貌特征】 体大，结实，结构好，体长，胸宽，背平，颈部有 1～3 个横皱褶，体躯有小皱褶，被毛良好。

【生产性能】 体重成年公羊 90～100 千克，母羊 50～55 千克。剪毛量成年公羊 12～14 千克，母羊 6～6.5 千克。净毛率 40%～42%，毛长 7～9 厘米，细度 64 支。产羔率 130%～140%。

**4. 苏联美利奴羊**

【分布及育成简史】 苏联美利奴羊产于俄罗斯，1950 年引入我国，是内蒙古细毛羊和敖汉细毛羊新品种的主要父系之一。

【外貌特征】 体质结实，颈部具有 1～3 个皱褶，体躯有小皱褶，被毛呈闭合型，腹毛覆盖良好(图 3-10)。

【生产性能】 成年公羊体重平均 100 千克，成年母羊 54.9 千克。剪毛量成年公羊平均 16.1 千克，成年母羊 7.7 千克。毛长 8～9 厘米，细度 64 支。产羔率 120%～130%。

图 3-10 苏联美利奴羊

**5. 德国美利奴羊**

【分布及育成简史】 德国美利奴羊原产于德国萨克森州农区，是用泊列考斯和莱斯特公羊同原产地的美利奴母羊杂交培育而成。

【外貌特征】 被毛白色，公、母均无角，颈部及体躯皆无皱褶，胸宽深，背腰平直，肌肉丰满，后躯发育良好(图 3-11)。

公 羊

母 羊

图 3-11 德国美利奴羊

【生产性能】 成年公羊体重 100～140 千克，母羊 65～80 千克；剪毛量成年公羊 10.0～11.5 千克，母羊 4.5～5.0 千克，净毛率 45%～52%；羊毛细度 60～70 支，羊毛长度 8.5～9.5 厘米，

5～6 月龄体重 40～45 千克，比较好的个体可达 50 千克以上，胴体重 18～22 千克，屠宰率 47%～49%。

**6. 南非细毛羊**

【分布及育成简史】 原产地南非，是当地优良肉用细毛羊品种。

【外貌特征】 公、母羊无角或有小角，具有良好的被毛丛结构，体型硕长，躯体宽深，后躯粗壮，背线肌肉发育丰满。

【生产性能】 12 月龄毛长 8.0～11 厘米，被毛纤维直径 16～23 微米，成年公、母羊剪毛后体重分别为 90～140 千克、55～80 千克，剪毛量分别为 6～10 千克、4.5～6.5 千克，净毛率 60%以上。屠宰率 52%～57%，产羔率 150%～180%。

## 二、绒用山羊

**1. 辽宁绒山羊**

【产地与分布】 辽宁绒山羊是中国最优秀的绒山羊品种。原产于辽宁省辽东半岛步云山周围各县，中心产区为盖县东部山区。20 世纪 90 年代主产区延伸到新宾、本溪、桓仁等地区，形成一条绒山羊分布带。该品种是于 1959 年地方良种普查时在盖县首先发现的，1964 年上报农业部批准为良种绒山羊品种。1965 年在上级有关部门的支持下，盖县、复县成立了绒山羊的山羊育种站，开展了选育工作，加强了饲养管理，使该品种的数量得到迅速增加，质量也有很大提高。1976 年以来，陕西、甘肃、新疆、山西等 17 个省（自治区）曾先后引种，用以改良本地山羊，提高产绒量，收到了良好效果。

【品种特性】 辽宁绒山羊公、母羊均有角、有髯，公羊角发达，向两侧平直伸展，母羊角向后上方，额顶有自然弯曲并带丝光的绺毛。体躯结构匀称，体质结实。颈部宽厚，颈肩结合良好，背平直，后躯发达，呈倒三角形状。四肢较短，蹄质结实，短瘦尾,尾尖上翘。被毛为全白色,外层为粗毛,且有丝光光泽,内层为绒毛(图 3-12)。

图 3-12 辽宁绒山羊

【生产性能】 辽宁绒山羊生产发育较快,1 周岁时体重在 25～30 千克,成年公羊在 80 千克,成年母羊在 45 千克左右。据测试,公羊屠宰前平均体重 39.26 千克,胴体平均重 18.58 千克,平均内脏脂肪 1.5 千克,屠宰率为 51.15%,净肉率为 35.92%。母羊平均屠宰前体重 43.20 千克,平均胴体重 19.4 千克,平均内脏脂肪 2.25 千克,屠宰率为 51.15%,净肉率为 37.66%。

辽宁绒山羊的初情期为 4～6 月龄,8 月龄即可进行第一次配种。适宜繁殖年龄,公羊为 2～6 周岁,母羊为 1～7 周岁。每年 5 月份开始发情,9～11 月份为发情旺季。发情周期平均为 20 天,发情持续时间 1～2 天。妊娠期 142～153 天。成年母羊产羔率 110%～120%,断奶羔羊成活率 95%以上。辽宁绒山羊的冷冻精液的受胎率为 50%以上,最高可达 76%。

辽宁绒山羊平均产绒量成年公羊 570 克,成年母羊 490 克。绒毛自然长度约 5.5 厘米,伸直长度为 8～9 厘米。羊绒的生长开始于 6 月份,9～11 月为生长旺盛期,2 月份趋于停止,4 月份陆续脱绒。据国家动物纤维质检中心测定,辽宁绒山羊羊绒细度平均为15.35微米，净绒率75.51%，平均单纤维强度4.59克，伸度51.42%。绒毛品质优良。

**2. 内蒙古绒山羊**

【产地与分布】 内蒙古绒山羊主要分布在内蒙古自治区中西部地区。分布于二狼山地区（巴彦淖尔盟的阴山山脉一带，东部为乌拉尔山，中、西部为二狼山）、阿尔巴斯地区（鄂尔多斯高原西部的千里山和桌子山一带）和阿拉善左旗地区。内蒙古绒山羊是蒙古山羊在荒漠、半荒漠条件下，经广大牧民长期饲养、选育形成的一个优良类群。目前，内蒙古绒山羊品种内部有阿尔巴斯、二狼山和阿拉善3个类型。

【品种特性】 内蒙古白绒山羊为绒肉兼用型品种，包括阿尔巴斯、二狼山和阿拉善3个地方类型。羊绒细、综合品质优良、产绒量高、肉质好，对荒漠、半荒漠草原有较强的适应能力。体质结实，公、母羊均有角，公羊角粗大，向上向后外延伸，母羊角相对较小。体躯深长，背腰平直，整体似长方形。全身被毛纯白色，外层为粗毛，内层为绒毛（图3-13）。

图3-13 内蒙古绒山羊

【生产性能】 成年公羊体重45～52千克，成年母羊30～45千克，全身被毛白色，分内外2层，外层为光泽良好的粗长毛，长

12～20厘米，细度88.3～88.8微米；内层绒毛长5.0～6.5厘米，细度12.1～15.1微米。按其被毛状态可划分为长细毛型和短粗毛型两种类型。前者外层被毛长而细，光亮如丝，产绒量低；后者外层被毛粗短，但产绒量高，成年公羊平均产绒量400克，成年母羊350克，净绒率72%。平均粗毛产量成年公羊350克，成年母羊300克。该品种公羊繁殖率较低，多产单羔，羔羊发育快，成活率高。产羔率100%～105%，屠宰率40%～50%。

**3. 河西绒山羊**

【产地与分布】　河西绒山羊是经本品种选育而成的地方山羊品种，数量约40万只。主要分布在甘肃省河西走廊的酒泉、张掖和武威3个地区，主产区为肃北蒙古自治县和肃南裕固县自治县。主产区为典型的大陆性气候，干旱少雨，年降水量150毫米（80～200毫米），且集中在7～8月份，年平均气温8℃，无霜期约130天，日照2 500小时以上，生态环境差，属荒漠、半荒漠地带。羊只终年放牧，饲养管理粗放。

【品种特性】　体质结实，体格较小，公、母羊均有角，体形似正方形。被毛有白色、黑色、棕色及杂色等，其中纯白羊只约占总数的60%。寒冷季节被毛内层长出绒毛，外层为粗长的有髓毛（图3-14）。

公　羊

母　羊

**图3-14　河西绒山羊**

【生产性能】 成年公羊平均体重38.51千克,平均体高60厘米,平均产绒323.5克,最高达656克。成年母羊平均体重26.03千克,平均体高58厘米,平均产绒279.9克,绒毛长度4～5厘米,细度14～16微米,净绒率56%。河西绒山羊羔羊生长发育较快,5月龄体重可达20千克。因当地牧民有挤奶食用的习惯,该品种日挤奶2次,产奶量400毫升左右。屠宰率为43.6%～44.3%。河西绒山羊6月龄左右性成熟,1.5岁以后配种,繁殖季节长,从5月份到翌年1月都可发情配种,但以9～10月份最为集中,繁殖力较低,多产单羔。

**4. 陕北绒山羊**

【分布与育成简史】 陕北白绒山羊是根据市场需要和陕北自然经济条件,以辽宁绒山羊为父本,陕北黑山羊为母本,采用两品种简单育成杂交方式,经25年的培育而形成的以产绒为主,绒肉兼用型山羊新品种。2004年符合品种标准的羊只存栏达15万余只,改良型绒山羊达200余万只。该品种2002年4月通过了国家畜禽遗传资源管理委员会羊品种审定专业委员会的现场审定,同年12月份通过了国家畜禽品种审定委员会的审定,2003年2月农业部批准为新品种。陕北白绒山羊产区位于陕西省北部地区,主要分布在榆林,延安两市的榆阳、横山、靖边、神木、府谷、佳县、绥德、甘泉、宝塔、延长、安塞、子长等县区。

【品种特性】 陕北白绒山羊全身被毛白色,外层着生长而稀的发毛和两型毛,内层着生密集的绒毛,具有丝样光泽。体格中等,结实紧凑。头轻小,额顶有长毛。颌下有髯,面部清秀,眼大有神;公羊头大颈粗,公、母羊均有角,角形以拧角、撇角为主,公羊角粗大,呈螺旋式向上、向两侧伸展,母羊角细小,从角基开始,向上、向后、向外伸展,角体较扁。颈宽厚,颈肩结合良好。胸深背直,四肢端正,蹄质坚韧。尾瘦而短,尾尖上翘。母羊乳房发育较好,乳头大小适中。公羊腹部紧凑,睾丸发育良好(图3-15)。

公　羊

母　羊

**图 3-15　陕北白绒山羊**

【生产性能】 平均初生重公羔为 2.5 千克，母羔为 2.2 千克；周岁体重公羊平均为 26.5 千克，母羊为 21.2 千克；成年体重公羊平均为 41.2 千克，母羊为 28.7 千克。

陕北白绒山羊在一般饲养管理条件下，表现较高的产绒性能，具有单位体重产绒量高的特点，陕北白绒山羊单位体重产绒量成年公羊为 17.57 克，成年母羊为 15.0 克。羊绒细度、长度两个性状结合表现较好，自然长度 5 厘米以上且细度 15 微米以内的纤维占到 81.2%。同时，在群体中存在着多绒型个体的特殊类型。多绒型绒山羊被毛中粗长毛稀少，光泽强，底绒细长，外观如绒球状，但绒根末缠结交叉，仍可清晰分出毛辫。多绒型个体在群体中约占 11.4%。多绒型成年公、母羊产绒量平均分别为 1 032 克和 667.9 克；绒自然长度平均分别为 7.2 厘米和 5.7 厘米；绒纤维细度 14.5 微米。

陕北白绒山羊在出生后 4 月龄出现初情期，7～8 月龄达性成熟。母羊 1.5 周岁，公羊 2 周岁开始配种。母羊发情周期 17.56±2.7 天，发情持续期 23～49 小时，妊娠期 150.8±3.5 天。公羊射精量 0.6～1.8 毫升，精子活力 0.7 以上。母羊繁殖年限

7～8 年，对 9 059 只繁殖母羊统计，产羔率为 105.8%。在良好的饲养管理条件下，陕北白绒山羊表现双羔率高和发情季节延长的趋势。特别是在舍饲条件下，可以推行频密产羔，母羊有效利用达到一年两胎或两年三胎。对产双羔母羊经继代选育提高产羔率，最高达 198.6%。

陕北白绒山羊肉质细嫩多汁，肌肉丰满，骨骼比例低，出肉率高；肉块紧凑美观，肉色微暗红色，脂肪白色呈大理石状均匀分布；无膻味，具有羊肉特有的香味。1.5 周岁羯羊宰前重平均为 28.55 千克，平均胴体重 11.93 千克，屠宰率为 45.57%，净肉率为 31.2%。

## 三、羔裘皮羊

我国饲养裘皮羊品种分为绵羊裘皮羊与山羊裘皮羊两大类。其中，绵羊裘皮羊品种有滩羊、贵德黑裘皮羊和岷县黑裘皮羊，山羊裘皮羊有中卫山羊。

### 1. 滩 羊

【产地与分布】 滩羊原产地主要分布于东经 105°～108°，北纬 35°45′～39°40′，即宁夏黄河以北与海原县等，并包括甘肃景泰、靖远、环县，陕西定边、靖边、吴旗，内蒙古阿拉善左旗等广大地区。现主要分布在以宁夏盐池县、同心县、灵武市、红寺堡开发区和海原县等中部干旱带地区。

滩羊产区地貌大体上可分为黄土高原、鄂尔多斯台地、黄河冲积平原、同心盆地以及贺兰山山地等，整个地势自南向北倾斜，表现出从流水地貌向风蚀地貌的过渡特征。海拔 1 100～1 300 米。年平均气温 7℃～8℃，最高气温 38℃，最低气温 －20℃；无霜期 150～220 天，年平均降水量 190～230 毫米，7、8、9 月份的雨量占全年雨量的 60%～70%，年蒸发量在 2 000 毫米以上。年平均大风天数（大于等于 8 级）30 天以上，最高达 50 天左右；年平均沙尘暴天数在 15 天以上，最多达 35 天。干燥度在 1～4.68。

【品种特性】　滩羊体格中等，体质结实，全身各部位结合良好，鼻梁稍隆起，耳有大、中、小三种。公羊有螺旋形角向外伸展，母羊一般无角或有小角。背腰平直，胸较深，四肢端正，蹄质坚实。尾根部宽大，尾尖细圆，呈长三角形，下垂过飞节。体躯毛色纯白，光泽悦目，多数头部有褐色、黑色、黄色斑块。被毛中有髓毛细长柔软，无髓毛含量适中，无死毛。毛股明显，呈长毛辫状，前、后躯表现一致(图 3-16)。

公　羊

母　羊

**图 3-16　滩　羊**

【生产性能】　滩羊被毛毛纤维中有髓毛约占 7%，两型毛约占 15%，无髓毛约占 77%；纤维细度：有髓毛 44.87±10.18 微米，两型毛 34.13±8.62 微米，无髓毛 19.07±5.85 微米。毛股自然长度 8～12 厘米。毛纤维富有弹性是织制提花毛毯的优良原料。滩羊二毛羔羊是约 30 日龄，毛长 7 厘米的羔羊。全身被覆有波浪形弯曲的毛股，毛股紧实，花案清晰，光泽悦目，毛稍有半圆形弯曲或稍有弯曲，体躯主要部位表现一致，弯曲数在 3～7 个，弯曲部分占毛股全长的 1/2～3/4，弯曲弧度均匀排列在同一水平面上，少数有扭转现象。腹下、颈、尾及四肢毛股短，弯曲数少。被毛由两型毛和无髓毛组成，两型毛约占 46%，无髓毛约占 54%。羊毛细度两型毛为26.6±7.67微米，无髓毛为17.37±4.36微米。

滩羊夏、秋雨季的产毛量公羊为1.6～2千克，母羊为1.5～1.8千克，净毛率为65%左右，含脂率约为7%。滩羊肉质细嫩，脂肪分布均匀，无膻味，为我国最佳羊肉之一。成年羯羊胴体重17～25千克，屠宰率为45%左右。淘汰母羊胴体重1～20千克，屠宰率40%左右；二毛羔羊胴体重3～5千克，屠宰率48%左右。繁殖性能，滩羊产羔率为101%～103%。滩羊一生分3次鉴定，以初生鉴定为基础，二毛鉴定为重点，育成羊鉴定为补充。

【产品特点】 滩羊裘皮（二毛皮）为滩二毛羔羊出生后30日内，毛股长度不足7厘米所宰剥的毛皮。皮板薄而致密，皮板厚约0.8毫米，鲜皮重约0.9千克，半干皮面积在1 600～2 900厘米$^2$，具有毛股弯曲明显、花案清晰，毛股根部柔软可以纵横倒置、轻暖美观的特点，是制作轻裘的上等原料（图3-17）。

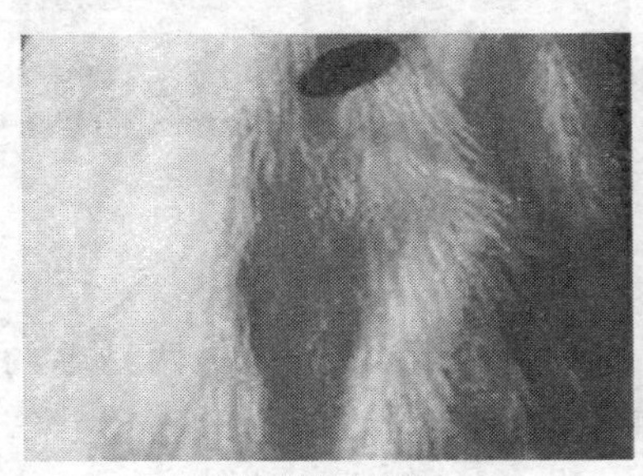

加工后的滩羊裘皮

滩羊裘皮羔

图3-17 滩羊裘皮

**2. 贵德黑裘皮羊**

【产地与分布】 贵德黑裘皮羊散布于海南藏族自治州各县和黄南藏族自治州的泽库、尖扎县。此外，化隆、合作、大通、海晏、湟源、门源及祁连等县有零星散布。主要产于青海海南藏族自治州的贵南、贵德、同德等县。产区为昼夜温差大、气候干旱、无霜期短、牧草种类单纯和生长期短、植株低矮、植被稀疏的青海高寒牧区。

【品种特性】　贵德黑裘皮羊属草地型西藏羊类型。体质健壮、抗逆性强，皮板坚韧、轻软，毛色油黑、光泽顺眼，花穗紧实美观、不易缠结，保暖性强。公、母羊均有角，公羊多呈扁形改变向两侧伸展，鼻梁隆起，两耳下垂。体躯呈长方形，背平直，四肢较高。成年羊毛被分为黑色、灰色和褐色。成年公羊平均体高、体长、胸围和体重分别为 75 厘米，75.5 厘米，87 厘米，56 千克；成年母羊分别为 70 厘米，72 厘米，84 厘米，43 千克(图 3-18)。

公　羊

母　羊

图 3-18　贵德黑裘皮羊

3. 岷县黑裘皮羊

【产地与分布】　岷县黑裘皮羊产于甘肃洮河和岷江上游一带。产区位于甘肃武都地区的西北部，地处洮河中游，是甘肃甘南高原与陇南山地接壤区。海拔一般为 2 500～3 200 米，山峰在 3 000 米以上。气候高寒，年平均气温为 5.5℃，最低(1 月份)气温平均为－7.1℃，最高(7 月份)气温平均为 15.9℃，无霜期为 90～120 天，年降水量为 635 毫米，7～9 月份为雨季，占全年降水量的 65％以上，蒸发量为 1 246 毫米，空气相对湿度：夏、秋季为 73％～74％，冬、春季为 65％～68％。洮河干流在岷县境内自西向东、向北流过。南有达拉岭，北有木寒岭和岷山3个草山草坡地带，植被覆盖度好，是放牧的好草场。牧草以禾本科为主，还有柳丝灌木及部分森林草场。农作物有春小麦、蚕豆、青稞、燕麦和马铃薯等。经济作物主产油料和当归。岷县黑裘皮羊主要分布在岷县境内洮河两岸、宕昌县、临潭县、临洮县及渭源县部分地区。

【品种特性】 岷县黑裘皮羊体质细致，结构紧凑。头清秀，鼻梁隆起，公羊有角，向后向外呈螺旋状弯曲；母羊多数无角，少数有小角。颈长适中。背平直。尾小呈锥形。体躯、四肢、头、尾和蹄全呈黑色。岷县黑裘皮羊主要以生产黑色二毛皮闻名。此外，还产二剪皮。羔羊初生后毛被长2厘米左右，呈环状或半环状弯曲，生长到2个月左右，毛的自然长度不短于7厘米，这时所宰剥的毛皮称二毛皮。典型二毛皮的特点是：毛长不短于7厘米，毛股明显呈花穗，尖端为环形或半环形，有3～5个弯曲。好的二毛皮的毛纤维从根到尖全黑，光泽悦目，皮板较薄。皮板面积平均为1 350厘米$^2$。二剪皮是当年生羔羊，剪过一次春毛，到第二次剪毛期（当年秋季）宰杀后所剥取的毛皮。其特点是：毛股明显，从尖到根有3～4个弯曲，光泽好，皮板面积大，保暖、耐穿。其缺点是：绒毛较多，毛股间易缠结，皮板较重（图3-19）。

公 羊

母 羊

图3-19 岷县黑裘皮羊

【生产性能】 岷县黑裘皮羊成年公羊平均体高、体长、胸围和体重分别为:56.2±0.7 厘米,58.7±0.7 厘米,76.1±0.9 厘米,31.1±0.8 千克;成年母羊分别为:54.3±0.3 厘米,55.7±0.3 厘米,77.9±1.0 厘米,27.5±0.3 千克。岷县黑裘皮羊每年剪毛 2 次,4 月中旬剪春毛,9 月份剪秋毛,年平均剪毛量为 0.75 千克。羊毛用于制毡。

**4. 中卫山羊**

【产地与分布】 裘皮用山羊,也是世界唯一的裘皮山羊品种。羔羊在 35 日龄左右宰剥取皮。中卫山羊分布于宁夏的中卫、中宁、同心、海源县,甘肃的景泰、靖远、皋兰,白银以及内蒙古的阿拉善左旗。宁夏的中卫市和甘肃的景泰、靖远县为中心产区,数量多,质量好,其中又以中卫和景泰两县交界处的香山一带质量最好。产区属典型的大陆性气候,风沙大,尤以春季为甚。地形较复杂,多为山地丘陵,地表沟壑纵横,起伏不平,属于半荒漠地带。海拔为 1 200～2 000 米。年平均气温为 8℃左右,1 月份平均为−8.3℃,极端最低气温为−29℃,7 月份平均气温为 22.5℃,极端最高气温为 39.1℃,年降水量平均为 190.7 毫米,集中在 6～9 月份,年蒸发量为 1 800～3 565 毫米,为降水量的 10～14 倍。四季气候变化很大,寒冷期长,夏季酷热。水源稀缺,人、畜饮水和农田灌溉主要靠泉水、窖水和井水。许多地表因长期蒸发而结碱。土壤多为灰钙土、栗钙土。平滩地区土层较厚,山地土层薄而贫瘠,岩石裸露,土壤 pH 值 7.5～8.3。牧草稀疏,覆盖度为 15%～37%,每 667 米$^2$ 平均产青草 12.6 千克,多为耐旱、耐盐碱的藜科、菊科等多年生植物和小灌木。主要牧草有白蒿、砂蒿、茵陈蒿、索草、骆驼蓬、羊胡子草、碱草、碱蓬、香茅草和芨芨草等。产区农业生产条件差异很大,可分为河流区、川旱区和山塬区三种不同类型地带。川旱区水源贫乏,气候干旱,为中卫山羊的主要分布区,羊只质量好。山塬区地势陡峭,牧草较为丰盛,是羊只的夏季牧场。

【品种特性】 毛股长7厘米以上,有弯曲5个,丝样光泽。公、母羊均有角。被毛白色。外层为粗毛,毛股具浅波状弯曲,内层为绒毛。体躯短而深,近似方形(图3-20)。成年公羊体重43～54千克,母羊27～37千克。6月龄性成熟,18月龄开始配种。7～9月份为发情旺期,此时配种,当年12月份至翌年1月份产羔,裘皮质量最好。多产单羔。羔羊初生时毛股长4厘米左右,有弯曲4个,形成美观的花穗,花案清晰,洁白如玉。所制裘皮轻暖耐穿,堪与滩羊二毛皮媲美。剪毛量低,但具有较高的纺织价值,可替代马海毛用。其他地区引进后,适应性良好。中卫山羊成年公羊年产绒毛约240克,粗毛400克;母羊分别为170克和300克。成年公羊平均体高、体长、胸围和体重分别为:62.1厘米,70.0厘米,80.9厘米,44.6千克;成年母羊分别为:56.4厘米,64.1厘米,70.5厘米,34.1千克。

**图3-20　中卫山羊**

中卫山羊的主要产品是"二毛皮",又称"沙毛皮",是羔羊生后35日龄左右宰剥的毛皮。其品质取决于花穗的类型和分布、毛股长度和弯曲数、毛被品质、皮板厚度和面积等。中卫山羊的裘皮花穗,通常占其毛股自然长度的2/3以上,主要是波浪形的半圆形弯曲。初生羔羊的毛股,从毛根至毛尖均有弯曲,毛股全部为花穗。

随着年龄的增长，以后生长的毛股下段，一般不具弯曲。按照花穗长度、弯曲数和毛股松紧程度，可将花穗分为优、中等和不良三类。优良花穗的毛股紧密、清晰，花穗长而弯曲多(3～4 个或以上)，弯曲整齐，主要分布在羔羊体躯两侧的中央。中等花穗的毛股较粗硬，花穗短而弯曲少(仅 1～2 个)，毛股比较松散，不甚清晰，主要分布于羔羊的头颈部、腹部和股部以下。不良花穗的毛股松散，不成毛股结构，弯曲少而不明显，主要分布在四肢部和股部周围。不良花穗分布面积大小因个体而异，分布面积愈大裘皮品质愈差。中卫山羊的二毛皮，主要由优良花穗组成。羔羊屠宰时间，主要取决于毛股自然长度。初生羔羊毛股自然长度平均为 4.4 厘米，35 日龄时毛股长度平均达 7.5 厘米，伸直长度平均为 9.2 厘米，即达二毛皮要求的标准。中卫山羊成年羊每年抓绒、剪毛 1 次，一般在 5 月份。抓绒量，公羊为 164～240 克，母羊为 140～190 克；剪毛量，公羊平均为 0.4 千克，母羊平均为 0.3 千克。中卫山羊适应半荒漠草原，抗逆性强，遗传性稳定。所产二毛皮、羊毛、羊绒均为珍贵的衣着原料，在国内享有较高的声誉，但存在体格较小的缺点。

【形态特征】 中卫山羊体质结实，体格中等大小，身短而深，近似方形。公、母羊大多有角，公羊角大，呈半螺旋形的捻状弯曲，向上向后外方伸展，长度 35～48 厘米，母羊角小，呈镰刀形，向后下方弯曲，角长 20～25 厘米，额部着生毛绺，垂于眼部，颌下有髯。中卫山羊毛被以白色为主，光泽悦目。初生羔羊全身着生波浪形弯曲的毛被。成年羊被毛分为内外 2 层，外层为粗毛，由有浅波状弯曲的真丝样光泽的两型毛和有髓毛组成；内层由柔软纤细的绒毛和微量银丝样光泽的两型毛组成。被毛以纯白色为主，也有少数全黑色。毛股由略带弯曲的粗毛和两型毛组成。头部耳根以下，四肢部膝关节和飞节以上均着生具有波浪形弯曲的毛股。成年羊头部清秀，面部平直，额部丛生一束长毛，颌下有长须，公、母山羊均有角，呈镰刀形。中等体型，体躯短、深，近似方形。背腰平直，体躯各部结合良好，四肢端正，蹄质结实。公山羊前躯发育好，母山羊后躯发育好。

## 四、地毯毛羊、半细毛羊

### （一）地毯毛羊

地毯毛羊主要有西藏羊、蒙古羊和哈萨克羊及其类群，是我国的三大粗毛羊品种。

**1. 西　藏　羊**

【产地与分布】　西藏羊又称“藏羊”或“藏系羊”，是一个古老的绵羊品种。主产于西藏自治区、青海省，分布于西藏自治区、青海省、甘肃省的甘南藏族自治州，四川省的甘孜、阿坝藏族自治州、凉山彝族自治州和云贵高原等地区。由于分布区域广，依各地海拔、水热条件的差异而形成了一些各具特点的自然类群，主要分为草地型（亦称高原型）、山谷型、欧拉型 3 种类型，其中草地型和山谷型属于地毯毛羊，以草地型羊较优，羊毛是优质地毯毛原料。对高原牧区气候有较强的适应性，终年放牧。产区地势高寒，海拔均在 3 500～5 000 米，多数地区年平均气温在－1.9℃～6℃，无绝对无霜期，年降水量为 300～800 毫米，空气相对湿度为 40％～70％。牧草生长期短，枯草期长，植被稀疏，覆盖度差。

【外貌特征】　草地型藏羊的突出特点是体质结实，体格高大，四肢端正近似正方形。头粗糙呈长三角形，鼻梁隆起，公、母羊都有角，公羊角大而粗壮、多呈螺旋状向两侧伸展，母羊角扁平较小、呈捻转状向外平伸。前胸开阔，背腰平直，骨骼发育良好，十字部稍高。四肢粗壮，蹄质坚实。尾呈短锥形，长 12～15 厘米，宽 5～7 厘米。毛色以体躯白色、头肢杂色者居多（图 3-21）。

【生产性能】　成年公羊体重平均为 51 千克，母羊体重平均为 43 千克。羊毛品质：被毛由绒毛、两型毛、粗毛及少量干死毛组

公 羊

母 羊

图 3-21 西藏羊

成，体躯被毛以白色为主，羊毛光泽好，富有弹性。毛辫长 20～23 厘米，最长达 50 厘米。1 年剪毛 1 次，剪毛量公羊为 1.4～1.7 千克，母羊为 0.8～1.2 千克。羊毛细度细毛为 20 微米左右，两型毛为 40～45 微米，粗毛为 60～80 微米。毛纤维类型重量比：细毛为 66.7%，两型毛为 19.5%，粗毛为 11%，净毛率为 70%。产肉性能成年羯羊屠宰率为 46%。繁殖性能母羊 1.5 岁配种，2 岁产羔，一年一产，偶有产双羔。

**2. 蒙古羊**

【产地与分布】 蒙古羊原产蒙古高原。主要分布在内蒙古自治区，东北、华北、西北各地也有不同数量的分布。

【外貌特征】 属短脂尾羊，为我国三大粗毛绵羊品种之一。外形上一般表现为狭长头形，鼻梁隆起，耳大下垂。公羊多数有螺旋形角，角尖向外伸；母羊多无角或有小角。体质结实，骨骼健壮，背腰平直，四肢细长而强健。适应终年放牧管理条件（图 3-22）。

【生产性能】 平均体重成年公羊为 70 千克，母羊为 54 千克。体躯毛被多为白色，头颈和四肢多有黑色或褐色斑点。被毛由细毛、两型毛、粗毛及干死毛组成。细毛约为 22 微米，粗毛约为 44 微米。1 年剪毛 1～2 次，春毛长 6.5～7.5 厘米。剪毛量公羊为

公 羊

母 羊

**图 3-22 蒙古羊**

1.5～2.2 千克,母羊为 1～1.9 千克。产肉性能中等肥度羯羊屠宰率达 50%以上,6 月龄羯羊达 46%,尾脂重 1.4～3.1 千克。繁殖性能一年一产,双羔率为 3%～5%。

**3. 哈萨克羊**

【产地与分布】 哈萨克羊属肥臀尾,是我国三大粗毛绵羊品种之一。原产于新疆维吾尔自治区天山北麓,分布在哈密地区及准噶尔盆地边缘的数量较多,在新疆维吾尔自治区、甘肃和青海省的交界处亦有分布。

【外貌特征】 体质结实,头中等大,鼻梁明显隆起,耳大下垂,公羊多有粗大的螺旋形角,母羊有小角或无角,鼻梁稍隆起,背平宽,躯干较深,后躯较前躯高。四肢高而结实,骨骼粗壮,肌肉发育良好,脂肪沉积于尾根周围而形成呈枕状的脂臀,表面覆盖有短而密的毛,下缘正中有一浅沟,将其分成对称的两半。毛被属异质毛,干死毛含量多,毛色大多为棕红色,纯黑或纯白的个体极少。善于行走及爬山,终年放牧,抓膘力强,具有较高的肉脂生产性能。对产区生态条件有较强的适应性(图 3-23)。

【生产性能】 平均体重春季公羊为 60 千克,母羊为 45.8 千克。羊毛品质:被毛异质,由细毛、两型毛、粗毛及干死毛组成,腹

公　羊

母　羊

图 3-23　哈萨克羊

毛稀短，毛色以全身棕褐色为主，春、秋各剪毛 1 次。平均剪毛量公羊 2.6 千克，母羊 1.9 千克。平均毛长春毛公羊 14.8 厘米，母羊 13.3 厘米。羊毛纤维类型重量比绒毛 41%～55%，两型毛 14%～20%，粗毛 12%～24%，干死毛 13%～21%。净毛率为 58%～69%。产肉性能成年羯羊屠宰率为 47.6%，1.5 岁羯羊为 46.4%，平均脂臀尾重成年羯羊为 2.3 千克，1.5 岁羯羊为 1.8 千克。产羔率为 102%。

**4. 和田羊**

【产地与分布】　和田羊主产于新疆南疆地区，分布于荒漠和半荒漠草原地带，分为山区型和草湖型两个类型，数量较少。被毛较长、呈波状弯曲，是纺制地毯和提花毛毯的优质原料。

【外貌特征】　和田羊体格较小。头部清秀，脸狭长，母羊鼻梁稍隆起，公羊隆起明显，耳大下垂，公羊多数有大角，母羊约半数有角，角中等大。体躯窄，背线与腹线近于平行，胸深不足，肋骨开张不良，十字部稍高于体高。对当地干燥、炎热及低营养水平条件有极强的适应能力。体格较小，体躯窄，四肢高而直，肋骨开张不良。

【生产性能】　平均体重山区型公羊为 39 千克，母羊为 33.8 千克；草湖型公羊为 36 千克，母羊为 29 千克。羊毛品质毛色较杂，全白的占 21.86%，体躯白色、头肢有色的占 55.54%，全黑或体躯有色的占 22.6%。被毛由绒毛、两型毛、粗毛及少量的干死毛组成。被毛纤维类型重量比绒毛占 25.3%，两型 35.5%，粗毛占 6.5%，干死毛占 4.7%。净毛率为 70%以上。春、秋 2 次剪毛，平均剪毛量成年公羊为 1.6 千克，母羊为 1.2 千克，毛长春毛约 18 厘米，秋毛约 11.3 厘米。产肉性能：屠宰率山区型为 42%，草湖型为 36.8%。繁殖性能：四季发情，产羔率为 102%（图 3-24）。

公　羊

母　羊

图 3-24　和田羊

## （二）半细毛羊

### 1. 云南半细毛羊

【分布及育成简史】　云南半细毛羊是培育品种，属 48～50 支毛肉兼用型半细毛羊。母系为云南粗毛羊，父系为罗姆尼羊和林肯羊。从 1970 年至 1995 年完成品种培育工作，1995 年 5 月国家专家组对半细毛羊品种鉴定验收，2000 年通过国家畜禽品种资源委员会审定并正式命名为“云南半细毛羊”。主要分布在永善、巧家两县，现推广到全昭通地区、丽江市、曲靖市等地。目前，该品种羊总数在 50 万只以上。

【外貌特征】　体质结实，公、母羊均无角，头大小适中，头毛着生至眼线，颈短而粗，背腰宽而平直，胸宽深，尻宽而平，后躯丰满，四肢粗壮，腿毛过飞节，腹毛好，体躯桶状，肉用体型。被毛白色，毛丛丰满，弯曲一致，油汗覆盖良好。

【生产性能】　云南半细毛羊以常年放牧为主，适应高山冷凉草场和南方草山地区。云南半细毛羊羔羊初生重：公羔 4.14 千克、母羔 3.79 千克；一级育成公、母羊的剪毛后体重分别为 50.0 千克、35.0 千克，一级成年公、母羊的剪毛后体重分别为 65.0 千克、45 千克；一级公、母羊的毛长均在 12～14 厘米；一级育成公、母羊的产毛量分别为 4.5 千克、3.5 千克，一级成年公、母羊的产毛量分别为 6.0 千克、4.0 千克；羊毛细度 48～50 支，净毛率为 69.6%。具有肉用体型，10 月龄育成羯羊胴体重 20.07 千克、净肉率 41%、屠宰率 55.8%。10 月龄性成熟开始初配，24 月龄体成熟。母羊一般一年产一胎，产羔率 115%（图 3-25）。

公　羊

母　羊

图 3-25　云南半细毛羊

【利用效果】　云南半细毛羊适于亚高山（海拔 3 000 米）地区湿润气候，常年放牧饲养，羊毛品质优良，具有高强力、高弹性、全光泽（丝光）毛等特点。目前，该品种主要在云南省、贵州省、四川省推广，在这些地区均表现出较好的适应性和生产性能。近几年主产区每年半细毛产量 260 吨左右，大部分销往昆明、四川、重庆等地，由于产品质量好，深受广大消费者喜爱，在市场走势较好。

**2. 凉山半细毛羊**

【分布及育成简史】 凉山半细毛羊是培育品种，属48～50支毛肉兼用型半细毛羊。该品种是在细毛羊改良当地山谷型藏羊基础上，引用边区莱斯特羊、林肯羊等粗档半细毛羊品种进行复杂杂交，经“七五”、“八五”、“九五”国家重点科技项目攻关，严格选择培育成功的新品种。1997年通过四川省畜禽品种审定员会审定并命名。2009年8月通过国家畜禽品种资源委员会审定并命名。目前，该品种羊总数在136万只以上。

【外貌特征】 被毛全白。体质结实、结构匀称、体格大小中等。头较大、无角、头毛着生至两眼连线，鼻梁微隆，两耳向外侧立。颈粗短与肩胛部结合良好。胸部深宽，背腰平直，肋骨开张，尻部中宽平，体躯略呈圆筒状。四肢粗壮，姿势端正，蹄质黑色而坚实。短尾(图3-26)。

公 羊

母 羊

图3-26 凉山半细毛羊

【生产性能】 生长发育快，体格硕大，产毛量高，毛的同质性好。饲养方式为半放牧半舍饲，在天然草场上放牧，补饲优质牧草和农副秸秆。羊毛细度为48～50支；成年公羊平均毛长和剪毛量分别为17.18厘米和6.49千克，成年母羊平均毛长和剪毛量分别为 14.56 厘米和 3.96 千克；净毛率 67%。周岁平均体重公羊 56.38 千克，母羊 38.07 千克；成年平均体重公羊 61.32 千克，母羊 48.63 千克。

凉山半细毛羊肉用性能良好，8 月龄公羊平均胴体重 24.30 千克、屠宰率 50.98%、净肉率 41.30%，12 月龄母羊平均胴体重 15.80 千克、屠宰率 47.10%、净肉率 34.10%。凉山半细毛羊性成熟早，母羊初配年龄 10～18 月龄，公羊 12～15 月龄。多为秋季发情，年产 1 胎，产羔率 108.36%，羔羊成活率 93%。

【利用效果】 从“七五”至 2007 年，共推广种羊 53 675 只，推广到甘肃、青海、云南、贵州及四川省内雅安、乐山、南充、攀枝花、甘孜、阿坝等省、市、州。20 多年来，仅凉山州就繁殖半细毛改良羊 600 多万只。各地反映半细毛改良羊适应性良好，体重平均增加 9 千克以上，产毛量提高 3 倍以上。

**3. 彭波半细毛羊**

【分布及育成简史】 彭波半细毛羊是培育品种。属 48～58 支毛肉兼用型半细毛羊。该品种是在新疆细毛羊和苏联美利奴细毛羊改良西藏当地河谷型绵羊的基础上，引用茨盖羊和边区莱斯特粗档半细毛羊品种进行复杂杂交培育成功的新品种，1988 年由西藏自治区政府定名为“彭波半细毛羊品种群”。2008 年通过国家畜禽品种资源委员会审定并命名为“彭波半细毛羊”。目前，该品种羊总数在 7 万只以上。

【外貌特征】 被毛全白，呈毛丛毛股结构，闭合良好，无高环弯，油汗乳白色或浅黄色，头部毛覆盖至两耳根连线处，前肢毛至关节，后肢毛至飞节。体质结实。头平直、头窄嘴小，鼻梁稍隆起，耳小、窄、薄、软，颈部无皱褶。背腰平直，体躯呈圆筒形。四肢结实短粗，公羊大多数有螺旋形大角，母羊无角或有小角。少部分个体头、眼、鼻及四肢允许有 1～3 个豌豆大的小色斑，后肢有少量粗毛(图 3-27)。

公 羊

母 羊

图 3-27 彭波半细毛羊

【生产性能】 以产毛为主，成年公、母羊平均毛长分别为 9.73 厘米、10.40 厘米，平均产毛量分别为 3.25 千克、2.35 千克，剪毛后平均体重分别为 45.23 千克、28.06 千克；育成公、母羊平均毛长分别为 10.60 厘米、10.40 厘米，平均剪毛量分别为 2.23 千克、2.08 千克，剪毛后体重分别为 26 千克、23.75 千克。羊毛细度 48～58 支，净毛率 62.35%。具有良好的产肉性能，成年羯羊的宰前平均活重为 44.43 千克，胴体平均重 20 千克，屠宰率 46%，在自然放牧条件下，8 月龄羔羊宰前活重达到 19.3 千克，胴体重 9 千克，屠宰率 46.63%。公羊的性成熟期为 1～1.5 岁，公、母羊初配年龄 1.5 岁，公、母羊适繁年龄为 1.5～6 岁，母羊发情周期为 17.21±2.10 天，发情持续期为 24～48 小时，妊娠期为 147.92±3.89 天，产羔率 101%。

【利用效果】 在以放牧为主的较粗放的饲养管理条件下，具有良好的耐粗饲和抗病能力，推广到西藏海拔 4 200 米以下的河谷区后，也具有良好的适应性，与当地羊杂交后在产毛、产肉等方面的改良效果显著。目前约有 600 多万只改良羊，主要分布在拉萨市（除当雄县外）、日喀则地区（除仲巴县、萨嘎县、定日县、定结县等牧业县外）、山南地区。

**4. 青海高原半细毛羊**

【分布及育成简史】 青海高原半细毛羊是培育品种，属 50～56 支毛肉兼用型半细毛羊。该品种先用新疆细毛羊和茨盖羊与当地藏羊和蒙古羊杂交，后又引入罗姆尼羊血缘，在海北、海南地区导入 1/2 罗姆尼羊血缘，海西地区导入 1/4 罗姆尼羊血缘的基础上横交固定培育而成。因含罗姆尼羊血缘的多少，分为罗茨新藏和茨新藏两个类型。1987 年经青海省政府命名为“青海高原毛肉兼用半细毛羊”。

【外貌特征】 罗茨新藏型羊头稍宽短，体躯粗深，四肢稍矮，公、母羊均无角。茨新藏型羊体型外貌近似茨盖羊，体躯较长，四肢较高，公羊多有螺旋形角，母羊无角或有小角(图 3-28)。

公 羊

母 羊

**图 3-28 青海高原半细毛羊**

【生产性能】 成年公羊剪毛后体重 64.1～85.6 千克，母羊 35.3～46.1 千克；成年公羊平均剪毛量为 5.98 千克，母羊 3.10 千克。毛的细度为 48～58 支，以 50～56 支为主。成年公羊平均毛长 11.72 厘米，母羊 10.01 厘米。体侧毛净毛率平均为 61%。羊毛呈明显或不明显的波状弯曲，油汗多呈白色或乳黄色。公、母羊一般在 1.5 岁时第一次配种，多产单羔。成年羯羊屠宰率 48.69%。

【利用效果】 青海高原半细毛羊对严酷的高寒环境条件具有

良好的适应性，对饲养管理条件的改善反应明显。产区地势高寒，春季营地海拔在 2 700～3 200 米，夏季牧地均在 4 000 米以上，年平均气温为 0.3℃～3.6℃。目前，在青海省有青海高原半细毛羊及其改良羊 212.5 万只。

**5. 内蒙古半细毛羊**

【分布及育成简史】 内蒙古半细毛羊属毛肉兼用品种。是在蒙古羊与细毛羊和茨盖羊杂交的基础上，引入罗姆尼羊、林肯公羊经过复杂杂交培育而成。

【外貌特征】 体质结实，四肢端正有力。皮肤宽松无皱褶，头毛着生至眼线，肢毛覆盖至膝关节和飞节。公、母羊均无角。被毛为松散状平顶形毛丛结构，羊毛弯曲较大，油汗多为乳白色。体躯呈圆筒形，胸宽深、背平直、肋骨开张良好，尻宽平。部分羊只眼缘、鼻端、嘴唇周围有零星色斑，四肢管部下端部分有散在点状花斑。

【生产性能】 平均成年公羊毛长 9 厘米，剪毛量 4.93 千克，剪毛后体重 60.25 千克；平均成年母羊毛长 8 厘米，剪毛量 3.34 千克，剪毛后体重 40.99 千克；平均育成公羊毛长 10 厘米，剪毛量 3.40 千克，剪毛后体重 33.53 千克；平均育成母羊毛长 9 厘米，剪毛量 2.35 千克，剪毛后体重 26.73 千克。羊毛细度以 50～58 支为主，占 87%。内蒙古半细毛羊成年羯羊的屠宰率为 49.25%，成年母羊屠宰率 46.15%(图 3-29)。

公　羊

母　羊

**图 3-29　内蒙古半细毛羊**

内蒙古半细毛羊公羊5～6月龄、母羊8月龄性成熟，母羊发情周期平均为15.5天，妊娠期149天左右。红格塔拉种羊场的统计数据显示，公羊1.5岁配种；母羊按体格大小分为1.5岁配种、2.5岁配种两种。成年母羊产羔率一般保持在92%～98%。

【利用效果】 在大青山以北荒漠、半荒漠草原上培育而成的，适应于全年放牧、冬春枯草期给予适量饲草、饲料补饲的饲养管理条件，游走能力强，抗风沙能力好，采食性能好，对牧草选择性小，不挑剔，抓膘能力强。据测试，7～9月份青草期公羔平均日增重147克，母羔平均日增重102克，成年母羊日增重110～225克，育成母羊日增重120～197克。

**6. 东北半细毛羊**

【分布及育成简史】 东北半细毛羊是以考力代羊为父本，当地蒙古羊及杂种改良羊为母本杂交育成。1980年通过东北三省联合育种委员会和辽宁省畜牧局检验鉴定，被确认为辽宁东北半细毛羊品种群，并列入"辽宁省品种志"。

【外貌特征】 东北半细毛羊体质结实，结构匀称，头较小，公、母羊均无角。颈短粗、无皱褶，胸深宽、背宽长、尻宽平，体躯较长，略呈圆桶形。腿较高，四肢端正，并坚实有力。被毛全白色，呈闭合型，密度中等，毛匀度良好，大弯曲，油汗含量适中，呈白色或浅黄色。腹毛着生良好，无环状弯曲。头毛着生到眼中间连线，前肢细毛着生到前膝，后肢达飞节。

【生产性能】 平均成年公羊体重63.4千克，成年母羊体重43.1千克。成年公羊平均每只产毛量5.6千克，成年母羊产毛量5.1千克。成年公羊平均毛长11.9厘米，成年母羊平均毛长9.1厘米。羊毛细度56～58支，有部分50支。

【利用效果】 东北半细毛羊具有适应性强、产毛量高、生长速度快等特点，当年羔羊当年育肥出栏体重可达50千克以上。但由于品种育成后，种畜场正处于社会变革时期，种畜场的羊被下放承包到户，由集体变为私有户养，而且国家对育种的投入逐年减少，已无法正常育种，造成品种退化，个体变小，毛长变短。目前，育种地的半细毛羊及杂交羊存栏仅1万多只。

**7. 罗姆尼羊**

【分布及育成简史】 罗姆尼羊1895年育成于英格兰东南部的肯特郡，故又称肯特羊。现除英国外，罗姆尼羊在新西兰、阿根廷、乌拉圭、澳大利亚等国均有分布，而新西兰是目前世界上饲养罗姆尼羊数量最多的国家，2008年罗姆尼羊饲养数量占总存栏的58%。

【外貌特征】 颈短、头低，前额较宽，有毛丛下垂，公、母羊均无角。体格强健，骨骼结实，体躯宽而深，背宽而直，肋骨开张良好，后躯较为发达，四肢结实而较短，为一粗大短腿羊。全身除蹄、鼻孔、唇为黑色外，其余均为白色。被毛呈毛丛-毛辫结构。由于世界许多国家引入罗姆尼羊，而各国生态环境以及选种方法不同，罗姆尼羊在体型、外貌和生产性能等方面也不完全一致。英国罗姆尼羊，四肢较高，体躯长而宽，后躯比较发达；头型略显狭长，头、肢羊毛覆盖较差，表现出体质结实，骨骼坚强，放牧游走能力好。新西兰罗姆尼羊肉用体型好，四肢短矮，背腰宽平，体躯长，头、肢羊毛覆盖良好，但放牧游走能力差，采食能力也不如英国罗姆尼羊。澳大利亚罗姆尼羊，则介于两者之间。

【生产性能】 成年公羊体重平均为110千克，成年母羊体重为80～90千克；成年公羊剪毛量4～6千克，成年母羊3～5千克；净毛率60%～65%，毛长13～18厘米，细度44～48支；产羔率120%。平均成年公羊胴体重70千克、成年母羊40千克；平均4月龄肥育公羔胴体重为22.4千克、母羔为20.6千克。

英国罗姆尼羊成年公羊体重90千克，羊毛60支，产羔率120%。新西兰罗姆尼羊体格中上等，面部、眼周围无被毛覆盖，四肢有被毛覆盖，鼻孔黑色。成年母羊体重45～60千克，毛长

12.5～17.5 厘米，纤维直径 33～39 微米，剪毛量 4.5～6 千克，产羔率 90%～130%。

【利用效果】 1966 年起，我国先后从英国、新西兰和澳大利亚等国引入数千只，经过 20 多年的饲养实践，在云南、湖北、安徽、江苏等省的繁殖效果较好，而饲养在甘肃、青海、内蒙古等省、自治区的效果则比较差。目前，云南省种羊场还饲养着纯种罗姆尼羊。罗姆尼羊是育成云南半细毛羊新品种的主要父系之一(图 3-30)。

图 3-30　罗姆尼羊

**8. 边区莱斯特羊**

【分布及育成简史】 边区莱斯特羊是 1869 年育成于英格兰北部和苏格兰边区的长毛肉用种羊。由于是在莱斯特羊中导入雪维特羊血缘而育成的，为与莱斯特羊相区别，故名为“边区莱斯特羊”。

【外貌特征】 边区莱斯特羊体质结实，体型结构良好，体躯长、宽而深，背长、宽而平，前胸向前突出，发育良好，四肢高而健壮，呈长方形。头形狭长，鼻梁隆起，耳竖立，头部及四肢无绒毛覆盖，公、母羊均无角。蹄黑色，有的羊在面、唇、鼻端及四肢下部有皮肤色素斑点。

【生产性能】 成年公羊体重 70～85 千克，成年母羊 55～65

千克。被毛呈毛辫结构，光泽良好。成年公羊剪毛量 5～9 千克，成年母羊 3～5 千克，净毛率 65%～68%，毛长 20～25 厘米，细度 40～46 支。该羊早熟性能好，4～5 月龄羔羊的胴体重 20～22 千克。母性强，产羔率 170%。

【利用效果】 从 1996 年起，我国从英国和澳大利亚引入该品种羊，在四川、云南等省繁育效果比较好，而饲养在青海省和内蒙古自治区的则比较差。该品种是培育凉山半细毛羊的主要父系之一，也是各省（自治区）进行羊肉生产杂交组合中重要的参与品种。

**9. 林 肯 羊**

【分布及育成简史】 1750 年开始用莱斯特公羊改良当地的旧型林肯羊，经过长期的选种选配和培育，于 1862 年育成于英国东部的林肯郡。

【外貌特征】 体躯高大、骨骼发育良好，体质结实，结构匀称。颈短、头较长、前额有绺毛下垂，公、母羊均无角。胸部宽深，肋骨开张良好，背腰平直，后躯丰满，四肢较短而端正坚实，肉用体型明显。脸、耳及四肢为白色，但偶尔出现黑点。

【生产性能】 成年公羊体重 73～93 千克，成年母羊 55～70 千克。成年公羊剪毛量 8～10 千克，成年母羊 5.5～6.5 千克，净毛率 60%～65%。毛被呈辫形结构，有大波形弯曲和明显的丝样光泽，毛长 17.5～20 厘米，细度 36～44 支。产羔率 120%左右。4 月龄肥育羔羊平均胴体重公羔为 22 千克，母羔为 20.5 千克。

林肯羊具有抗潮湿能力，曾经广泛分布在世界各地，目前饲养林肯羊最多的国家是阿根廷。

【利用效果】 林肯羊由于有非常稳定的遗传性，出色的产毛性能及良好的肉用品质且能较好地遗传给后代，在改造和提高半细毛羊羊毛品质方面起了重要作用。据云南永善县资料，引入林肯羊可提高毛长 3.42～3.76 厘米，胸围有较大改善，毛量也有所提高。

由于林肯羊是在一年四季牧草丰茂的草地上培育出来的，因而对饲养管理条件要求比较苛刻，对漫长的舍饲适应不够好，对饲养性质的变化也不能很好地适应。所以，近年来，英国对繁育林肯羊的兴趣下降，阿根廷饲养林肯羊的数量也急剧减少。

我国从 1966 年起先后从英国和澳大利亚引入林肯羊，是培育云南半细毛羊、阿勒泰肉用细毛羊、凉山半细毛羊新品种的主要父系之一。经过 20 多年的饲养实践，在江苏、云南等省繁殖效果比较好，在内蒙古自治区和新疆维吾尔自治区等地效果则较差。

**10. 考力代羊**

【分布及育成简史】 考力代羊是新西兰用林肯羊与美利奴羊杂交，在自群繁育的基础上再导入莱斯特羊血缘，经严格选择，历时 30 年，于 1910 年育成的肉毛兼用半细毛羊品种。主要分布在美洲、亚洲和南非。

【外貌特征】 公、母羊均无角，颈短而宽，背腰宽平，肋骨开张良好，肌肉丰满，后躯发育良好，四肢结实，长度中等，头、耳、四肢偶有黑色斑点，腹部及四肢羊毛覆盖良好。全身被毛白色呈毛丛结构。

【生产性能】 成年公羊体重 85～105 千克，成年母羊 65～80 千克。羊毛长度 12～14 厘米，羊毛细度 50～56 支，弯曲明显，匀度良好，油汗适中。平均剪毛量成年公羊 10～12 千克，成年母羊 5～6 千克，净毛率 50%。产羔率 120%～130%。考力代羊具有良好的早熟性，4 月龄羔羊可达 35～40 千克，但肉的品质中等（图 3-31）。

【利用效果】 1946 年，联合国善后救济总署送给我国考力代羊 925 只，分别饲养在北平、南京、甘肃、绥远等处，运往绥远的羊群由于感染疥癣而全部损失，在西北等地的羊群，由于气候和饲养管理条件等原因，损失很大，不得不将余下的羊群转移到贵州等省

公 羊

母 羊

**图 3-31 考力代羊**

饲养。新中国成立后,先后从新西兰和澳大利亚引入相当数量,主要分布在吉林、辽宁、安徽、浙江、贵州等省。考力代羊在我国东部沿海各省、东北和西南地区的适应性较好。是东北半细毛羊、贵州半细毛羊新品种,以及山西陵川半细毛羊新类群的主要父系品种之一。

**11. 茨 盖 羊**

【分布及育成简史】 茨盖羊属于半细毛羊,是古老培育品种的后代,曾经被巴尔干半岛和小亚细亚国家的绵羊改良过。由于茨盖羊体质结实,耐逆性强,对饲养管理条件要求不高,加上羊毛又是毛织品和工业用呢的良好原料,因而近几十年来这一品种获得了广泛的分布,主要饲养在俄罗斯、乌克兰、摩尔多瓦、罗马尼亚、保加利亚、匈牙利和蒙古等国。

【外貌特征】 体格较大,公羊有螺旋形的角,母羊无角或只有角痕,胸深,背腰宽直。成年羊皮肤无皱褶。被毛覆盖头部至眼线,前肢达腕关节,后肢达飞节。毛色纯白,但有些个体有时可见到在脸、耳及四肢部皮肤有褐色或黑色的色素斑点(图 3-32)。

公　羊

母　羊

图 3-32　茨盖羊

【生产性能】　成年公羊体重 80～90 千克，成年母羊为 50～55 千克。成年公羊剪毛量 6～8 千克，成年母羊为 3～4 千克，毛长 8～9 厘米，细度 46～56 支，净毛率 50%左右。产羔率 115%～120%，屠宰率 50%～55%。

【利用效果】　我国自 1950 年起从前苏联的乌克兰地区引入，主要饲养在内蒙古、青海、甘肃、四川和西藏等省、自治区。50 多年的饲养实践证明，茨盖羊对我国多种生态条件都表现出良好的适应性，并作为主要父系之一，参与了西藏彭波半细毛羊、青海高原半细毛羊新品种的育成。

## 第二节　饲养类型选择

### 一、毛用羊类型

#### (一)细 毛 羊

细毛羊的毛纤维属于同一类型，其平均直径 25 微米以下（品质支数在 60 支以上），毛丛长度 7 厘米以上，细度和长度均匀，并具有整齐的弯曲，毛色洁白，可以染成各种颜色，是毛纺工业最有价值的原料。

【外形特点】 公羊通常有螺旋形的角，母羊多无角；被毛紧密，头毛多覆盖至眼线、四肢毛长至腕关节和膝关节以下，全身白色；颈部皮肤有发达的皱褶或皮肤宽松。由于选种目标和地区自然条件不同，细毛羊分为毛用细毛羊、毛肉兼用细毛羊和肉毛兼用细毛羊三类。

**1. 毛用细毛羊** 以生产细毛羊为主，每千克体重可产净毛50克以上。屠宰率低，在45%以下。一般体格略小，皮薄而松，全身皱褶，颈部有1～3个明显的横皱褶。头、肢和腹毛着生良好。成年公羊体重为80～90千克，平均剪毛量达10千克；成年母羊体重为38～50千克，平均剪毛量达4.5千克。每千克体重所产净毛60～70克。除颈部皮肤有发达的皱褶外，身体其他部位也有小的皱褶，如新疆生产建设兵团紫泥泉种羊场培育的中国美利奴羊《新疆军垦型》。类型特征表现为：体躯呈长方形，四肢端正，体质结实，公羊有螺旋形的大角，母羊无角，颈部有1～2个皱褶，体躯有小皱褶，头毛宽长，着生至眼线，外形似帽状，前肢细毛到腕关节，后肢至飞节，被毛毛丛结构良好，毛长、密度大、细度均匀、油汗白色、弯曲整齐而明显，光泽良好。平均成年公羊体重113.4千克，成年母羊56.5千克；平均剪毛量成年公羊13.9千克，成年母羊6.9千克；平均毛长10.31厘米，细度66支，净毛率58.67%，产羔率120%以上。本品系羊适应大陆性气候，冬季可在30～40厘米厚积雪中扒雪吃草，能经受长途跋涉，翻越海拔4 000米，在高山草场放牧。也能忍受在半荒漠地带炎热气候条件下的农区舍饲。在西北各省适应性良好，对当地羊杂交改良效果显著。

**2. 毛肉兼用细毛羊** 以产毛为主，产肉为辅，每千克体重可产净毛40～50克。屠宰率48%～50%。除有较高的产毛性能外,还具备良好的产肉性能。体格较大,颈部有1～3个完全或不完全的皱褶,公羊有角,母羊无角。成年公羊体重为90～100千克,剪毛量在10千克以上;成年母羊体重为45～55千克,剪毛量达4～5千克。每千克体重所产净毛为40～50克,只有颈部皮肤有1～2个皱褶。如内蒙古赤峰市敖汉种羊场培育的毛肉兼用型细毛羊品种。类型特征表现为:体质结实,结构匀称,骨骼坚实有力,头颈结合良好,体躯宽深而长,背平直,四肢端正。公羊有螺旋形角或无角;母羊均无角。公、母羊颈部有宽松的纵皱褶;公羊有1～2个完全或不完全的横皱褶,体躯无皱褶,全身被毛白色,结构良好,呈闭合型,密度大,细度均匀,油汗多呈白色和乳白色,羊毛弯曲均匀,整齐而明显,光泽良好,羊毛覆盖在头部达两眼连线,前肢达腕关节,后肢达飞节。

剪毛后平均体重公羊100.4千克,母羊52.55千克。平均剪毛量公羊16.41千克,母羊8.17千克。平均长度公羊11.25厘米,母羊9.55厘米。细度66～70支。繁殖率为115%～139%,最高可达168%,屠宰率35%～40%。敖汉细毛羊具有适应能力强、抗病力强等特点,适于干旱沙漠地区饲养,是较好的毛肉兼用细毛羊品种。还有新疆细毛羊、山西细毛羊、甘肃细毛羊等品种类型。

**3. 肉毛兼用细毛羊**　以产肉为主,产毛为辅。既具备较高的产肉性能还具有良好的产毛性能,每千克体重可产净毛30～40克。屠宰率50%以上。体格大,体宽而深,全身无皱褶,颈部短粗,体躯深宽,臀部发达,整体形似圆筒状。公、母羊均无角。成年公羊体重在100千克以上,剪毛量达7～7.5千克;成年母羊体重为50～60千克,剪毛量达3～4千克。每千克体重所产净毛为30～40克,颈部皮肤皱褶小或无皱褶,早熟性好,肌肉丰满。如新疆农垦科学院与紫泥泉种羊场引进南非肉用美利奴公羊与体格大、产肉性能好的中国美利奴母羊杂交,经2～3代进行横交选育培育出中国美利奴肉用羊品系。其类型特征为:体格大,躯体长,胸深、肩平,背腰臀部宽厚、肌肉丰满。成年公羊平均体重 105.4 千克,成年母羊 60 千克;主体羊毛细度 66～64 支,平均污毛产量成年公羊 6.2 千克,成年母羊 5.5 千克;6 月龄去势公羊屠宰率 47.32%,净肉率 37.26%。该品系对酷热、严寒环境都有较好的适应性,在大群饲养分散饲养和舍饲、放牧荒漠条件下,都能表现稳定的生产性能。

**4. 多胎肉毛兼用细毛羊** 既具有多胎性能又具备良好的产肉性能,同时羊毛品质优良。由新疆农垦科学院与紫泥泉种羊场联合以中国美利奴羊多胎品系为母本,引进南非肉用美利奴羊为父本进行杂交,从其后代中选出多胎基因标记的纯合子公羊与纯合子母羊,杂合子母羊进行横交选育而成的中国美利奴多胎肉用品系。其类型特征为:头部平直,体躯长而宽深,肌肉丰满,四肢结实,公、母羊均无角,头部绒毛着生至上眼线,前肢至腕关节、后肢至飞节。羊毛品质:周岁公羊,羊毛纤维直径 21.67±3.70 微米,周岁母羊 20.36±3.23 微米;毛长(15 月龄)周岁公羊 12.60±1.74 厘米,周岁母羊 11.47±1.18 厘米;剪毛量:周岁母羊 6.30±0.76 千克,周岁母羊 4.12±0.73 千克;多胎性:多胎基因母羊繁殖率 190.20%,比对照组不带多胎基因繁殖率为 105.7% 高出 84.5%。肉用性:一胎产 3～4 只羔羊群中,6 月龄公羔体重平均 37.75±5.62 千克,母羔 35.08±5.09 千克;适应性:在荒漠、半荒漠自然条件下,无论是炎夏还是－30℃的严冬,均能表现出良好的生产性能。

上述四种类型细毛羊的外形差别较小,羊毛品质如细度、长度等差别也不太大,但对地区条件的适应性和饲养方面的要求则显然不同。在气候较暖和、饲料充裕的地区,可养肉毛兼用细毛羊,其他地区可养毛肉兼用细毛羊,毛用细毛羊一般适合在较干旱草原区饲养。

## (二)半细毛羊

半细毛羊的被毛由同一纤维类型的细毛或两型毛组成。由于绵羊品种不同,半细毛的细度为32～58支,纤维愈粗的则长度愈长。毛纺工业要求的半细毛为48支的、长16厘米,如林肯羊等;56～58支、长12～15厘米,如考力代羊等。半细毛在毛纺工业上的用途很广,既可织精纺、粗纺产品,又可纺成绒线,需要量很大。半细毛羊又分为毛肉兼用和肉毛兼用两大类:

**1. 毛肉兼用半细毛羊**　以产毛为主,产肉为辅。外观全身无皱褶,体躯宽深,呈长圆筒状。公羊有角,母羊无角,如茨盖羊等。一般成年公羊体重为85～100千克、剪毛量达6～9千克;成年母羊体重为55～70千克,剪毛量达4～5千克,羊毛较长,光泽好,毛色洁白,净毛率较高,可达50%～60%。

**2. 肉毛兼用半细毛羊**　以产肉为主,产毛为辅,全身无皱褶,毛较长,体躯宽深,呈长圆筒状,公、母羊均无角。主要是羔羊时期生长发育快,早熟性好,适合在气候较暖和、饲料丰富的地区饲养。其他地区可以饲养毛肉兼用半细毛羊,如罗姆尼羊、夏洛莱羊等。

## (三)半粗毛羊

半粗毛羊的毛被不同质,由绒毛、两型毛和少量粗毛组成,其粗毛含量显著低于粗毛羊,如新疆的和田羊、叶城羊,以及粗毛羊与细毛羊或中细毛羊的杂交种。如和田羊能适应半荒漠化草场,剪毛量为1.5～1.7千克。羊毛弹性好,光泽强,羊毛细度在48～50支,毛丛长度12～18厘米,是制作毛毯和工业用呢的主要原料。在绵羊分类中虽然可以分出此类羊,但在羊毛品质及销售中并不存在半粗羊毛,这类羊毛多归类于优质土种粗羊毛。

### (四)粗毛羊

我国原始品种多属粗毛羊,其被毛由多种纤维类型的羊毛组成,一般含有细毛、两型毛、粗毛和死毛,所以称为混型毛或异质毛。这种毛毛质粗劣、纺纱性能不好,只能作粗呢、地毯、擀毡之用,其中尤以死毛极易折断,且不易染色。粗毛羊的产毛量很低,公羊剪毛量为1.5千克左右,母羊1千克左右。这种羊适应性很强,宜于游牧、耐粗放管理。如我国的四大粗毛羊类型:蒙古羊、西藏羊和哈萨克羊以及和田羊等。

## 二、绒用羊类型

绒山羊是目前世界上绒毛品质优良、产绒量最高的白绒山羊品种,以其产绒多、绒纤维长、含绒率高、细度好而著称。又因其遗传性稳定、杂交改良低产山羊效果显著而被誉为“中华国宝”。我国有23个山羊品种列入品种志,其中包括辽宁绒山羊、内蒙古绒山羊与河西绒山羊;产绒较多的山羊还有武安山羊、承德无角山羊、西藏山羊、新疆山羊、济宁青山羊、中卫山羊、成都麻山羊、子午岭黑山羊及青海山羊等;此外,产绒较少的品种有淮山羊、阿坝甘孜一带的山羊等。我国的绒用羊分布较广,多以地方品种为主,形成了具有特色的类型和较强的区域优势,同时优良的地方品种得以推广,在品种改良上发挥了积极的作用。

绒山羊类型特征:绒山羊公、母羊均有角,有须;公羊角发达,向两侧弯曲伸展,母羊角向后上方捻曲伸出;额顶有绺毛,体躯结构匀称,体质结实;颈肩结合良好,背腰平直,后躯发达,四肢端正;被毛为全白色,外层为粗毛,具丝光,内层为绒毛。

### (一)绒 用 羊

辽宁绒山羊是我国最优秀的绒山羊品种之一。该品种是于1959年地方良种普查时在盖县首先发现的,1964年上报农业部批准为良种绒山羊品种。1965年在上级有关部门的支持下,盖县、复县成立了绒山羊的山羊育种站,开展了选育工作,加强了饲养管理,使该品种的数量得到迅速增加,质量也有很大提高。1976年以来,陕西、甘肃、新疆、山西等17个省(自治区)曾先后引种,用以改良本地山羊,提高产绒量,收到了良好效果。

河西绒山羊是经本品种选育而成的地方山羊品种,绒毛色有白色、黑色、棕色,其中白色占群体的60%左右。主要分布在甘肃河西走廊,数量约40万只。

### (二)绒肉兼用羊

陕北白绒山羊是根据市场需要和陕北自然经济条件,以辽宁绒山羊为父本,陕北黑山羊为母本,采用两品种简单育成杂交方式,经25年的培育而形成的以产绒为主,绒肉兼用型山羊新品种。在群体中存在着多绒型个体的特殊类型。多绒型绒山羊被毛中粗长毛稀少,光泽强,底绒细长,外观如绒球状,但绒根末缠结交叉,仍可清晰分出毛辫。多绒型个体在群体中约占11.4%。多绒型成年公、母羊平均产绒量分别为1 032克和667.9克;平均绒自然长度分别为7.2厘米和5.7厘米;平均绒纤维细度14.5微米。

内蒙古白绒山羊为绒肉兼用型品种,包括“阿尔巴斯”、“二狼山”和“阿拉善”三个地方类型。羊绒细、综合品质优良、产绒量高、肉质好,对荒漠、半荒漠草原有较强的适应能力。按其被毛状态可划分为长细毛型和短粗毛型两种类型。前者外层被毛长而细,光亮如丝,产绒量低;后者外层被毛粗短,但产绒量高。

## 三、裘皮用羊类型

我国裘皮羊品种分为绵羊裘皮羊和山羊裘皮羊两大品种类型。其中绵羊裘皮羊品种类型有三个，即滩羊、贵德黑裘皮羊和岷县黑裘皮羊，山羊裘皮羊 1 个，即中卫山羊。

### (一)绵羊裘皮羊品种类型

滩羊是我国古老的地方裘用绵羊品种，起源于我国三大地方绵羊品种之一的蒙古羊，在当地的自然资源和气候条件下，经风土驯化和当地劳动人民精心选留培育形成的一个特殊绵羊品种。以所产二毛皮著名。其类型特征：滩羊体格中等，体质结实。鼻梁稍隆起，耳有大、中、小三种，公羊角呈螺旋形向外伸展，母羊一般无角或有小角。背腰平直，胸较深。四肢端正，蹄质结实。属脂尾羊，尾根部宽大，尾尖细呈三角形，下垂过飞节。体躯毛色纯白，多数头部有褐、黑、黄色斑块。毛被中有髓毛细长柔软，无髓毛含量适中，无干死毛，毛股明显，呈长毛辫状。滩羊成年公羊平均体高、体长、胸围和体重分别为 65.59 厘米，75.52 厘米，80.95 厘米，46.85 千克；成年母羊分别为：61.79 厘米，71.65 厘米，76.52 厘米，35.26 千克。

贵德黑裘皮羊属草地型西藏羊类型。被毛为黑红色，所产二毛皮即为著名的黑紫羔皮，是我国著名的黑羔皮羊种，体质健壮、抗逆性强，皮板坚韧、轻软、毛色油黑、光泽顺眼、花穗紧实美观、不易缠结、保暖性强。成年公羊平均体高、体长、胸围和体重分别为：75 厘米，75.5 厘米，87 厘米，56 千克；成年母羊分别为：70 厘米，72 厘米，84 厘米，43 千克。贵德黑裘皮羊具有体质结实、抗逆性强，皮板坚韧、轻软、毛色油黑、光泽悦目、花穗紧实美观、不易缠结、保暖性强等特点。主要分布于海南藏族自治州各县和黄南藏族自治州的泽库、尖扎县。此外，化隆、互助、大通、海晏、湟源、门源及祁连等县也有零星分布。产区为昼夜温差大、气候干旱、无霜期短、牧草种类单纯和生长期短、植株低矮、植被稀疏的青海高寒牧区。贵德黑裘皮羊是高原型藏羊中的一个特殊的经济类型，其中主产区在青海省贵南县。

岷县黑裘皮羊类型特征：体质细致，结构紧凑。头清秀，鼻梁隆起，公羊有角，向后向外呈螺旋状弯曲，母羊多数无角，少数有小角。颈长适中。背平直。尾小呈锥形。体躯、四肢、头、尾和蹄全呈黑色。岷县黑裘皮羊成年公羊平均体高、体长、胸围和体重分别为 56.2±0.7 厘米，58.7±0.7 厘米，76.1±0.9 厘米，31.1±0.8 千克；成年母羊分别为：54.3±0.3 厘米，55.7±0.3 厘米，77.9±1.0 厘米，27.5±0.3 千克。岷县黑裘皮羊主要以生产黑色二毛皮闻名。岷县黑裘皮羊主要分布在岷县境内洮河两岸、宕昌县、临潭县、临洮县及渭源县部分地区。

### (二)山羊裘皮羊

中卫山羊又叫沙毛山羊，是我国特有的裘皮用山羊品种，产于宁夏的中卫、中宁、同心、海原，甘肃中部的皋兰、会宁等县及内蒙古阿拉善左旗。裘皮品质驰名世界。中卫山羊具有耐粗饲、耐湿热、对恶劣环境条件适应性好、抗病力强、耐渴性强的特点。有饮咸水、吃咸草的习惯。中卫山羊类型特征：体质结实，体格中等大小，身短而深，近似方形。公、母羊大多有角，公羊角大，呈半螺旋形的捻状弯曲，向上向后外方伸展，长度 35～48 厘米；母羊角小，呈镰刀形，向后下方弯曲，角长 20～25 厘米，额部着生毛绺，垂于眼部，颌下有髯。中卫山羊毛被毛分为内外 2 层，外层为粗毛，由有浅波状弯曲的真丝样光泽的两型毛和有髓毛组成；内层由柔软纤细的绒毛和微量银丝样光泽的两型毛组成。被毛以纯白色为主，也有少数全黑色。中卫山羊成年羊每年抓绒、剪毛 1 次，一般在5月份。抓绒量公羊为164～240克，母羊为140～190克；剪毛量公羊平均为0.4千克，母羊平均为0.3千克。中卫山羊适应半荒漠草原，抗逆性强，遗传性稳定。所产二毛皮、羊毛、羊绒均为珍贵的衣着原料，在国内享有较高的声誉，但存在体格较小的缺点。

中卫山羊分布于宁夏的中卫、中宁、同心、海源县，甘肃的景泰、靖远、皋兰，白银以及内蒙古的阿拉善左旗。

# 第四章　选种选配

## 第一节　种羊的鉴定

绒毛用羊个体品质鉴定的内容和项目，随品种而异。基本原则是以被选择个体品种的代表性产品的重要经济性状为主要依据进行鉴定。具体来说，细毛羊以毛用性状为主，羔裘皮羊以羔裘皮品质为主，绒山羊则以绒产量和质量为主。鉴定时应按各自的品种鉴定分级标准组织实施。

鉴定年龄和时间的确定，是以代表品种主要产品的性状已经充分表现，而有可能给予正确的客观的评定结果为准。细毛羊及其杂种羊通常是在1～1.5岁龄春季剪毛前进行；卡拉库尔羊、湖羊、济宁青山羊等羔皮品种是在羔羊出生后2日内进行；滩羊、中卫沙毛山羊等裘皮品种则应在1月龄左右，当毛股自然长度达7～7.5厘米时进行；绒毛山羊品种是在1～1.5岁龄春季抓绒前进行。

鉴定方式，根据育种工作的需要可分为个体鉴定和等级鉴定两种。两者都是根据鉴定项目逐只进行，只是等级鉴定不做个体记录，依鉴定结果综合评定等级，做出等级标记分别归入特级、一级、二级、三级和四级，而个体鉴定要进行个体记录，并可根据育种工作需要增减某些项目，作为选择种羊的依据之一。个体鉴定的羊只包括种公羊，特级、一级母羊及其所生育成羊，以及后裔测验的母羊及其羔羊，因为这些羊只是羊群中的优秀个体，羊群质量的提高必须以这些羊只为基础。

鉴定方法和技术。鉴定前要选择距离各羊群比较适中的地方准备好鉴定圈，圈内最好装备可活动的围栏，以便能够根据羊群头数多少而随意调整圈羊场地的面积，便于捕捉羊。圈的出口处应设羊个体鉴定台，台高60厘米、长100～150厘米、宽50厘米，或者在圈出口的通道两侧挖坑，坑深60厘米、长100～150厘米、宽50厘米。鉴定人员和保定羊的人员站在坑内，目光正好平视被鉴定羊只的背部。坑前最好铺一块与地面相平的木板，让羊只站在木板上。鉴定场地里还应分设几个小圈，以分别圈放鉴定后各等级羊只，待整群羊只鉴定完毕后，鉴定人员对各级羊进行总体复查，以随时纠正可能发生的差错。鉴定开始前，鉴定人员要熟悉和掌握品种标准，并对要鉴定羊群情况有一个全面了解，包括羊群来源和现状、饲养管理情况，选种选配情况，以往羊群鉴定等级比例和育种工作中存在的问题等，以便在鉴定中有针对性地考察一些问题。鉴定开始时，要先看羊只整体结构是否匀称，外形有无严重缺陷，被毛毛色是否符合品种或育种工作要求，行动是否正常，待羊接近后，再看公羊是否单睾、隐睾，母羊乳房是否正常等，以确定该羊有无进行个体鉴定的价值。凡应进行个体鉴定的羊只要按规定的鉴定项目和顺序严格进行。为了便于现场记录和资料统计，每个鉴定项目以其汉语拼音第一个字母作为记载符号，对有关鉴定项目附以“＋”、“－”表示多和少、强和弱，有的项目上还附以其他特殊符号如“∧”“×”等都有其不同含义。

## 一、细毛羊鉴定

### (一)细毛羊的鉴定时间

每年春季在剪毛前对本品种内的所有羊只进行鉴定。4月份对育成公、母羊进行鉴定，根据品种标准和特性选择优秀的公羊作为种用，优秀的育成母羊作为补群用。5月份对成年羊进行鉴定，基础母羊 2.5 岁鉴定为终身鉴定。种公羊每年都需要鉴定且鉴定部位不少于 5 个，包括肩部、体侧、股部、背部和腹部，以此来确定其种用价值和使用范围。羔羊出生后 3 天内进行初生鉴定，出生 120 天左右进行断奶鉴定、评定等级，选留符合理想型的羔羊组成后备公羊和后备母羊群，进行培育以便翌年补群用。

### (二)鉴定方法

羊只鉴定时，要选择光线较好的地方，首先观察羊只的头颈结合情况、头毛着生、有无角、类型、体型、背腰及体侧等外貌结构，站立的姿势、公羊的睾丸、母羊的乳房。然后在羊的体侧肩胛后 1 掌处将毛轻轻分开，测定毛长，观察羊毛弯曲、油汗的色泽、细度、密度、羊毛闭合情况，腹毛着生情况，结合股部的羊毛细度确定匀度。最后给出综合评定的现场鉴定分。

### (三)鉴定分级

严格按照本品种的标准和国家绒毛体系的鉴定方法进行鉴定分级和记录。羊只的鉴定现场分级要结合羊只个体的外貌、羊毛品质、生长发育情况、羊毛着生情况等做出综合评价后定级。室内根据羊只个体的剪毛量和剪毛后体重，再进行一次调整，以确定羊只个体的最后级别。作为种用的公羊必须是特级或有某个性状特别优良的一级以上的羊只，补群用的母羊也应是二级以上的羊只。

### (四)鉴定项目及记录符号

**1. 头　部**

T3——头毛着生至眼线，鼻梁平滑，面部光洁，无死毛。公羊角呈螺旋形，无角型公羊应有角凹；母羊无角。3 分

T2——头毛过多或少，鼻梁稍隆起。公羊角形较差；无角型公羊有角。2 分

T1——头毛过多或光脸，鼻梁隆起。公羊角形差；无角公羊有角，母羊有小角。1 分

**2. 体形类型**

L3——正侧呈长方形。公、母羊颈部有 1～3 个完全或不完全的皱褶。胸深，背腰长，腰线平直，尻宽而平，后躯丰满肢势端正。3 分

L2——颈部皮肤较紧或皱褶过多，体躯上有明显皮肤皱褶。2 分

L1——颈部皮肤紧或皱褶过多，背线、腹线不平，后躯不丰满。1 分

**3. 被毛长度**

实测体侧毛长：在羊体左侧横中线偏上，肩胛骨后缘 10 厘米处，打开毛丛，顺毛丛方向测量毛丛自然状态的长度，以厘米(cm)表示，精确到 0.5 厘米。

羊毛生长时间超过或不足 12 个月的毛长折算为 12 个月的毛长；

种公羊的毛长除记录体侧部位的毛长外，还可测定肩、背、股、腹部的毛长，作为选种参考。

**4. 被毛长度匀度**

C3——被毛各部位毛丛长度均匀。3 分

C2——背部与体侧毛丛长度差异较大。2 分

C1——被毛各部位的毛丛长度差异较大。1 分

**5. 被毛手感**

S3——被毛手感柔软、光滑。3 分

S2——被毛手感较柔软、光滑。2 分

S1——被毛手感粗糙。1 分

**6. 被毛密度**

M3——被毛密度达中等以上。3 分

M2——被毛密度达中等或很密。2 分

M1——密度差。1 分

**7. 毛纤维细度**

细毛羊的羊毛细度是在 60 支以上或 25.0 微米以内。在测定毛长的部位取少量毛纤维测定其细度，以微米（μm）表示；在现场可采用目测，用支数表示。

**8. 细度匀度**

Y3——被毛细度均匀，体侧和股部细度差不超过 2.0 微米；毛丛内细度均匀。3 分

Y2——被毛细度均匀，后躯毛丛内细度欠均匀，有少量粗毛。2 分

Y1——被毛细度欠均匀，毛丛内有较多粗毛。1 分

**9. 羊毛弯曲**

W3——属正常弯曲，弯曲弧度呈半圆形，弯曲明显、大小均匀。3 分

W2——正常弯曲，弯曲不够明显、大小均匀。2 分

W1——弯曲不明显或有非正常弯曲。1 分

**10. 油汗**

H3——白色油汗，含量适中。3 分

H2——乳白色油汗，含量适中。2 分

H1——浅黄色油汗。1 分

**11. 综合评定**

依据以上项目综合品质和种羊种用价值进行评定。按 10 分制评定。

10 分——全面符合特级指标中的优秀个体。

9 分——全面符合特级、一级指标中的优秀个体。

8 分——符合指标中的个体，综合品质较好。

7 分——基本符合指标的个体，综合品质一般。

6 分——不符合指标的个体，综合品质差。

6分以下不详细评定。

## 二、绒山羊鉴定

### (一)初生鉴定

**1. 鉴定时间** 初生鉴定在羔羊出生后24小时内进行。

**2. 鉴定方法** 首先对羔羊进行个体编号,初生重、毛色、性别、单双羔等。并记载父母耳号、年龄。然后根据毛色和体重评定等级。

**3. 等级评定** 全身毛色纯白,单羔初生重2.5千克,双羔个体初生重2.2千克以上者为一级。全身毛色纯白,结构匀称单羔体重2.2千克,双羔体重1.8千克以上者为二级。达不到指标或有其他缺陷者为三级或淘汰。

### (二)断奶鉴定

**1. 鉴定时间** 在羔羊4月龄断奶时进行。

**2. 鉴定方法** 按等级鉴定。一级要求全身被毛纯白,结构匀称,体质健壮,单公羔体重为14千克,单母羔13千克。双公羔为12千克,双母羔10千克。二级要求全身被毛白色,结构匀称,单公羔12千克,单母羔10.5千克,双公羔10千克,双母羔9千克,剩下的为三级或淘汰。

### (三)周岁及成年羊鉴定

**1. 鉴定的准备** 由畜牧师以上技术人员负责,组成鉴定组,根据本鉴定区域的工作任务及技术力量,提出鉴定时间、人员要求及奖惩等实施计划。

(1)技术培训 在鉴定工作开展前,需对参加人员进行技术培训,统一鉴定标准、方法。

(2)做好鉴定用器械和物品的准备 钢板尺(30 厘米),软尺(2 米),测杖,千克秤,鉴定表格及文件夹等。

**2. 鉴定时间** 每年的 3～5 月份抓绒前进行。

**3. 鉴定内容**

(1)性别 公羊以“♂”表示,母羊以“♀”表示。

(2)编号 被鉴定羊出生后有耳号,头 4 位数是出生年月,接下来位数是出生顺序号(公羊为奇数、母羊为偶数)。

(3)品种 用汉语拼音字母表示品种。例:内蒙古白绒山羊用“M”表示、辽宁绒山羊用“L”表示、赤峰罕山白绒山羊用“C”表示。

(4)年龄 根据耳号或个体卡片登记。

(5)毛色 被毛颜色可分为白、青、褐、黑等。当毛色不相同时应分别记载。

(6)角形 明确记载角的形状,分为拧角、立角、背角、包角、叉角等。

(7)绒毛厚度 指绒层的厚度或绒毛高度。测量部位在羊体左侧肩胛后缘向后一掌处,以一束绒毛向皮肤量至绒球尖端的(2/3)为止,准确到 0.5 厘米,应注意避免绒毛脱落造成的误差。

(8)毛发长度 指被毛中大多数(2/3)毛纤维的长度(同测绒厚度一样)。

(9)绒细 指绒毛的横切面直径或厚度,现场鉴定用目测法,应对照经过测定的绒样进行判定,以粗、中、细表示:15～16 微米为中,超过 16 微米为粗,不足 15 微米为细。

(10)绒毛密度 表示单位面积上绒毛的根数,在现场可根据毛绒弹性、毛丛结构及皮肤缝隙进行判定。用拼音字母“M”表示,M 表示绒毛密度正常,M+表示绒毛密,M-表示绒毛稀。

(11)体格 根据体尺进行评定,以 5 分制表示,成年羊 4 分的标准为公羊 55～60 厘米,母羊 50～55 厘米;公羊超过 60 厘米,母羊超过 55 厘米计为 5 分;公羊小于 55 厘米,母羊小于 50 厘米,计为2～3分。

(12)产绒量　每年春季的第一次或两次抓绒量之和,以克为单位,准确到克。

(13)产毛量　抓绒前剪的绒层以上的梢子为毛量,准确到克。

(14)体重　抓绒后空腹称重,以千克为单位。

(15)体高　是髻胛顶点到地面的垂直高度。

(16)体长　从肩端到臀端的距离。

(17)胸围　沿肩胛后一掌处量取的胸部围径。

(18)管围　在左前肢管部上(1/3)最细处取的水平直径。

### (四)等级评定

根据个体鉴定与体重、产绒量及绒毛品质测定结果,按鉴定标准定级。

### (五)等级标准

一级:成年公羊1 250克以上,母羊750克以上。

二级:成年公羊850克,母羊500克以上;周岁公羊600克,母羊400克。

三级:成年公羊750克,母羊400克;周岁公羊500克,母羊300克,其余为等外,应淘汰。

## 三、地毯毛羊鉴定

### (一)鉴定时间

**1. 出生鉴定**　羔羊出生后3天内,进行初生体重、体型、毛色鉴定。初选人工授精羊群父系和母系均达到一级以上,自然交配羊群种公羊一级以上,母羊二级以上的后代中体重在同期出生羔羊中偏上、体型端正,无先天性缺陷、体躯毛色纯白的个体,作为准备培育的种公羔。

**2. 断奶鉴定**　放牧藏羊一般4～6月龄断奶，根据断奶时体重、体型、毛色、羊毛长度、密度、腹毛等做出鉴定，性状优良的个体留作后备公羊培育，其他的去势。后备母羊也在这时鉴定选留。

### （二）个体鉴定

将每只拟鉴定羊根据品种标准和育种进度，逐项进行详细测定和登记，然后评定出等级。进行个体鉴定的种羊包括各级别种公羊、准备出售的成年公羊及幼年公羔，特级、一级母羊和供后裔测定的母羊及其羔羊。

**1. 鉴定时间**　在春季剪毛前（5月中下旬至6月上旬）进行。绵羊鉴定都选择在剪毛季节，而藏羊繁殖产羔时间多集中在冬季的11月份到翌年1月底，因此周岁时正值冬季，此时根据需要只对选留培育的公羔做测定进行评价，除此以外不做详细的周岁鉴定。按照一般剪毛前鉴定的方法藏羊冬季出生的种羊鉴定时年龄一般为1.5岁、2.5岁、3.5岁……春季出生的种羊均为整周岁。需要注意的是鉴定时1.5岁羊正处在换牙阶段，即使是年龄相同，由于出生时间、营养等因素影响，有的已经脱换第一对乳牙，有的尚为乳牙，这要根据当地的产羔季节来判断年龄。

**2. 鉴定项目**　藏羊鉴定项目包括等级耳号、毛色、毛辫长度、毛丛长度、羊毛纤维类型（细毛、两型毛、粗毛、死毛的含量比例）、产毛量、体长、体高、体重及外貌特征。

**3. 鉴定方法**　开始鉴定时，鉴定员对全群进行粗略的观察，对羊群品质的特征、体格大小等有一个初步的了解。各部位鉴定时，鉴定员两眼平视羊的背侧部，先看口齿判断年龄，再观察头部发育、面颌有无缺损，然后测量体尺、检查毛绒性能。先检查肩胛后缘10厘米处的毛绒性能，再检查股部、背部和腹部。测定体尺时使羊站立在平坦的地面，保证站立姿势端正。

**4. 鉴定内容**

(1)体高　由鬐甲部至地面的垂直距离。

(2)体长　由肩胛骨前段至坐骨结节后端的直线距离。

(3)胸围　在肩胛骨后段绕胸一周的长度。

(4)管围　羊只管骨上 1/3 最细部位的周径。

(5)体重　将羊直接放在台秤上测得其重量,登记时标明剪毛前体重还是剪毛后体重。

(6)体型外貌　根据头、颈、鬐甲和肩部、胸部、背部、臀部、腹部、四肢、生殖器、乳房、骨骼和皮肤等项内容进行鉴定。

草地型藏羊的突出特点是头粗糙呈长三角形,鼻梁隆起,公、母羊都有角,公羊角大而粗壮、多呈螺旋状向两侧伸展,母羊角扁平较小、呈捻转状向外平伸。前胸开阔,背腰平直,骨骼发育良好,十字部稍高。四肢粗壮,蹄质坚实。尾呈短锥形,长 12～15 厘米、宽 5～7 厘米。体质结实,体格高大,四肢端正近似正方形。毛色,以体躯白色、头肢杂色者居多,长期选育区有纯白色个体。

### (三)等级鉴定

等级鉴定不做具体的个体记录,只写等级编号。鉴定对象和项目与个体鉴定相同,个体鉴定和等级鉴定可以同时在一个羊群中进行,除需要进行个体鉴定的以外都做等级鉴定。

等级标准:凡符合高原型藏羊体型外貌、被毛品质特征的按以下标准定级(表 4-1)。

特级羊:超过一级羊生产性能指标(体重或剪毛量)要求 10%的列为特级。

二级羊:毛色要求同一级羊,前、后躯毛辫粗细长短不均,毛辫长度在 15 厘米以上,体重、剪毛量不低于一级羊的 90%,在前躯体侧鉴定部位,每平方厘米皮肤面积的羊毛中死毛纤维不超过 60 根或数量比的 4%。

鉴定工作结束后，对鉴定资料进行系统分析，归档。

**表 4-1 高原型藏羊一级羊生产性能指标**

| 年 龄 | 等 级 | 剪毛后体重（千克） | 产毛量（千克） | 净毛率（%） |
|---|---|---|---|---|
| 成年公羊 | 一 级 | 53 | 1.5 | 65 |
| 成年母羊 | 一 级 | 42 | 1.0 | 65 |
| 周岁公羊 | 一 级 | 36 | 1.0 | 65 |
| 周岁母羊 | 一 级 | 32 | 1.0 | 65 |

## 四、裘皮羊鉴定

裘皮羊一般是根据个体鉴定进行品质的评定。裘皮羊一般做 2 次鉴定，即初生和裘皮品质表现最充分时进行，并以后者作为终身等级来决定取舍。如滩羊在做好初生鉴定的同时，应在 25～35 日龄时做二毛羔子鉴定。

鉴定工作应由了解全面情况的主持育种工作的主要技术人员担任。鉴定前要根据本场羊群确定统一鉴定要求，研究鉴定标准中主次重点项目。到鉴定现场后，要首先统一观察群体，熟悉被鉴定羊群全貌，然后及时整理羊群资料，分析羊群存在的问题。

裘皮用羊种羊鉴定的项目主要有：外貌（体型）鉴定、被毛鉴定等项。不同品种的羊只，有不同的品种标准，中国国家标准局和地方标准局已发布了国内主要裘皮用羊优良品种标准，它高度概括了各品种的理想类型特征，是种羊鉴定的主要根据。下面以滩羊为例介绍裘皮羊的鉴定。

滩羊一生进行 3 次鉴定，以初生鉴定为基础，二毛鉴定为重点，育成羊鉴定为补充。

## (一)初生鉴定

一级:初生毛股自然长度5厘米以上,弯曲数6及6个以上,花案清晰,发育良好。初生重公羔3.8千克以上,母羔3.5千克以上。

二级:毛股自然长度4.5厘米以上,弯曲数5及5个以上,花案较清晰,发育正常,体重同一级。

三级:毛股自然长度不足4.5厘米,弯曲数不到5个,花案欠清晰,蹄冠上部允许有色斑,发育正常或稍差,体重同一级或较小。

## (二)二毛羔羊鉴定

根据毛股粗细、绒毛含量和弯曲形状不同分成串字花、软大花和其他花型。

**1. 串字花类型**

特级:毛股弯曲数在7及7个以上或体重达8千克以上,余同一级。

一级:毛股弯曲数在6及6个以上,弯曲部分占毛股长的2/3~3/4,弯曲弧度均匀呈平波状,毛股紧实,中等粗细,宽度为0.4~0.6厘米,花案清晰,体躯主要部位表现一致,毛纤维较细而柔软,光泽良好,无缠结现象,体质结实,外貌无缺陷,活重在6.5千克以上。

二级:毛股弯曲数在5及5个以上,弯曲部分占毛股长的1/2~2/3,毛股较紧实,花案较清晰,余同一级。

三级:属下列情况之一者:如毛股弯曲数不足5个;弯曲弧度较浅;毛股松散,花案欠清晰;胁部毛缠结和蹄冠上部有色斑;活重不足5千克者。

**2. 软大花类型**

特级:毛股弯曲数在6个以上或活重超过8千克,余同一级。

一级:毛股弯曲数在5及5个以上,弯曲弧度均匀,弯曲部分占毛股长的 2/3 以上，毛股紧实粗大，宽度在 0.7 厘米以上，花案清晰，体躯主要部位花穗一致，毛密度较大，毛纤维柔软，光泽良好，无毡结现象，体质结实，外貌无缺陷，活重在 7 千克以上。

二级：毛股弯曲数在 4 及 4 个以上，弯曲部分占毛股长的 1/2～2/3，毛股较粗大，欠紧实，体质结实，活重在 6.5 千克以上，余同一级。

三级：属下列情况之一者：毛股弯曲数在 3 及 3 个以上，毛较粗、干燥；胁部毛缠结和蹄冠上部有少量色斑；活重不足 6 千克者。

**（三）育成羊鉴定（1.5 岁）**

特级：体格大，体质结实，发育良好；体重公羊 47～50 千克，母羊 36～40 千克，毛股长在 5 厘米以上，呈长毛辫状，体躯主要部位表现一致，毛密度适中，二毛羔羊期鉴定列为特级者。

一级：体格较大，体重公羊 43～46 千克，母羊 30～35 千克，二毛羔羊期鉴定属特级或一级者，余同特级。

二级：体格中等，体质结实或偏向细致，体重公羊 40～42 千克，母羊 27～30 千克，二毛羔羊期鉴定为二级或二级以上者。

三级：体格较大，偏向粗糙，有髓毛粗短或体格偏小，毛弯较多，蹄冠上部有色斑或有外貌缺陷者。

公羊在一级以上，母羊在二级以上者方可留作种用。

名词解释：

①毛股弯曲数：由花穗一侧计算，一个弧为一个弯曲。

②花穗：指毛股上具有一定数量的弯曲，状似麦穗，故称花穗。

③花案：指花穗在被毛上所构成的图案。

④串字花：毛股粗细为 0.4～0.6 厘米（在毛股有弯曲部分的中部测量），毛股上具有半圆形、弧度均匀的平波状弯曲的花穗称为串字花。

⑤软大花：毛股粗细为 0.7 厘米以上，根部粗大，无髓毛较多，具有弧度较大或中等弯曲的花穗称为软大花。

## 五、半细毛羊鉴定

半细毛羊的鉴定分羔羊初生鉴定、4 月龄羔羊断奶鉴定、1.5 岁育成羊鉴定、2～2.5 岁成年羊鉴定 4 个阶段进行，逐段选择淘汰。

### (一)羔羊初生鉴定

羔羊初生鉴定按以下标准划分等级。

优级：毛色纯白、口鼻端及四肢下端允许少量点状斑。羊毛同质，毛丛结构清晰，公羔毛卷直径 3 毫米或 3 毫米以上，母羔在 2.5 毫米或 2.5 毫米以上。生长发育良好，公羔体重不低于 4 千克，母羔体重不低于 3.8 千克。双羔羔羊可放宽体重要求。

中级：毛色纯白、口鼻端及四肢下端允许少量点状斑。羊毛同质，但夹杂个别异质毛纤维，或次要部位有较多异质毛纤维或被毛呈较小毛卷结构，羔羊毛毛卷直径 2.5 毫米以下；公羔初生体重小于 3.5 千克，母羔小于 3 千克。

劣级：凡有下列情况之一者，均为劣级，被毛中有较多杂色纤维或色斑，头肢盖毛有较大色斑；被毛白色，但不同质，有明显粗、死毛；体质纤弱、发育差，体重过小；有遗传或外形缺陷。

毛卷直径测量方法：用钢尺在羔羊体侧中部任意选择 5 个毛卷，测量毛卷外缘直径，计算平均直径。

### (二)羔羊断奶鉴定

羔羊断奶鉴定应在大多数羊只满 4 月龄时进行，不足 4 月龄应按 4 月龄(120 日龄)对断奶体重进行校正，并按以下标准划分等级。

优级：全身被毛纯白同质，毛丛结构清晰弯曲大而明显，光泽好;毛丛自然长度公羔在 6 厘米及其以上,母羔在 5 厘米及其以上;断奶体重公羔在 18 千克及其以上,母羔在 15 千克及其以上;公羔羊毛细度在 56 支及其以上,母羔在 58 支及其以上。

中级:全身被毛纯白同质,匀度稍差,次要部位允许少量粗毛纤维或毛丛结构不清晰,弯曲不够明显,光泽较差;公羔毛长短于 5 厘米,母羔短于 4 厘米;公羔羊毛细度细于 56 支,母羔细于 58 支;断奶体重公羔低于 16 千克,母羔低于 14 千克。

劣级:凡有下列情况之一者均为劣级,被毛不同质,有较多粗毛纤维,或有明显杂色纤维;羊毛细短、公羔毛长 4 厘米以下,母羔在 3 厘米以下,公羔羊毛细度在 58 支以下,母羔在 60 支以下;生长发育不良,体质瘦弱,体重过小;有任何外形或遗传缺陷。

### (三)育成羊与成年羊的等级鉴定

以 48～50 支半细毛羊等级鉴定标准为例。

一级:凉山型:发育良好,体质结实,结构匀称,颈较短,背腰平直,胸宽深,前胸丰满,尻部较宽平,肉用性能明显。公、母羊均无角,鼻梁微隆,嘴唇和耳尖允许有黑色斑点,四肢结实,姿势端正。

被毛呈毛辫形毛丛结构,各部位毛丛长度和细度均匀,大波浪形或波浪形弯曲,头部毛着生至两眼连线,允许有少量脸毛。前肢毛着生至膝关节或略有超过,后肢毛着生可超过飞节。腹毛着生良好,密度较好,长度 7 厘米以上,呈辫形毛丛。体测 12 个月毛长不短于公羊 15 厘米,母羊 13 厘米,细度 48～50 支。油汗乳白色或淡黄色,含量适中,分布均匀,羊毛光泽好。

云南型:体质结实,结构匀称,背腰平直,胸宽深,前胸丰满,尻部较宽平,肉用体型明显,公、母羊均无角,鼻端和耳可有黑色斑点,蹄黑色,头毛着生至两眼连线,前、后肢盖毛可超过膝关节和飞节,毛丛辫状结构,弯曲呈中弯和大弯,油汗乳白色或淡黄色,羊毛光泽好。

凡全面符合一级羊要求，体重、剪毛量、毛长三项中两项超过一级羊指标10%者，或有一项超过一级羊指标15%者，可定为特级羊。

二级：体型外貌基本符合一级羊要求，体格大，毛较粗长，但毛丛结构差，弯曲不明显，体重、毛长、剪毛量符合二级羊要求。

三级：体格较小，羊毛偏细偏短，羊毛细度不细于58支，体重、毛长、剪毛量符合三级羊要求。

四级：凡不符合以上级别的个体属于四级。

**表 4-2 凉山型一、二、三级羊最低生产性能指标** （单位：千克、厘米）

| 项目 | 剪毛后体重 | | | 产毛量 | | | | | | 羊毛长度 | | |
|---|---|---|---|---|---|---|---|---|---|---|---|---|
| | | | | 污毛 | | | 净毛 | | | | | |
| | 一级 | 二级 | 三级 | 一级 | 二级 | 三级 | 一级 | 二级 | 三级 | 一级 | 二级 | 三级 |
| 成年公羊 | 80 | 75 | 70 | 6.5 | 6.0 | 5.0 | 4.3 | 3.4 | 3.0 | 15 | 14 | 13 |
| 育成公羊 | 55 | 50 | 45 | 4.5 | 4.0 | 3.5 | 3.0 | 2.3 | 2.0 | 15 | 14 | 13 |
| 成年母羊 | 45 | 40 | 35 | 3.8 | 3.5 | 3.0 | 2.5 | 2.2 | 1.8 | 13 | 13 | 12 |
| 育成母羊 | 35 | 32 | 30 | 3.0 | 2.8 | 2.5 | 2.0 | 1.5 | 1.2 | 13 | 13 | 12 |

**表 4-3 云南型一、二、三级羊最低生产性能指标** （单位：千克、厘米）

| 项目 | 剪毛后体重 | | | 产毛量 | | | | | | 羊毛长度 | | |
|---|---|---|---|---|---|---|---|---|---|---|---|---|
| | | | | 污毛 | | | 净毛 | | | | | |
| | 一级 | 二级 | 三级 | 一级 | 二级 | 三级 | 一级 | 二级 | 三级 | 一级 | 二级 | 三级 |
| 成年公羊 | 65 | 55 | 55 | 6.0 | 4.2 | 6.8 | 3.9 | 2.9 | 2.5 | 14 | 12 | 11 |
| 育成公羊 | 50 | 40 | 45 | 4.5 | 3.2 | 2.8 | 2.9 | 2.3 | 2.0 | 14 | 12 | 11 |
| 成年母羊 | 45 | 35 | 30 | 4.0 | 3.3 | 2.7 | 2.6 | 2.2 | 1.8 | 13 | 11 | 10 |
| 育成母羊 | 35 | 24 | 20 | 3.5 | 2.3 | 1.7 | 2.3 | 1.5 | 1.2 | 13 | 11 | 10 |

特级羊:全面符合一级羊要求,而在下列指标中有一项达到者可列为特级。

**表 4-4　特级羊标准**　(单位:千克、厘米)

| 项　目 | 剪毛后体重 | | 产毛量 | | | | 羊毛长度 | |
|---|---|---|---|---|---|---|---|---|
| | 凉山型 | 云南型 | 凉山型 | | 云南型 | | 凉山型 | 云南型 |
| | | | 污　毛 | 净　毛 | 污　毛 | 净　毛 | | |
| 成年公羊 | 90 | 70 | 7.2 | 5.0 | 6.5 | 4.1 | 17 | 16 |
| 育成公羊 | 60 | 55 | 5.0 | 3.5 | 5.0 | 3.0 | 17 | 16 |
| 成年母羊 | 50 | 50 | 4.2 | 2.8 | 4.5 | 2.8 | 15 | 15 |
| 育成母羊 | 40 | 40 | 3.5 | 2.3 | 4.0 | 2.3 | 15 | 15 |

注:净毛率 65%以上、产羔率 105%以上、屠宰率 48%以上。

**表 4-5　青海半细毛羊最低生产性能指标**　(单位:千克、厘米)

| 性　别 | 成年羊 | | | 育成羊 | |
|---|---|---|---|---|---|
| | 体　重 | 剪毛量 | 毛　长 | 体　重 | 剪毛量 |
| 公　羊 | 65 | 5.0 | 10 | 45 | 3.2 |
| 母　羊 | 40 | 3.2 | 9 | 35 | 2.8 |

**表 4-6　东北半细毛羊最低生产性能指标**　(单位:千克、厘米)

| 性　别 | 成年羊 | | | 育成羊 | | |
|---|---|---|---|---|---|---|
| | 剪毛量 | 剪毛前体重 | 毛　长 | 剪毛量 | 剪毛前体重 | 毛　长 |
| 公　羊 | 6.5 | 70.0 | 9.0 | 4.5 | 45.0 | 10.5 |
| 母　羊 | 4.0 | 50.0 | 9.0 | 4.0 | 40.0 | 10.5 |

表 4-7　甘南半细毛羊最低生产性能指标

| 性　别 | 剪毛后体重(千克) | 剪毛量(千克) |
| --- | --- | --- |
| 成年公羊 | 65.0 | 5.0 |
| 成年母羊 | 40.0 | 3.0 |
| 周岁公羊 | 35.0 | 3.0 |
| 周岁母羊 | 30.0 | 2.5 |

## (四)育成羊与成年羊的个体鉴定

凡符合一级标准的育成羊(1.5 岁)和成年羊(2～2.5 岁)分别进行 1 次个体鉴定,种公羊每年按个体鉴定项目进行 1 次复查,决定继续留用或淘汰。

## (五)个体鉴定项目、记录符号和评分标准

半细毛羊个体鉴定项目、记录符号和评分标准见表 4-8。

表 4-8　半细毛羊个体鉴定项目、记录符号和评分标准

| 项　目 | 记　录 | 说　明 | 评　分 |
| --- | --- | --- | --- |
| 体　重 | 千　克 | 剪毛后空腹体重,符合一级羊指标满分,每增减 1 千克,加减 1 分,最高加分不超过 5 分 | 15 |
| 毛　长 | 厘　米 | 体侧毛丛自然长度,符合一级羊指标给满分,每增减 0.5 厘米加减 2 分,最高加分不超过 10 分 | 15 |
| 剪毛量 | 千　克 | 符合一级羊指标给满分,每增减 0.1 千克加减 2 分,最高加分不超过 10 分 | 15 |
| 细　度 | 支 | 育成公、母羊和成年母羊符合 48～50 支,成年公羊 44～46 支,育成公羊 46 支均给满分 | 10 |
| | | 成年公羊 40 支或粗于 40 支,育成公羊 44 支或粗于 44 支,成年母羊 46 支,育成母羊 46 支或 56 支 | 5 |

续表 4-8

| 项目 | 记录 | 说明 | 评分 |
| --- | --- | --- | --- |
| 均度 | Y | 体侧与股部毛细度差1级 | 5 |
|  | $Y^-$ | 体侧与股部毛细度差2级以上 | 3 |
|  | $Y_x$ | 被毛中有微量干死毛 | 1 |
| 弯曲 | W4 | 大波浪形正常弯或浅弯,3厘米毛长弯曲5个以内 | 5 |
|  | W6 | 较小波浪形正常弯或浅弯,弯曲超过6个 | 3 |
|  | $W^-$ | 弯曲不明显,无法测定 | 1 |
| 油汗 | H2/3 | 油汗适中,覆盖毛丛2/3或手感滋润 | 5 |
|  | H1/2 | 油汗稍少,覆盖毛丛1/2 | 4 |
|  | H1/3 | 油汗不足,覆盖毛丛1/3手感干枯 | 2 |
|  | $H^+$ | 油汗颜色过深,或有凝块状 | 1 |
| 头毛着生 | T | 头毛着生至两眼连线,呈明显辫状 | 5 |
|  | $T^+$ | 头毛超过两眼连线,面颊有明显毛长 | 3 |
|  | $T^-$ | 头毛未达到两眼连线,或过短过少 | 1 |
| 腹毛 | F | 腹毛着生良好,毛长7厘米及以上 | 5 |
|  | $F^-$ | 腹毛着生较差,毛长6厘米以下 | 4 |
|  | $F^o$ | 腹毛有环状弯曲 | 2 |
| 总体印象 | 按实评分数记录 | 体格高大,体型丰满,结构匀称,被毛结构良好,呈明显辫形毛丛,头及四肢下端有少量色斑 | 20 |
|  |  | 体格中等或较大,体型匀称,肉用体型不明显,被毛结构不清晰,头肢下端有较明显色斑 | 15 |
|  |  | 体格中等大,肉用体型差,脸毛较多,被毛结构不良,不呈辫形毛丛 | 10 |
| 总分 |  |  | 100 |

# 第二节　种羊选择

## 一、细毛羊选种

### (一)种羊的选择原则

**1. 品种的选择**　父本品种的选择主要从生产性能考虑,应选择品种体型明显、生长发育快、饲料报酬高、生产性能好、品质优良、适应性强的品种。母本品种选择主要从繁殖性能考虑,要求适应性好、繁殖性能好、泌乳性能好,而且来源广,价格比较低。多以本地羊为主,经济条件好时可以从外地引进母羊。

**2. 个体选择**　选择优良品种后需要在这些品种中选择优良的个体作为种羊。个体选择主要包括品种特征、年龄、体格大小、体型、发育均匀度、生殖器官、运动状态等。一般种公羊的使用年限为2～5岁。按照育种生产的目标进行种公羊的选择。一个好的品种是由许多的个体组成的。在同一品种内部存在个体差异,这是进行个体选择的基础。个体选择应从以下几个方面考虑:

(1)品种特征　包括毛色、头型、角型、耳型及耳的大小、头毛着生情况,背腰是否平直、四肢是否端正、蹄色是否正常、整体结构及品种所特有的特征等是否明显。

(2)生产性能　如剪毛量、毛长、体尺、体重、生长发育速度和母羊的产羔性能、泌乳能力、母性、双羔率等。

(3)健康状况　选择的个体应无任何传染病,体质健壮,生长发育正常,四肢运动正常,毛被油汗适中。母羊乳头整齐,有哺乳能力,发育好;公羊睾丸大小正常,无单睾现象,有雄性特征,四肢端正,蹄质结实、精神活泼,体型外貌符合品种特征。母羊的利用年限基本与公羊一致。

(4)遗传基础　对于本身生产性能好的个体还要看父母、祖父母代的生产成绩,特别是父母代的生产成绩。由于羊多是单胎动物,全同胞的个体较少,主要查看亲本性能即可。

## (二)选种方法

主要根据个体鉴定、生产性能、后代品质和血统 4 个方面进行。个体鉴定实际是对绵羊的表现型的选择。生产性能主要是指绵羊的剪毛量、体重、繁殖率、泌乳力、屠宰率以及早熟性等,前两项最为重要。剪毛前后称得的体重和剪毛量,附在绵羊个体鉴定表上,便于确定绵羊的等级。后代品质和血统主要通过后裔测验和系谱考察得出结论。

**1. 个体鉴定**　在羔羊断奶或幼龄羊鉴定时可以根据羔羊的生长发育进行淘汰和选择。按个体大小、羊毛品质等把差和次的羊进行淘汰。

周岁母羊是每年鉴定工作的重点,要逐头进行。应该强调它的体型和羊毛特性,鉴定项目包括:

(1)外貌　主要有头部、体躯、腿和蹄、皮肤、公羊的睾丸等。

(2)羊毛性状　主要有细度、净毛率和油汗杂质含量、毛丛长度、颜色、密度、发毛和死毛、脸毛覆盖和四肢毛覆盖、手感等。

(3)羊毛产量　各个品种的鉴定都应该根据本品种的标准进行。

**2. 生产性能**　根据细毛羊个体的生产性能进行选择。

**3. 血统**　根据祖先的成绩判断其遗传性的优劣。主要应用于公羊的早期选择。应用个体育种值结合选配方案,选择若干个体育种值高的个体,作为羊群后备羊补充的主要来源。后代出生后按亲代信息估计个体育种值,羔羊长到 1 岁时进行鉴定。有些表型值高但育种值不理想的公羊不进行扩大利用。

**4. 后代品质**　种公羊的选择主要通过后代的生产性能及个

体品质进行选择。

## 二、绒山羊选种

### (一)选种方法

**1. 根据品种特征** 我国绒山羊品种很多,如内蒙古白绒山羊、辽宁绒山羊、河西白绒山羊、阿尔巴斯绒山羊等。以辽宁绒山羊为例,辽宁绒山羊标准的外貌特征为被毛全白,结构匀称,额顶有长毛,颌下有髯。公、母羊都有角,公羊角粗大,向两侧螺旋形伸展,母羊角向后方呈捻曲伸出。颈宽厚,颈肩结合良好,背腰平直,肢蹄结实,尾短瘦,尾尖上翘。绒毛混生,毛绒白色,有丝光。凡不符合品种外貌特征的则不宜作种羊。有的个体被毛短而白,颈细长,往往是绒山羊与奶山羊杂交的后代;如果公、母羊后代中出现黑毛或黄毛个体,则说明公羊或母羊种质不纯。公羊角基处有黑线,在后代中往往有黑羔。种质不纯的个体,其遗传性能不稳定,虽然产绒量很高,但纯繁和改良的效果却不理想。

**2. 根据各性状间的关系** 一般情况下,绒山羊各性状之间存在如下关系:体格越大,体重越高,表明其采食力、生活力越强,生长发育越快;绒纤维越长、越密,羊毛越稀,其产绒量越高,反之亦然。壮龄期(3～5 周岁),膘情良好的公、母羊繁殖能力强;育成期、老年期的公、母羊繁殖能力差,营养不良、生殖缺陷都会影响羊的繁殖功能。应选择个体较大、绒纤维细长而密、繁殖力强的纯种绒山羊作种羊。

**3. 根据年龄** 在胚胎的中后期,绒囊即开始发育,到羔羊 4 月龄断奶,绒囊已发育完成 90%以上。绒山羊 1～3 周岁的产绒量逐年递增,如果 1 周岁时产绒量高,其 2～3 周岁的产绒量就更高;2 周岁产绒量高,其他年龄时的产绒量也高。

**4. 根据系谱** 一只种羊的祖父母、父母的产绒性能良好或其同胞、半同胞兄妹的产绒性能良好，则其本身的产绒性能也很可能良好。如果其后代的产绒量都比较高，可以推断该种羊的产绒性能良好，遗传比较稳定。绒山羊的产羔性能也存在着这样的规律性。在挑选绒山羊个体时，为避免近亲繁育所造成的产绒量降低，体质下降，死胎、畸胎、弱胎等现象发生，认真审查系谱是非常必要的。在生产中，由于用户与用户之间频繁调运种羊，往往会造成所购公羊为上次所购母羊的后代，造成子配母；所购公羊为所购母羊的父亲，造成父配女；所购公羊和母羊为同父母所生，即兄妹相配等。所以，种羊生产场（户）建立完整的系谱档案是必要的。选种用户也应到有完整系谱档案的种羊生产场（户）选购种羊。

**5. 在适宜时机选种**　绒山羊的绒纤维并不是一年四季均衡生长，一般绒纤维从 6 月下旬开始缓慢生长，此后逐渐加快，到 8～10 月份达到生长高峰，以后又逐渐减慢，8 月份至 11 月下旬均为生长旺期。到翌年 2 月初基本停止生长，在 3～4 月份绒纤维开始脱离皮肤（起浮），4 月中旬至 5 月初开始梳绒。因此，从起浮期到梳绒前观察产绒情况是比较准确的，并且容易观察，而 9 月份至翌年 2 月份，虽然能观察产绒情况，但准确性相对较低；而梳绒后，对于经验较少的人来说，用肉眼已无法辨别产绒量的高低了。

### （二）选种要点

绒山羊体高、体重的变化规律是从出生时开始逐年增长，但增长强度逐渐下降，到 4 岁时达到最大值，4 岁以后基本维持原状。产羔率随年龄的变化规律是从初产开始至 6 岁期间逐年增加，6 岁以后开始下降。产绒量随年龄变化的规律是在 1～4 岁期间逐年增加，4 岁以后逐年下降。因此，在选购或选留种羊时以 4 岁以内的羊为最佳，6 岁以后的羊尽量不留作种用。

**1. 羔羊的选种要点**　羔羊断奶后，要选择体重大，毛粗短稀少，腹绒好，被毛白色，无杂毛，皮肤白里透红无黑斑，皮薄而有弹性，角白色无黑线，健康无病，精神活泼，胸宽深，体长大，体型结构紧凑，四肢端正、粗短的羔羊。公羊要求头方大，角间距宽，眼大、明亮有神，睾丸发育良好。母羊要求体型清秀，槽口宽深，口裂长的羔羊留作后备羊。

**2. 种公羊的选种要点** 俗话说“母羊好，好一窝；公羊好，好一坡”。种公羊应选择体型大，体躯结构协调，体态丰满，肢势坚实，精力旺盛，雄性性状发育良好，雄性强，叫声洪亮深沉，角型好，被毛洁白，产绒量高，绒质好的公羊作种羊。

**3. 成年母羊的选种要点** 母羊应选择体型大，体格紧凑丰满，背腰平直，后腹部稍大，四肢端正，乳房及生殖器官发育良好，毛长而粗并且被毛稀疏，毛色洁白有光泽，无杂毛，四肢粗短结实，胸宽深，角型以板角为好，角间距大，羊绒密度高，绒长、细，产绒量高的母羊作种羊。那些窄胸狭肋、长颈高腿、勾角、立角、颌下有肉垂的羊坚决不能留作种用，它们属于奶山羊的杂种后代。

## 三、裘皮用羊种羊选择

### (一)经验选择法

经验选择法是我国传统式选种选育方法，是长期以来广大生产者根据本地品种都具有对本地生态环境的高度适应性，耐粗放管理，抗病力强，繁殖力高，肉质好等特性进行选种留种。选择的实质就是分化繁殖，凡被留种的羊就可以生产后代，淘汰的个体则无法繁衍子孙，广大养羊的农牧民在长期生产中虽无明确选种计划，但有清楚的选种目标。我国养羊历史悠久，选种经验极为丰富，需要很好总结和挖掘。特别强调体质和适应性的选择是我国种羊选择的核心。

体质是羊机体在遗传因素和外界环境相互作用下所形成的内

部和外部，部分和整体，形态和功能在整个生命活动中的统一，是机体在结构上和功能上的协调性，对生活条件的适应性以及生产性能的特点等的综合体现。结实的体质是保证羊只健康、充分发挥品种生产性能和抵抗不良环境的基础。无数事实证明，片面追求某一性状而忽视体质，则后代死亡率高，发病率高，外形不良，最后品种不仅不会发展，甚至也难以维持品种的存在。可见，注意选择结实体质是我国在不同生态环境下都有适应当地条件的品种的保证，也是传统经验选种的宝贵要点。在注重体质和适应性选择的基础上，还应重视繁殖力和肉用性能的选择。

### （二）群 选 法

群选法是裘皮用羊选种选配的主要方法之一，尤其是在生产当中，通过群选群育，能够在较短的时间内较大幅度地提高整群羊的生产水平。群选法要注意以下几点：①要求羊只有良好的外形和外形的一致性，并有强大的遗传力。②强调要有良好的体格。③一个性状可能具有无数种表型，如油汗有黄、浅黄、乳白和白色；羊毛弯曲有大、中、小、深、高弯。群选法主张只留优良的，如羊毛弯曲只留大中弯曲，油汗只留白色和乳白色。④着重生产性能和皮毛品质的改进。⑤坚决摒弃遗传有害基因和传染病。⑥生物学特性力求理想，适应性要强。⑦坚决做到留优去劣，毫不姑息。

上述群选法的具体内容乃是主张全面观察被选羊的总体，反对将羊的性状分得过细，主张选择性状相对集中，重视实践经验。

所谓选配就是通过对公羊和母羊配偶个体的选择建立起交配系统，目的是为了使交配所得的后代能进一步巩固和提高亲代的优点，纠正亲代的缺点，通过品质优良后代的产生，加快育种过程。

## 四、地毯毛羊选种

选种方法通常有个体选择法、系谱选择法、半同胞表型选择法、后裔成绩测定选择法。地毯毛羊产区羊在草地使用权承包到户后,生产主体是个体经营分户饲养,配种季节公、母羊混群放牧,自由交配,无法确定系谱关系,故最常用也最可行的选种方法是个体选择,即按照种羊的品种特性、体型外貌、生长发育、生产性能鉴定结果优中选优。

### (一)种羊繁育场种羊选择

县级及县级以上种羊场在进行种羊鉴定的羊群,依据种羊个体鉴定结果按等级选择。种公羊达到一级以上,母羊达到二级以上,可以作为种羊使用。

系谱选择是选择种羊的重要依据,它不仅提供了种羊亲代的有关生产性能的资料,而且记载着羊只的血缘关系,对正确地选择种羊很有帮助。在开展人工授精或人工辅助配种的种羊场和集约化经营合作组织的核心选育群进行选种时,只要建立有完善的配种、测定档案,还是可以采取系谱选择和后裔测定等多种方法结合使用。通过系谱审查,可以得出选择的种羊与祖先的血缘关系方面的结论。在选种过程中,要不断地选留那些性能好且遗传稳定的种羊后代作为后备种羊。具备了优良性能的种羊,后裔测定如果优良性能不能传给后代,不能继续作为种用,其后代也不能选为后备公羊。

### (二)核心选育群种羊选择

乡、村基础好的核心选育群可以按种羊场一样要求,刚组建的核心群种公羊要求一级以上,条件尚不具备的允许使用少量的二级种公羊，母羊要求二级以上，允许少量三级母羊同群饲养。但是后备种羊必须在二级以上母羊的后代中选择。

### (三)生产群种公羊选择

生产群种公羊最好从核心选育群引进，不具备引进条件的牧户可以在本群选种，与其他牧户相互交换种公羊。一般牧户饲养的羊群选种选配依靠的是牧民的经验，选种标准不统一。除了选择个体大小、毛色以外，有的更倾向于自己的爱好，比如有的喜欢黑头羊，有的喜欢某一种角形的羊。因此，要与牧民交流学习选育经验和方法，向牧民宣传选育目标，培训选育技术，保证选好种公羊，并且逐步淘汰不符合生产方向的母羊，提高母羊的品种质量。

### (四)牧民选择种公羊方法

选留后备种公羊，个体要经多次鉴定(如初生、断奶、周岁及使用前等)才能最后断定。首先是同期繁殖的羔羊中初生体重较高，在同类型羊中，初选种羊的母系羊体格较好，羊毛较长，干死毛含量低于5%，母羊和羔羊躯体无杂色。断奶时羔羊发育正常，周岁或剪毛前鉴定体格良好、躯体无杂色，重点观察腹部及阴囊部位毛色纯白，干死毛少，在同类型羊中羊毛较长，密度较大，产毛量高。符合这几项条件的即可作为后备种公羊。留作种用的公羊除了应具备本品种的外貌特征外，从体质上还应具备体格高大、体质结实、精力充沛、食欲旺盛、有良好的雄性姿态、头颈结合良好、眼大有神、前胸宽、身腰长、肌肉发达、四肢端正、两侧睾丸发育匀称。

## 五、半细毛羊选种

### (一)根据表型选择

主要是利用个体鉴定和等级鉴定结果进行选种。

### (二)根据系谱进行选择

系谱是反映个体祖先生产性能和等级的重要资料,在半细毛羊育种工作中,必须建立起系统的系谱记载,如种公羊卡片、母羊配种记录、产羔记录、种羊鉴定记录、生长发育记录和剪毛量的记录等。

### (三)后裔测验

后裔测验就是通过后代的特征和特性来评定种羊的育种价值,用这种办法来选择种羊最可靠。后裔测验按以下方法进行。

培育的公羊在1.5岁时进行初配,每只交配一级母羊50只以上,与配母羊年龄在2～4岁为宜,尽量选择同龄群放牧的羊群。如果一级母羊不够,可以搭配部分二级、三级母羊,但是交配的母羊质量必须大致一样才能进行比较。用公羊提高品质较低的母羊是容易的,但要让一级母羊继续提高是困难的,因此用一级母羊交配才能看出一只公羊的质量。

羔羊断奶鉴定和生产性能的测定(毛长、剪毛量、净毛率、体重等)可作为被测公羊的初评,按初评成绩决定被测公羊的使用。许多试验表明,羔羊断奶的评价与成年时的评定基本是相符的。在12～18月龄时,通过鉴定与剪毛量进行最后的评定。

优秀的青年公羊,如果第一年测定结果不满意,2.5岁时做第二次测定。

对决定参与配种的公羊,每年都要详细研究它们后代的质量,以决定使用的范围。

种公羊的品质评定,以采用同龄后代对比和母女对比两种方法为主。同龄后代法要求各公羊的与配母羊情况和后代培育条件相同;母女对比法要注意不同年代饲养管理条件的差别。凡后代中特级、一级比例大,生产性能高或某一性状特点突出,均可评为优秀种公羊。在评定时，除了比较主要生产性能外，还要观察后代中某些个别特性（如毛丛结构、毛密度、细度与匀度、毛光泽、腹毛情况等）的表现，以便决定每只公羊的利用计划。

## 第三节 选配技术

选配就是按照育种方向或育种目标的要求，有明确目的地安排公、母羊的配对，有意识地组合后代的遗传基础，以达到培育和利用优良种羊的目的。其实质是让优秀个体得到更多的交配机会，优良基因更好地重新组合，使羊群得到改良和提高。

### 一、细毛羊选配

#### （一）做好选配前的各项准备工作

第一，应深刻了解整个羊群的基本情况，如育种方向、形成历史、现状及尚存在的缺点等。

第二，应分析以往的选配结果，对已经产生良好效果的交配组合，可重复选配。对初配母羊，可借鉴其同胞或半同胞姐妹的选配效果，选择相似的组合进行试配，以选出较好的交配组合。

第三，应分析即将参加配种的公、母羊的个体品质，如体重、生产性能、外形、生产类型、羊毛品质、育种值等，对每一只种羊要保持的优点、要克服的缺点、要提高的品质，都要做到心中有数。还可分析后裔测定材料，为选配提供直接依据。

第四，编制羊群系谱，掌握羊群的亲缘关系，以避免盲目近交而带来的不良后果。

第五，拟定选配方案。在选配方案中一般应包括选配目的、选配原则、亲缘关系、选配方法、预期效果等项目，应列明选配的公羊号和与配的母羊号等。在选配方案执行中，如发生公羊精液品质变劣或伤残死亡等偶然情况，应及时对选配方案做出合理修订。在细毛羊大批配种时，应采用人工授精等先进技术，加大对优秀种公羊利用率。

综上所述，选配是细毛羊育种工作中的重要环节，选种的作用必须通过选配才能表现出来，选配所产生的优良后代又为进一步选种提供了丰富的材料。因此，只有科学灵活地运用多种选配方法，并与选种和培育等技术手段密切配合，才能实现预期的育种目标。

**(二)选配的方法**

在细毛羊育种过程中常用的选配方法主要有个体选配和种群选配两种。

**1. 个体选配** 可分为表型选配和亲缘选配两种类型。是根据与配个体间品质对比、亲缘关系远近以及亲和力等所进行的选配。

品质选配也叫表型选配，是根据交配双方品质对比所进行的选配。所谓品质，既可以指一般品质，如体质、体型、生产性能等，也可以指遗传品质，数量性状即估计育种值的高低等，是以与配公、母羊个体本身的表型特征作为选配的依据。例如，等级选配就属于品质选配。品质选配可分为同质选配和异质选配两种。亲缘选配则是根据双方的血缘关系进行选配。这两类选配都可以分为同质选配和异质选配，其中亲缘选配的同质选配和异质选配指近交和远交。

(1)同质选配 是指具有同样优良性状和特点的公、母羊之间的交配，以便使相同特点能够在后代身上得以巩固和继续提高。通常特级羊和一级羊属于品种理想型羊只，它们之间的交配即具有同质选配的性质；或者羊群中出现优秀公羊时，为使其优良品质和突出特点能够在后代中得以保存和发展，则可选用同群中具有同样品质和优点的母羊与之交配，这也属于同质选配。例如，体大毛长的母羊选用体大毛长的公羊相配，以便使后代在体格大和羊毛长度上得到继承和发展。这就是“以优配优”的选配原则。

(2)异质选配 是指选择在主要性状上不同的公、母羊进行交配，目的在于使公、母羊所具备的不同的优良性状在后代身上得以结合，创造一个新的类型；或者是用公羊的优点纠正或克服与配母羊的缺点或不足。用特级、一级公羊配二级以下母羊即具有异质选配的性质。例如，选择体大、毛长、毛密的特级、一级公羊与体小、毛短、毛密的二级母羊相配，使其后代体格增大，羊毛增长，同时羊毛密度得到继续巩固和提高。又如，用羊毛细度好、净毛量高、羊毛长度好的种公羊，与细度较粗、产毛量低、毛长较短的母羊相配，其后代在羊毛细度、产毛量和毛长方面都明显超过母本。在异质选配中，必须使母羊最重要的有益品质借助于公羊的优势得以补充和强化，使其缺陷和不足得以纠正和克服。这就是“公优于母”的选配原则。

(3)亲缘选配 指根据交配双方亲缘关系的远近进行选配。亲缘选配的目的是迅速固定某些优良特性，并建立同质程度高的羊群。亲缘选配是改善遗传品质的重要管理手段。如果交配双方有较近的亲缘关系，称为近交，反之称为远交。近交有害，早为人们所知。但近交又有其特殊的用途，在育种过程中，为了达到一定的目的，往往需要应用近交。因此，近交是亲缘选配的主要内容之一。

在细毛羊新品系(群)的培育过程中为了固定某些优良性状，当群体数量足够大，母羊数量很多，公羊数量不多且相互间有亲缘关系时，可适当采用近交选配法。如亲子、全同胞或半同胞交配若干世代，以使尽可能多的基因位点迅速达到纯合，以达到提高品质的目的。近交选配的个体不仅要求性能优秀，而且它们的选育性状相同,没有明显的缺陷,最好经过后裔测验。

但应注意的是,近交可以引起衰退。但衰退并不是近交的必然结果。近交衰退与羊只的种类、品种、个体及性状的特性等有很大关系。一些经过长期近交育成的品种,由于已排除了一定的有害基因,近交衰退就较小。遗传力低的性状,如繁殖力等近交衰退较严重;而遗传力高的性状,像毛长等近交衰退却不显著。实践中为了防止近交衰退,首先应做好细致的选配工作,多留种公羊,使每代近交系数的增量维持在3%～4%以下,就不致出现显著的有害后果。同时,还应注意严格淘汰、加强饲养管理,必要时还可通过血缘更新调换种羊的方式,以防止近交不良影响的过多积累。

因此,近交只宜在培育新品种或品系繁育中为了固定优良性状时用。在应用近交时,首先,要运用近交系数来正确分析近交程度;其次,要灵活运用各种近交形式,并控制近交的速度和时间,可采用先慢后快的办法,先用较缓和的近交形式,然后缓慢提高近交速度,当效果良好时再加快近交速度。关于使用时间的长短,原则上达到目的适可而止;最后,要严格选择,加强饲养管理,防止衰退现象。

**2. 种群选配** 种群选配主要是研究与配个体所隶属的种群特性和配种关系,即根据与配双方是属于相同种群还是不同种群而进行选配。因此,种群选配有纯繁与杂交之别。

(1)纯繁 纯种繁育的简称,指同种群选配,即选择同一种群的公、母羊进行交配。所谓纯种是指家畜本身及其祖先都属于同一种群,都有该种羊的个体所特有的形态特征和生产性能,级进到4代以上的高血杂种,只要特征性能与改良种畜基本相同,也可当作纯种。纯繁的作用:一是巩固种群的遗传性,使其固有的优良品质得以长期保持;二是使现有品质不断提高。为此目的,开展品系繁育是一个极有效的方法。

(2)杂交 指异种选配,即选择不同种群的公、母畜进行交配。

杂交的作用:一是使基因重组,使原来不在一个种群中的基因到一个种群中来;其二是产生杂种优势。所以,通过杂交不仅可以获得良好的育种材料,而且也可获得显著的经济效益。

按照杂交的目的,可分成经济杂交、引入杂交、改造杂交和育成杂交等,每种杂交都有多种具体的杂交形式,如经济杂交有单杂交、三元杂交、双杂交、复杂杂交等形式。在育种时,应根据特定的育种目的,灵活选用适当的杂交繁育方法和具体的杂交形式,以达到改变家畜生产方向、育成优良新品种及提高其生产力之目的。

在细毛羊新品种(或品系)刚刚开始培育时,往往采用杂交的方法,以达到快速高效的目的。

### (三)选配应遵循的原则

**1. 明确育种目标** 为了更好地完成育种目标规定的任务,不仅应考虑相配个体的品质和亲缘关系,还必须考虑它们所属的种群特性及其影响。

**2. 充分利用优秀的选配组合** 通过对过去选配结果或选配试验结果的分析,挑选出产生过优秀后代的最佳选配组合,扩大其利用规模,发挥其更大作用。

**3. 公羊要求高于母羊** 选配的公羊其等级和质量都应要求高于母羊,对特级、一级公羊应充分使用,绝不能使用低于母羊等级的公羊来交配。

**4. 缺点相同或相反者不能相配** 以免使缺点更严重、更顽固。

**5. 正确使用近交** 近交只宜控制在育种群必要时使用,应作为局部而又短期内采用的方法,在一般繁殖群则应杜绝近交。

**6. 用好品质选配** 对优秀的公、母羊,一般应进行同质选配,以巩固其优良品质。只有品质欠佳的母羊或为了特殊的育种目的才采用异质选配。

**7. 及时总结选配效果** 如果效果良好，可按原方案再次进行选配。否则，应修正原选配方案，另换公羊进行选配。

## 二、绒山羊选配

### (一)绒山羊选配的类型

**1. 同质选配** 是指具有同样优良性状和特点的绒山羊种公、母羊之间的交配，以便使相同特点能够在后代身上得以巩固和继续提高，通常特级羊和一级羊是属于品种理想型羊只，它们之间的交配即具有同质选配的性质，或者羊群中出现的优秀种公羊时，为使其优良品质和突出特点能够在后代中得以保存和发展，则可用同群中具有同样品质和优点的母羊与之交配，这也属于同质选配。例如，体大、毛长、绒密的母羊选用体大、毛长、绒密的种公羊相配，以便后代在体格大和绒毛长上得到继承和发展，这就是“以优配优”的选配原则。

**2. 异质选配** 指选择在主要性状上不同的公、母羊进行交配，目的在于使公、母羊所具备的不同的优良性状在后代身上得以结合，创造一个新的类型，或者是用种公羊的优点纠正或克服与配母羊的缺点和不足。

用特级、一级种公羊配二级以下母羊即具有异质选配的特质。例如，选择体大、毛长、绒密的特级、一级种公羊与体小、毛短、绒密的二级母羊相配，使其后代体格增大，羊毛增长，同时绒毛密质得到继续巩固和提高。在异质选配中，必须使母羊最重要的有益品质借助于种公羊的优势得以补充和强化，使其缺陷和不足得以纠正和克服，这就是“公优于母”的选配原则。

### (二)绒山羊选配的原则

**1. 种公羊优于母羊** 为母羊选配公羊时，在综合品质和等级方面必须优于母羊。

**2. 以公羊优点补母羊缺点** 为具有其此方面缺点和不足的母羊选配公羊时，必须选择在这方面有突出优点的种公羊与之配种，绝不可用具有相反缺点的种公羊与之配种。

**3. 不宜滥用亲缘选配** 制定选配计划，有目的地进行。

**4. 及时总结选配效果** 如果效果良好，可按原方案再次进行选配；否则，应修正原选配方案，另换种公羊、母羊进行选配。

## 三、地毯毛羊选配

### (一)个体选配

是在羊的个体鉴定的基础上进行的选配。它主要是根据个体鉴定、生产性能和后代品质等情况决定交配双方。对那些完全符合育种方向，生产性能达到理想要求的优秀母羊，可以按照以下类型的选配。

**1. 品质选配** 指考虑交配双方品质对比情况的一种选配。所谓品质，既可指一般的表现型如体质、体型、毛色、生物学特性、生产性能、产品质量等方面的品质，也可指遗传品质。根据交配双方品质的异同，又分为：

(1)同质选配 具有相同生产特性或优点的公、母羊进行交配。此种选配方法在于使亲本的优良性状相对稳定地遗传给后代，既可使优良性状得到保持和巩固，又可增加优良个体在群体中的数量。在育种工作中，纯种繁育，增加纯合基因型频率，须采用同质选配。

(2)异质选配 生产特性不同的公、母羊进行交配，以获得结合双亲不同优良品质的后代。此种选配又分为两种情况：一种是选择具有不同优异性状的公、母羊交配，如选羊毛品质好的公羊与个体大的母羊交配；另一种是选择同一性状优劣程度不同的公、母羊个体交配，如个体大的公羊与个体偏小的母羊交配。前一种是将两个或两个以上的优良性状结合在一起，后一种以优改劣。丰富了后代的遗传基础，创造新的类型，并提高后代的适应性和生活力。

**2. 亲缘远配** 亲缘远配的作用在于遗传性稳定，这是优点，但亲缘选配容易引起后代的生活力降低，羔羊体质弱，体格变小，生产性能降低。

个体选配方法适用于采取人工授精或人工辅助控制配种技术的种羊场应用。在自然交配的羊群，生产性状很难达到一致或同质的程度，无法实现人为控制条件下的品质选配和亲缘选配，但也存在一定的同质交配概率、异质交配概率和亲缘交配概率。

### (二)群体选配

包括分等级和不分等级混群放牧的群体选配。

**1. 等级选配** 是根据每一个等级级别母羊的综合特征选择公羊，以求获得共同优点和共同缺点的改进，以提高种群质量的一种方法。在集约化经营组织等有条件的地方，配种季节母羊按等级组群，就可实行真正的等级选配。等级选配公羊等级要高于母羊等级。

**2. 一般牧民羊群选配** 牧民一般将各等级母羊混群放牧，即使是按等级配备了种公羊，公羊是自由选配，无法控制等级选配，在这样的情况下羊群配备等级高的种公羊，实行高等级种公羊全覆盖，以取得与等级选配相近的效果。这种方法一般二、三级公羊不能作种用。

## 四、裘皮羊选配

裘皮羊的选种选配原理和其他品种羊基本一致。即采用的选配类型可以分为品质选配和亲缘选配两种。

### (一)品质选配

即在确定交配系统时,重点考虑交配的公、母羊间的生产品质,并根据公、母羊品质的同异,又区分为同质选配和异质选配。

**1. 同质选配** 对于特一级的母羊要实行同质选配,选择具有相同优点的公羊与之交配,可以后代群体中巩固和发展这特一级羊的优点,使优良遗传基因逐步纯合。

**2. 异质选配** 就是选择在裘皮羊主要经济性状上有互不相同特点的公、母羊交配。异质选配系统的目的在于结合双方的优点,创造新的类型,或以一方的优点纠正另一方的不足,求得后代在主要品质上达到理想和一致性。随着社会经济的发展,裘皮羊开始逐步向裘肉兼用或肉裘皮兼用类型发展,因而通过异质选配可以实现裘皮性能和产肉性能的结合,以适应目前商品经济的需求。

**3. 个体选配** 主要是为优秀裘皮母羊细致地选择更理想的优秀公羊配种,以期获得比母本更为优良的后代,凡进行个体选配的公、母羊,都应在严格进行个体选择的基础上进行。对优良母羊的个体选配,除了完成配种工作之外,还应对其后代进行追踪审查,只有这样,才可了解个体选配的成果,分析选配的成功与失败的经验,才可增长选配工作的预见性。如只选配不培育,或不追踪考察,个体选配的作用难以发挥,这是我国当前许多育种场有好母羊,却选不出好公羊的原因之一。

**4. 群体选配** 即把母羊群按主要经济性状分成类,将有相同优缺点的母羊归为一类,指定某一头公羊或几头公羊与之配种,这是大多数育种场所采用的选配系统。这种方法也可以在总体上使选种效果得以巩固,是行之有效的选配方法。

### (二)亲缘选配

在裘皮羊选配过程中除用近交育种外,一般不采用亲缘选配。亲缘选配有使纯合体增加的倾向。纯合体越多,则杂合体即有被消灭的可能,从而使纯种型或纯系型应运而生。由于增加了纯合型基因频率,提高了遗传纯合度,而基因纯合的结果,既能造成显性有利基因的纯合,也能造成有害基因的纯合,所以利用亲缘交配可起到巩固优良基因,揭露有害基因的作用。所以,在羊的育种中,在种群内对其进行近亲交配,同时进行严格的选择,去劣存优是能使优良特性得以保持下去的有效育种方法。

## 五、半细毛羊选配

选配工作要按每年鉴定情况制订选配方案。选配的原则是公羊的级别高于母羊。

符合理想型要求的一级母羊,按品种目标(如体重、毛长、毛量等)继续提高,选用这方面突出的公羊进行选配,以获得比母羊优秀的后代。

二级、三级母羊进行等级选配。二级羊基本符合品种标准,体重、毛量、毛长中一项达不到一级标准,而其他指标同一级标准。根据标准某一项或两项的不足,可采用这方面突出的特一级公羊进行选配。

三级羊体重、毛量低于二级羊。细度 56 支纱以下,44 支纱以上,其他指标同一级、二级羊。弯曲不明显,或不一致,其他指标同一级、二级羊。按上述 3 个方面的缺点,找出能够克服这 3 个方面缺点的特一级公羊选配。

凉山半细毛羊培育过程中,主要采用了个体选配和等级选配两种方式。个体选配根据以下几条原则进行:一是符合 48～50 支半细毛羊理想型标准而又具有某些特殊优点的特一级母羊，用符合理想型标准且具有相同特点的公羊进行同质选配；二是符合理想型标准，没有特别突出优点的特一级母羊与具有突出优点的特一级公羊选配，以期获得更优良的后代；三是个体选配时在控制近交系数情况下，适当采用亲缘同质选配，稳定突出个体的遗传性，加快育种进程。个体选配以外的其他群体，根据所属等级的共同特点，开展等级选配。一级母羊选配各项品质指标比较全面的特级公羊；二级、三级母羊针对其存在某些品质指标缺点选配具有相对应优点的特级、一级公羊。

为了迅速提高后代的品质，选配工作一定要细，要落实到哪只母羊配哪只公羊，否则遗传进展难以达到目的。

# 第五章　繁殖技术

## 第一节　繁殖与养羊生产

养羊生产中，繁殖的目的是增加羊群的数量和实现种群的延续。繁殖能力与品质特性和季节、营养、繁殖技术等密切相关。

### 一、配种与养羊生产

#### (一)配种季节与养羊生产

多数羊发情有一定的季节性，而且是季节性多次发情。这与品种的特征、气候、光照、营养等有一定的关系，这是自然选择的结果，它向有利于本身生存的方向发展。人工控制羊的发情、配种、产羔，使其有利于生产，并和市场的需求、季节等方面合理结合，达到获得最佳效益的目的。

**1. 影响繁殖季节的因素**　在自然情况下，影响繁殖季节的主要因素是光照、温度、营养等，同时还有其品种本身的遗传特性等。

(1)光照　光照对母羊性活动的影响比较明显，主要是取决于光照时间。在赤道附近，由于长年光照时间比较恒定，所以对生长在此地区的母羊发情没有明显的影响。除此之外的其他地区，由于一年四季的光照时间有明显的不同，所以母羊的发情就有了明显差别。实践经验证明，羊是短日照繁殖动物，即羊的发情季节多在日照短时开始。在我国,羊的发情多在立秋(秋季)开始,另外在春季也有一个发情季节。有的羊品种在人工条件下选育使其无明显的繁殖季节。

(2)温度　温度对羊的繁殖影响较光照的影响小。但过高或过低的温度对母羊的发情有一定的影响,特别是高温对公、母羊的繁殖影响较大。高温不仅会使羊的性欲减弱,而且也影响公羊精子的形成和精子的活力等,从而影响到羊的配种受胎率。

(3)营养　羊在饲料充足、营养水平高时,母羊的膘情好,繁殖季节可以适当提前,发情整齐,排卵数多,受胎率高。在生产中所采用的短期催情补饲就是这个道理。在干旱年份,牧草不足,羊营养不良时,会导致羊发情推迟或不发情、排卵数少、受胎率低。

(4)品种　不同的品种其繁殖特性有所不同。多数品种繁殖季节比较明显,多集中在春季和秋季;但也有一些品种的季节性繁殖特点不明显,如湖羊。

**2. 繁殖季节的控制与生产**

(1)配种季节选择要考虑的因素　配种季节的选择主要根据气候因素、饲养条件、劳力安排、市场供应等多方面的因素确定。气候条件要求是外界温度适合羔羊的生存,不寒冷,好管理;饲养条件是有防寒条件时可以产冬羔,无条件时产春羔或秋羔,同时考虑到牧草的生长状况和供给条件等;劳力安排主要考虑产羔季节和生产季节与农牧民的其他农活是否有冲突。例如,在北方地区,若把产羔季节与麦收、秋收农活安排在同一时间的话,则有可能使羔羊生产和农活都受到影响;市场因素主要考虑到羊出栏时是否是市场最需要和价格最高的时候。

(2)繁殖季节与生产　考虑到上述影响繁殖季节的因素,我们应当根据自然条件和饲养管理条件来决定羊的配种和产羔季节。在我国,常见的产羔季节为冬羔、春羔和秋羔,当公、母羊混群时也有产流水羔的。

生产冬羔(12 月份至翌年 2 月份)需要一定的圈舍条件和保温措施,否则羔羊成活率低。产冬羔时由于母羊在整个妊娠期都能得到充分的营养,有利于胎儿在母体中发育,所以冬羔初生重大。冬羔断奶后适逢夏季牧草生长旺期,采食青草的时间长,所以发育好,抗病力强,秋末体重大,可以实现羔羊当年育肥出栏,过冬死亡少,成活率高。同时,冬羔在冬闲接羔,便于抽调安排劳力。根据母羊的妊娠期推算,产冬羔时,母羊的配种期在秋季。

生产春羔(3～4 月份)时由于气候比较暖和(此时有的地方桃花盛开,所以有人把此时生产的羔羊叫做桃花羔),不需要特殊的保温设施,产羔时的羔羊成活率比较高,比较好管理。母羊在配种前膘情比较好,发情整齐,配种时间短。母羊在产后的短时间内可以吃上青草,乳汁比较好,哺乳期羔羊生长发育快、成活率高。但羔羊断奶后不久就面临枯草期,采食青草的时间短,当年羔羊出栏体重不大。根据羊的妊娠期推算,产春羔时,母羊的配种期应在上年 10 月份左右。

生产秋羔(8～9 月份)时,羔羊初生体重大,母羊的奶水好,羔羊的成活率高,哺乳期羔羊生长发育快。但秋羔在断奶时适逢冬季到来,饲草缺乏、营养价值低,影响羔羊断奶后的生长发育,越冬时的成活率低。当羔羊在第二年出栏时,饲养周期长,饲草料的消耗大,经济效益不太高。根据羊的妊娠期推算,产秋羔时,母羊的配种期在春季的 3～4 月份,配种时母羊的膘情相对较差,配种期长,排卵数少,受胎率也会受到影响。

产流水羔,即一年四季都有母羊生产。这种产羔方式是在饲养管理比较粗放和公、母羊混群的情况下发生,它不利于羊群的管理,不提倡使用。

### (二)繁殖频率与养羊生产

繁殖频率是指在一年内羊可以产羔的胎次。不同的饲养管理条件下，羊的繁殖频率不同。繁殖频率的控制一定要根据自己的养羊经验和饲养管理水平来决定，不一定一年两产就比一年一产的效益高。在我国的南方，气候比较温和，一年中青草期长，无霜期长，再加上精心的饲养管理，可以实现一年两产或二年三产。在我国的北方地区，由于无霜期短，青草季节短，再加上气候比较寒冷，不一定要实行一年两产或二年三产。在一般的饲养管理条件下只要保证一年一产并能实现羔羊育肥就可以；在饲养管理条件好的情况下，可以实施两年三产或三年五产。但我国有些地区的农牧民，在不注意改善饲养管理的条件下，一味追求多胎多产，效果并不理想。所以，产羔频率一定要结合自己养羊的实际情况，切不可单纯追求胎次和多产性能。

## 二、羊繁殖技术

繁殖是发展羊群数量、提高羊群质量的重要手段，是养羊生产中非常重要的生产环节。羊的繁殖受遗传、营养、年龄以及光照、温度等许多因素的影响。要想提高羊的繁殖力，主要通过 5 条途径：一是引进多胎品种；二是选种选配，选留多产母羊，改变其遗传性；三是加强饲养管理，改善环境条件，搞好接羔、育羔工作，提高羊的繁殖成活率；四是应用高新技术，增加产羔数量和产羔的频率，实现一胎多产和一年多产；五是提高种羊的利用率，延长种羊的利用年限。

### （一）羊的繁殖生理

**1. 性成熟与初配年龄**　幼龄羊发育到一定阶段，生殖器官发育完全，母羊第一次出现发情征候并排卵，公羊开始产生成熟精子，并能完成交配和受精的功能，这就是性成熟，即初情期。性成熟期与羊的品种和饲养管理有关。国内若干品种羊的性成熟月龄见表 5-1。

表 5-1　国内不同品种羊的性成熟月龄表

| 品　种 | 性成熟月龄 | 品　种 | 性成熟月龄 |
|---|---|---|---|
| 新疆细毛羊 | 8～9 | 新疆山羊 | 4～6 |
| 东北细毛羊 | 9～10 | 中卫山羊 | 5～6 |
| 山西细毛羊 | 9～10 | 辽宁绒山羊 | 5～6 |
| 湖　羊 | 4～5 | 内蒙古绒山羊 | 7～8 |
| 同　羊 | 6～7 | 济宁青山羊 | 3～4 |
| 小尾寒羊 | 5～7 | 马头山羊 | 4～6 |
| 滩　羊 | 6～8 | 福清山羊 | 3～4 |
| 蒙古羊 | 7～8 | 雷州山羊 | 4～6 |
| 西藏羊 | 7～8 | 萨能奶山羊 | 5～6 |
| 哈萨克羊 | 4～6 | 安哥拉山羊 | 7～8 |
| 乌珠穆沁羊 | 5～7 | 太行山羊 | 6～7 |

性成熟后，在生理上能够配种受胎，但这时羔羊还处在身体发育时期，未达到体成熟，在生产上不能让其配种产羔。允许羊第一次参加配种的年龄称为初配年龄，适宜的初配年龄是体重达到成年羊的 70%以上时的年龄。一般早熟品种在 1 岁、中熟品种在 1.5 岁、晚熟品种在 2 岁时初配为好。

**2. 发情与排卵**

(1)发情与排卵时间　母羊在繁殖季节，由于卵泡内膜分泌的雌激素(动情素)的作用，卵泡成熟，在排卵前，阴道分泌液增多、黏稠度加大，子宫颈口红肿开放，母羊表现性欲冲动，喜欢接近公羊，接受公羊爬跨交配，这就是发情。羊的发情征候不太明显，主要靠试情公羊寻找发现。有一些羊，特别是处女羊表现为“静默发情”，发情常无明显表现。羊从发情开始到结束的时间称为发情持续时间，一般为12～24小时。羊的排卵是在发情开始后20～30小时，即发情结束时排卵。由于卵子可受精的寿命为12～24小时，精子在雌性生殖道存活时间为48小时，所以最适宜的配种输精时间是在发情开始后20～24小时进行，隔8～10小时再输1次精。羊在分娩后的短时间内出现的发情叫产后发情。产后发情的时间为产后30～59小时，有的在产后1周内发情。产后发情的平均时间为35天。

(2)发情周期　羊是季节性多次发情家畜。如果在发情期没有受精，经过一段时期后，又会出现发情期征候，如此反复，直到受胎。这种在繁殖季节内从一次发情期开始到另一次发情期开始的时间称为发情周期。绵羊的发情周期平均为17天(14～19天)，山羊为21天。如果配种受胎，即不再发情。

**3. 受精、妊娠与分娩**

(1)受精　精子和卵子结合成受精卵的过程称为受精。在发情后期母羊排卵，卵子落入输卵管伞中，并靠输卵管收缩及其纤毛颤动使卵子向下移动，到达输卵管上1/3处，遇到精子，即可受精。

(2)妊娠　受精卵在输卵管中一方面分裂增殖，一方面靠输卵管的收缩和纤毛运动，向子宫移动。约3天后，受精卵分裂到16个细胞，称为“桑椹期”，即到达子宫，附植于子宫壁上(胎盘)，这就称为妊娠(坐胎或怀孕)。羊的妊娠期平均为150天，变动范围在144～155天(从配种日期开始到分娩)。妊娠期的长短，主要是品种遗传性决定的，也与饲养管理和羊的年龄有关。营养水平低，老龄母羊的妊娠期略短。

(3)分娩　胎儿从母羊产道产出的过程称为分娩。

### (二)配种方法

羊的配种方法分为自然交配(本交)和人工授精两大类。不同的配种方式与生产者的经济实力、饲养规模和文化素质有关。

**1. 自然交配** 自然交配是指公、母羊直接进行交配的配种方式,也是现在农民和一些养羊场普遍使用的配种方式,具有方便、经济和受胎率高的特点。自然交配又可分为自由交配和人工辅助交配。

(1)自由交配 自由交配是养羊业上原始的交配方法。平常公、母羊混群饲养,母羊发情后,公羊自由交配。这种交配方法节省人工,不需要任何设备,只要公母比例适当(一般为1∶25～30),受胎率是相当高的。缺点是羊群中公羊的饲养量大;母羊发情时,影响公、母羊的正常采食和抓膘;产羔不整齐,羔羊年龄大小不一致,不便管理。同时,自由交配无法控制羊生殖道疾病的传播和记载预产期以及双亲血缘。

(2)人工辅助交配 人工辅助交配是人为控制发情母羊与指定公羊交配,并采取相应手段达到配种的目的。适用于公羊数量有限、公羊或母羊有配种障碍(如有的母羊尾巴很大,使公羊不能实现配种,需要人工把母羊的尾巴掀起来,公羊才可能配种)和控制血缘关系、羊群选育时使用。这样可以减少公羊的饲养量,提高公羊的利用率,有利于羊群的选育和快速提高,也能预测分娩日期。但采用这种方法公羊的利用率仍很有限,对一些生殖道疾病的控制也有限,操作费事。

**2. 羊的人工授精** 人工授精是指用人工的办法采取公羊的精液,精液经处理后再用人工的办法输入母羊的生殖道,使母羊妊娠的一种配种方式。人工授精可大大提高优种公羊的利用率,快速选育,提高羊群质量,防止疾病传播,并能减少公羊的饲养量,降低饲养成本,是当前推广应用比较广泛的繁殖技术,是多、快、好、省地促进养羊业生产向现代化发展的有效技术措施。

(1)配种前的准备工作

①整顿羊群与抓膘：羊群整顿和抓膘工作的好坏对配种的成绩影响极大。只有在母羊抓好膘的基础上，才能在配种期内按时完成配种工作。

羊群的配种期不宜拖得过长，应争取在1.5个月左右结束配种。配种期越短，产羔期越集中，羔羊的年龄差别不大，既便于管理，又有利于提高羔羊的存活率。最好在配种开始后的第一个发情期内有75％～85％的母羊受胎。为此，应力求母羊在配种前1～1.5个月断奶，并进行短期催情补饲，使母羊达到中上等膘情，以确保发情整齐。同时，还要淘汰老龄母羊和产羔、泌乳性能差的母羊。

②做好选种选配计划：配种计划主要根据羊的血缘关系和羊的生产性能来选配公羊。配种公羊一定要是羊群中体型外貌及生产性能最好的羊。选配要掌握"两配四不配"的原则。两配是指同质选配和异质选配；四不配是凡有共同缺点的不配，近亲的不配，公羊等级低于母羊等级的不配，极端矫正的不配。

③配种设施的准备：人工授精要准备好两个场地：一是采精场地要平坦，二是精液处理间要卫生无异味。配种器械准备见表5-3。

(2)试情　母羊发情征候不明显，发情持续期短，因而不易被发现。在进行人工授精和辅助交配时，需将试情公羊赶入母羊群中来寻找和发现发情母羊，这就是试情。试情羊应选体格健壮、性欲旺盛、年龄2～5岁的公羊。为防止试情公羊偷配，最常用的办法是系试情布，即用20厘米×30厘米的白布1块，四角系带，捆拴在试情公羊腹下，使其只能爬跨不能交配。也可采取输精管结扎或阴茎移位。为了提高试情公羊的性欲，试情公羊每周采精1～2次，以保持旺盛的性欲。试情场地设有母羊圈、试情公羊圈和发情母羊圈。

试情方法：试情分早、晚2次，早晨6:30～8:30、下午16:00～18:00。将试情公羊赶入母羊群中。如果母羊喜欢接近公羊，站立不动，接受爬跨，表示已经发情，应拉出到待配种羊群(或羊舍)。有的处女羊对公羊有畏惧现象，公羊久追不放，这样也应作为发情羊拉出。为了试情彻底和正确，力求做到不错、不漏、不耽误时间，公、母羊比例可按1∶30～40配群。同时，试情时要求“一准二勤”。“一准”是眼睛看得准，“二勤”是腿勤和手勤。要将卧在地上或者拥挤在一起的母羊轰起，使试情公羊能和母羊接触，增加嗅的机会。在试情期间，应将有生殖器官炎症的母羊挑选出来，避免公羊产生错觉，影响试情工作。

## 第二节 种公羊的选择与饲养

### 一、种公羊的选择

种公羊的好坏关系到整个羊群后代的好坏(公羊好，好一群；母羊好，好一窝)。一头好的公羊应体格健壮，精干，雄性特征明显，性欲旺盛，精液品质优良。公羊不能养得太肥，也不能太瘦，这些因素都将影响其配种能力。

细毛羊种公羊的选择主要依据表型、系谱两个方面进行。

**(一)个体表型**

主要指鉴定种羊的羊毛纤维直径、剪毛量、净毛率、剪毛后体重等重要生产性能优秀的公羊。

### (二)系　谱

考察所选种羊父母代或同胞、半同胞及其后裔的生产性能，选出产毛量及品质良好的公羊留作种羊。

此外，公羊的体质、身体活力、抗病能力、病史、对发情母羊的反应能力等也是考察的重要方面，最后通过精液鉴定，确定配种种公羊。

由于地毯毛羊采取的是配种季节公、母羊混群放牧，自由交配，无法确定系谱关系，故选种时重点要看个体，必须按照种羊的品种特性、体型外貌、生长发育、生产性能等特征优中选优。留作种用的公羊除了应具备本品种的外貌特征外，从体质上还应具备体格高大、体质结实、精力充沛、食欲旺盛、有良好的雄性姿态、头颈结合良好、眼大有神、前胸宽、身腰长、肌肉发达、四肢端正、两侧睾丸发育匀称。选留一头种公羊，要经过多次鉴定，如初生、断奶、周岁及初配前等，才能最后确定。首先是初生重在同群羔羊中较高。与同类型羊相比，母系羊体格较好，羊毛较长，干死毛含量低于5%，藏羊和蒙古羊母羊和羔羊躯体被毛无杂色。

断奶时羔羊发育正常，周岁或剪毛前鉴定体格良好、躯体无杂色，重点观察腹部及阴囊部位毛色纯白，干死毛少，在同类型羊中羊毛较长，密度较高，符合这几项条件的即可作为后备种公羊。配种前对选留的后备初配公羊进行复选，再次对体格、毛色、羊毛品质、剪毛量进行测定，对达不到标准的进行淘汰。

同群使用的种公羊角形、体格要基本接近或相当，不然的话，在竞争中一部分公羊抢占配种机会，过度交配，影响抓膘和维持体质，而另一部分公羊得不到交配机会。每年配种前对种公羊进行布鲁氏菌病检测，检测阳性者进行去势淘汰。各项条件符合要求的种公羊按适龄母羊5%的比例配备羊群，每年都要补充适当比例的后备公羊。

## 二、种公羊的调教

公羊初次参加配种前,需要进行调教才能配种。公羊的初次调教从后备公羊第一次采精前1个月开始进行。指定专人饲养和管理,最好是采精人员调教训练或参与其中,调教人员着白大褂饲养,可消除采精时的陌生感,以免躲避。

在开始调教时,选发情盛期的母羊允许进行本交。经过几次调教以后,要人工采精,检查精液的品质,根据精液的品质调整饲料配方和饲喂标准。初次参加配种的公羊,有的对母羊不感兴趣,既不爬跨,也不接近。对这样的公羊,可采用以下方法调教:一是把公羊和若干只健康母羊合群同圈,几天以后,种公羊就开始接近并爬跨母羊。二是在别的种公羊配种或采精时,让缺乏性欲的公羊在旁"观摩"。三是每日按摩公羊睾丸,早、晚各1次,每次10~15分钟;或注射丙酸睾酮,隔日1次,每次1~2毫升,可注射3次;或用发情母羊阴道分泌物或尿液涂在种公羊鼻尖上,有助于提高公羊性欲。对调教好的种公羊应单独组群补饲管理,避免公、母混养,否则羊群采食不安,影响公羊性欲。放牧时距母羊群尽量远些,并尽可能防止公羊相互斗架。

## 三、配种前对公羊精液的检查

配种开始前1~1.5个月,对参加配种的公羊,应指定技术人员对其精液品质进行检查,目的有二:一是掌握公羊精液品质情况,如发现问题,可及早采取措施,以确保配种工作的顺利进行;二是排除公羊生殖器中长期积存下来的衰老、死亡和解体的精子,促进种公羊的性功能,产生新精子。因此,在配种开始以前,每只种公羊至少要采(排)精液15~20次,开始每天可采

(排)精液1次,在后期每隔1天采(排)精液1次,对每次采得的精液都应进行品质检查。

## 四、种公羊的营养

种公羊在配种期的饲养管理要求比较精细,必须保持良好的健康体况,即中上等膘情、不宜过肥、不要太瘦、体质健壮、精神活泼、精力充沛、性欲旺盛、对发情母羊反应能力好、配种能力强、精液品质好。因此,保证营养是重要的措施之一。

### (一)细毛羊种公羊的营养

**1. 细毛羊营养需求的特点** 维持细毛羊营养需求的营养物质包括能量、蛋白质、矿物质、维生素和水等。

(1)能量 是生命的基础。碳水化合物是细毛羊能量的主要来源。利用瘤胃微生物的发酵,细毛羊将碳水化合物转化为挥发性脂肪酸(VFA),提供羊的能量需求。

(2)蛋白质 离开了蛋白质,生命就无法维持。蛋白质是羊体组织生长和修复的重要原料。同时,羊体内的各种酶、内分泌物、色素和抗体等大多是氨基酸的衍生物。

(3)矿物质 维持正常的代谢活动,细毛羊需消耗一定的矿物质。日常饲养中必须保证一定量的矿物质。细毛羊最易缺乏的矿物质是钙、磷和食盐。此外,还应补充必要的矿物质微量元素。

(4)维生素 细毛羊在维持饲养时也要消耗一定的维生素,必须由饲料中补充,特别是维生素A和维生素D。在细毛羊的冬季日粮中搭配一些胡萝卜或青贮饲料,能保证羊的维生素需要。

(5)水 充足、卫生的水对细毛羊的重要性毋庸置疑。一般情况下,1天饮1次水即可满足需要。

细毛羊的饲料来源于植物饲料，包括各种牧草、作物秸秆、作物子实及各种农副产品。在反刍动物中最好不要添加动物源性饲料。

**2. 种公羊配种前期的营养** 在配种前1个月左右应加强种公羊的营养水平，补饲富含粗蛋白质、维生素、矿物质的精补料与干草。适合饲喂种公羊的饲料中，豆饼、苜蓿干草、豌豆、燕麦、大麦、高粱、麸皮等可提高精子活力、延长精子存活时间。青草、胡萝卜、南瓜、发芽饲料等多汁饲料富含维生素，对精子的生成有促进作用。另外，种公羊的日粮体积不宜过大，以免形成草腹影响配种。表5-2为配种前种公羊饲养标准。

表5-2 配种前种公羊饲养标准

| 体　重（千克） | 饲料单位（千克） | 可消化粗蛋白质（克） | 食　盐（克） | 钙（克） | 磷（克） | 胡萝卜素（毫克） |
|---|---|---|---|---|---|---|
| 70 | 1.3～1.6 | 115～145 | 10～15 | 7.0～8.0 | 4.0～4.5 | 14～21 |
| 80 | 1.4～1.7 | 125～155 | 10～15 | 7.5～8.5 | 4.3～5.0 | 16～24 |
| 90 | 1.5～1.8 | 135～165 | 10～15 | 8.0～9.0 | 5.0～5.5 | 18～27 |
| 100 | 1.6～1.9 | 145～175 | 10～15 | 9.0～9.5 | 5.3～5.8 | 20～30 |
| 110 | 1.7～2.0 | 155～185 | 10～15 | 9.5～10.5 | 5.5～6.0 | 22～33 |
| 120 | 1.8～2.1 | 165～195 | 10～15 | 10.0～11.0 | 5.7～6.2 | 24～36 |
| 130 | 1.9～2.2 | 170～205 | 10～15 | 10.5～11.5 | 5.9～6.4 | 26～40 |

### (二)地毯毛羊种公羊的饲养管理

种公羊应常年保持结实健壮的体质，达到中等以上的种用膘情，并具有旺盛的性欲和良好的配种能力，精液品质良好。要达到这样的目的，需保证饲料的多样性，夏季以采食青绿牧草为主，在饲养蒙古羊和和田羊时有条件的地区，尽可能延长青绿多汁饲料采食或喂养时间。种公羊通常按照配种期和非配种期区别饲养，但是地毯毛羊产区自然条件不同，所选择的繁殖季节也不一样。无论配种前还是配种期，夏季一般不补饲。相反，冬季不论配种与否都应当加强饲养管理。

**1. 夏、秋季节的饲养管理** 夏季是牧草生长的旺季，羊不仅能吃得饱，而且营养物质丰富，能满足种公羊恢复体质和增膘的需要，不论是配种前还是配种期都不需要补饲。实际上多数夏季草场比较偏远，交通不便，公、母羊混群放牧，补饲也有困难。

**2. 冬、春季节的饲养管理** 种公羊冬季的饲养管理要注意保持较高的营养水平，以助于体况恢复和越冬安全。青藏高原、内蒙古、新疆这些地毯毛羊主要产区冬季气候都比较干燥、寒冷，牧草枯草期长，到了春末时节更是青黄不接，羊在这个时候常常处于半饥饿状态下生存。因此，要准备较充足的青贮饲料或青干草，不论是配种前还是在非配种期，种公羊在冬季不能单靠放牧饲养，应当补饲适量的青干草。冬配春产的地区，配种开始前1个月采取“半圈半牧”的饲养方法。配种开始前半月增加补饲量和营养水平，饲料可根据各地资源条件适当搭配，要注重提高饲料的蛋白质和维生素，以及钙、磷的平衡供应，使配种公羊有一个良好的体况。有条件的牧场，种公羊应当补饲一定量的种公羊专用混合精料。不具备补饲条件的地方，可投放营养舔砖或矿物质舔砖，起到平衡营养的作用。

**3. 种公羊补饲** 精补料参考配方如下。

配方一：玉米33%，豆粕23%，麸皮40%，骨粉2.5%，食盐1%，微量元素、维生素A、维生素D、维生素E粉等0.5%，配种期间精补料每日0.5～1千克。

配方二：玉米35%，麸皮31.5%，豌豆(炒)30%，食盐1%，碳酸氢钙1%，石粉0.5%，种公羊预混料(含微量元素、维生素

A、维生素D、维生素E粉等)1%,配种期间精补料每日0.5～1千克。

### (三)半细毛羊种公羊的营养

种公羊应常年维持中上等膘情,四肢健壮,体质结实,精力充沛,性欲旺盛,精液品质良好。所喂的草料应力求多样搭配,营养全价,容易消化,适口性好。理想的粗饲料有优质苜蓿草、三叶草等,精料有燕麦、青稞、豌豆、玉米、豆饼、麦麸等,多汁饲料有胡萝卜、块根、玉米青贮等。

**1. 配种前** 种公羊在配种前1～1.5个月开始喂配种期日粮;种公羊必须单群饲养,单独放牧和补饲,补饲混合精料按配种期的60%～70%给予,渐增至配种期水平。

**2. 配种期** 一般在配种旺季种公羊每只每天1～1.5千克精补料,参考配方为玉米35%、豆饼20%、青稞15%、小麦20%、麸皮9%、骨粉0.5%、食盐0.5%。采精次数多时每日加鸡蛋2个或牛奶1千克,青草、干草自由采食,冬季补饲胡萝卜。

**3. 配种后期** 1～1.5个月应在保证公羊良好的种用体况的前提下,逐步减少精补料的饲喂量,防止种公羊过度肥胖。

### (四)种公羊的运动

足量的运动对提高公羊性欲和精子活力都有好处。种公羊的运动应强制进行,且保持一定强度和时间,但不宜过猛,不要猛然从卧息状态进入快速运动状态,应先匀速行走,后快走再快速奔跑。每天运动时间2小时左右,快速奔跑时间每次20分钟左右。最好每日给种公羊梳刷1次,以利清洁和促进血液循环。当夏季气温超过32℃时,应在中午用凉毛巾敷睾丸并按摩,以提高性欲和防止热伤害。

## 第三节　配种站的建设

### 一、配种站站址选择

配种站应选择在母羊密度大、水草条件好、交通方便、无寄生虫和传染病、地势平坦、水源较好，背风向阳而排水良好的地方建立。

### 二、配种用房的准备

主要工作用房有采精室兼配种室、精液检查室、精液处理输精室、待配母羊圈、已配母羊圈、种公羊圈、试情公羊圈、试情圈。在有条件的羊场、乡、村或专业户，还应考虑修建工作人员住房及库房等建筑。采精室(8～12 米$^2$)、精液处理室(8～12 米$^2$)和输精室(20 米$^2$)要求光线充足，地面坚实(如粗水泥地、砖地或木板地)，以便清洁和减少尘土飞扬，空气要新鲜，并且互相连接，以利于工作，室温要求保持在 18℃～25℃。室内严禁有异味(化肥、农药、消毒药、煤烟、葱蒜及吸烟味等)。

### 三、工作人员的准备

根据配种任务的轻重来确定工作人员的数量，一般应有站长 1 名，输精员、记录员及其他工作人员 3 人以上。

### 四、器材的准备

检查主要器材是否已全部备齐，主要器材见表 5-3。

**表 5-3　配种站主要器材和用品**

| 项　目 | 数　量 | 项　目 | 数　量 |
|---|---|---|---|
| 常用的设备器械 | | | |
| 200～600 倍显微镜 | 1台 | 输配架 | 1个 |
| 羊输精器械 | 5套 | 药　棉 | 1包 |
| 集精杯 | 10个 | 脱脂纱布 | 1包 |
| 假阴道外壳 | 5个 | 95%酒精 | 2瓶 |
| 假阴道内胎 | 15个 | 等渗盐水(生理) | 1箱 |
| 输精量调节器 | 6个 | 氯化钠 | 500克 |
| 金属开膣器 | 6个 | 碳酸氢钠 | 500克 |
| 0℃～100℃水温计 | 2支 | 凡士林(白) | 1瓶 |
| 镊子(20厘米,30厘米) | 4把 | 液状石蜡 | 1包 |
| 医用剪刀 | 2把 | 培养皿(Φ10厘米) | 10个 |
| 架盘天平 | 1台 | 温水瓶 | 2个 |
| 毛　刷 | 4把 | 白棉毛巾 | 10条 |
| 药　匙 | 2把 | 记号笔 | 5支 |
| 玻璃棒 | 2根 | 塑料面盆 | 4个 |
| 酒精灯 | 2个 | 记录本 | 1个 |
| 医用方盘(不锈钢或搪瓷盘) | 2个 | 高压灭细菌锅 | 1个 |
| 洗衣粉 | 3包 | 烧杯(500毫升) | 2个 |
| 器械箱 | 2个 | 吸管(1毫升) | 10个 |
| 电炉或火炉 | 2个 | 漏斗架 | 2个 |
| 试情布 | 10条 | 滤　纸 | 5盒 |

续表 5-3

| 项 目 | 数 量 | 项 目 | 数 量 |
|---|---|---|---|
| 常用的设备器械 | | | |
| 碘 酊 | 6瓶 | 广口瓶(500毫升) | 5个 |
| 实验服 | 10套 | 手电筒(配电池) | 2个 |
| 药 柜 | 1个 | 剪毛剪 | 2把 |
| 盖玻片 | 1盒 | 载玻片 | 1盒 |
| 擦镜纸 | 1本 | 条形桌、椅 | 2套 |
| 量筒(100毫升) | 2个 | 玻璃瓶(500毫升) | 10个 |
| 电冰箱 | 1台 | 水浴锅 | 1个 |
| 可选配的设备、器械 | | | |
| 自动精液细管灌封喷墨打印一体机 | 1台 | 动物精子密度测定仪 | 1台 |
| 程序细管精液冷冻仪 | 1台 | 便携式兽用B超 | 1台 |
| 精液细管 | 10000支 | 全自动喷雾消毒机 | 1套 |
| 无菌操作台 | 1台 | －80℃超低温冰箱 | 1台 |

## 五、器械消毒

配种站所需用的各种器材、药品、物资等，在配种季节开始前要准备齐全。对新购入的或以前用过的各种器材，在使用前均需仔细检查，如有破损，及时维修或更换。易损的玻璃器材、橡胶制品等要有足够的储备，常用消毒药品和治疗药物要经常检查，如有变质、变色、漏气、过期、失效等药品要及时销毁，以免误用造成不必要的损失。

凡采精、输精及接触精液的器械，都必须经过严格的消毒，消毒后，置放在密封的柜中。在消毒以前，应将器械洗净擦干，然后按器械的性质、种类分别包装。消毒时，除不易放入或不能放入高压蒸汽消毒锅（或蒸笼）的金属器械、玻璃输精器及胶质的内胎以外，一般都应尽量采用蒸汽消毒，其他采用酒精或火焰消毒。蒸汽消毒时，器材应按使用的先后顺序放入消毒锅，以免使用时在锅内乱寻找，耽误时间。凡士林、生理盐水棉球用前均需消毒好。消毒好的器材、药液要防止污染并注意保温。

输精器用 2%碳酸氢钠溶液洗涤，用蒸馏水冲洗数次，置于瓷盘内，用纱布盖好。假阴道内胎用肥皂洗涤，再用清水冲洗，吊在室内自然干燥，急用时可用清洁毛巾擦干。洗涤假阴道要注意勿使凡士林及污垢存留在阴道内层橡皮褶内。假阴道用 65%酒精消毒。集精杯用 65%酒精或蒸汽消毒，再用 1%氯化钠溶液冲洗 3～5 次。如连用，先用 2%碳酸氢钠溶液洗涤，再用开水洗，最后用 1%氯化钠溶液冲洗 3～5 次。金属开膣器、镊子等，用酒精或火焰消毒。玻璃器皿、胶质用品用 65%酒精消毒。毛巾、纱布、盖布等，洗净后用蒸汽消毒。擦拭母羊外阴部用布、试情布，用肥皂水洗净，用 2%来苏儿消毒，再用清水洗净晒干备用；氯化钠溶液、凡士林每日煮蒸消毒 1 次，水沸 30 分钟。

工作人员要穿工作服，剪短指甲，洗手后用 70%酒精棉球消毒双手，之后方可开始操作。

如需开展冷冻精液转精，需配备好液氮罐。

## 六、药物配制

配制 65%酒精：用 96%无水酒精 68 毫升，加入蒸馏水或过滤的凉开水 32 毫升。

配制 1%氯化钠溶液：于 100 毫升蒸馏水内，加入化学纯净氯化钠 1 克，待充分溶解后，用滤纸过滤 2 遍，现用现配，或直接购买医用生理盐水。

配制碳酸氢钠溶液：可用 2 克碳酸氢钠溶解在 100 毫升的温开水中。

配制酒精棉球：用脱脂棉做直径 1.5～2 厘米大小圆球，用 65％酒精浸渍，放于搪瓷杯或广口瓶中备用。

## 七、精液稀释液的配制

**1. 生理盐水稀释液**　用经过灭菌消毒的 0.9％氯化钠溶液作稀释液，此种稀释液简单易行，稀释后要马上输精。但用此种稀释液时，稀释倍数不宜过高，保存时间不能太长。

**2. 乳汁稀释液**　取新鲜牛奶（或羊奶），用数层消毒的纱布过滤，用烧杯在电炉上煮沸，降温，除去奶皮。如此反复 3 次，冷却。或者过滤后的乳汁，经蒸汽灭菌 10～20 分钟，冷却除去奶皮，每 100 毫升加青霉素 10 万单位，链霉素 10 万单位。

**3. 葡萄糖-卵黄稀释液**　于 100 毫升蒸馏水中加葡萄糖 3 克，柠檬酸钠 1.4 克，溶解后过滤，蒸汽灭菌，冷却至室温，加新鲜鸡蛋的卵黄 20 毫升、青霉素 10 万单位、链霉素 10 万单位，充分混匀。

**4. 混合液**　葡萄糖 0.97 克，柠檬酸钠 1.6 克，磷酸氢钠 1.5 克，氨苯磺胺 0.3 克，溶于 100 毫升蒸馏水中，煮沸消毒，冷却至室温后，加入青霉素 10 万单位、链霉素 10 万单位、新鲜卵黄 20 毫升，摇匀。

# 第四节　人工授精

## 一、配种器械洗涤和消毒

### (一)洗涤液、消毒液、消毒器

3%苏打液;0.9%氯化钠液;蒸馏水;75%酒精;0.1%高锰酸钾液;2%来苏儿液;手提式高压蒸汽消毒锅。

### (二)器械消毒

①假阴道外壳、内胎依次用苏打液、温开水、氯化钠液冲洗,再用干净纱布擦净后,用酒精棉球消毒。

②开膣器、镊子、输精器和各种玻璃器械依次用苏打液、温开水洗净,再用高压蒸汽锅消毒半个小时,取出放在瓷盘内,用纱布盖好。输精时开膣器在0.9%氯化钠液浸湿后再用。开膣器和输精器每输1只母羊,用脱脂棉擦净,开膣器还要在高锰酸钾液内浸泡3分钟,再依次用温开水、氯化钠液冲洗。输精器内的精液用完后,输精器内外依次用0.9%氯化钠液、酒精冲洗消毒,下次用前再用0.9%氯化钠液冲洗5遍。

③盖玻片、载玻片用温开水、氯化钠液冲洗后,用干净纱布包好,高压蒸汽灭菌消毒备用。

## 二、假阴道安装

### (一)假阴道的安装和消毒

①首先检查所用的内胎有无损坏和沙眼,若完整无损时最好

先放入开水中浸泡3～5分钟。新内胎或长期未用的内胎，必须用热肥皂水刷洗干净，擦干，然后进行安装。②安装时先将内胎装入外壳，并使其光面朝内，而且要求两头等长，然后将内胎一端翻套在外壳上，依同法套好另一端，此时注意勿使内胎有扭转情况，并使松紧适度，然后在两端分别套上橡皮圈固定之。③消毒时用长柄镊子夹上65%酒精棉球消毒内胎，从内向外旋转，勿留空间，要求彻底，等酒精挥发后，用生理盐水棉球多次擦拭，冲洗。④集精杯（瓶）采用高压蒸汽消毒，也可用65%酒精棉球消毒，最后用生理盐水棉球多次擦之，然后安装在假阴道的一端。

### （二）灌注温水

左手握住假阴道的中部，右手用量杯或吸水球将温水从灌水孔灌入，水温50℃～55℃，以采精时假阴道温度达40℃～42℃为目的。水量为外壳与内胎间容量的1/3～1/2，实践中常以竖立假阴道，水达灌水孔即可。最后装上带活塞的气嘴，并将活塞关好。

### （三）涂抹滑剂

用消毒玻璃棒（或温度计）取少许凡士林，由外向内涂抹均匀一薄层，为其涂抹深度以假阴道长度的1/2为宜。

### （四）检温、吹气加压

从气嘴吹气，用消毒的温度计插入假阴道内检查温度，以采精时达40℃～42℃为宜，若过低过高可用热水或冷水调节。当温度适宜时吹气加压，使涂凡士林一端的内胎壁遇合，口部呈三角形为宜。最后用纱布盖好入口，准备采精。

## 三、采　精

①采精用的台羊应是发情旺盛的健康母羊。

②采精前用干净毛巾或纱布把公羊包皮擦净。

③采精时采精人员蹲在母羊右后方，右手横握假阴道，食指顶住集精杯，活塞向下，使假阴道前低后高，并与地面呈 35°～40°角紧靠母羊臀部。当公羊爬跨伸出阴茎时，左手轻托公羊包皮，将阴茎导入假阴道内，公羊猛力前冲并弓腰后，则完成射精。当公羊从母羊身上滑下时，顺势将假阴道向下向后移动取下，并立即倒转竖立，使集精瓶一端在下。打开活塞放气，取下集精瓶送检备用。采精时，避免手指或外壳碰着阴茎，也不能把假阴道硬往阴茎上套。同时，假阴道内的温度、压力和润滑度都要掌握好。采精人员一定要手快，动作要轻，否则采精困难。

④种公羊采精次数，预备期每周 1～2 次，配种期每天上、下午可采精 2～4 次。也可连续 2 次采精，连续采精间隔时间 5～10 分钟。公羊使用 1 周后要休息 1 天，以免影响受胎率。

## 四、精液检查

精液检查的目的是确定精液是否可用于输精配种。

精液检查的内容主要有：射精量、精液颜色、精液气味、精液密度、精液活力及精子畸形率，并要做好每次的采精记录，随时观察精液品质变化，及时调整公羊的营养水平和采精频率。

### (一)射精量及颜色、气味检查

正常精液的颜色为乳白色，无特殊气味，肉眼能看到云雾状。射精量为 0.8～1.8 毫升，一般为 1 毫升。每毫升有精子 10 亿～40 亿个，平均 30 亿个。

用于配种的精液品质应符合以下标准，不具备其中一项者不得使用：新鲜精液色泽呈乳白色，直线运动的精子鲜精为 0.6 以上，冻精为 0.3 以上，精子密度每毫升 15 亿个以上，精子畸形率为

15%以下。

**(二)精子活力检查**

取1滴待检查精液稀释后，置于载玻片上，上覆盖玻片，在显微镜下观察。根据精子直线前进运动的状况进行评分。

①评定精子活力的显微镜放大倍数为150～600倍。

②评定精子活力的显微镜载物台温度为37℃～38℃。

③精子活力的评定，即精液中呈直线运动的精子所占的百分率。评定方法如下(表5-4)。

**表5-4　精子活力评分表**

| 直线运动精子(%) | 100 | 90 | 80 | 70 | 60 | 50 | 40 | 30 | 20 | 10 |
|---|---|---|---|---|---|---|---|---|---|---|
| 评　分 | 1.0 | 0.9 | 0.8 | 0.7 | 0.6 | 0.5 | 0.4 | 0.3 | 0.2 | 0.1 |

每个样品应观察至少3个视野，注意观察不同液层的精子运动。

**(三)精子密度检查**

(1)检查用具，以血细胞计数器为准，用其他方法检查都要用血细胞计数器校正，此种方法可以直接计算出每毫升精液中的精子数量。

(2)也可取1滴未经稀释的精液滴于载玻片上，再放上盖玻片，在显微镜下直接观察，将精子密度分为“密”、“中”、“稀”、“无”四级。“密”即精子之间几乎无间隙，精子含量每毫升30亿个以上；“中”即精子间隙相当1个精子长度，每毫升含精子25亿个；“稀”即精子间隙超过1个精子长度，每毫升含精子15亿个；“无”即无精子。

### (四)精子畸形率检查

取新鲜和解冻后的精液样品,放在载玻片上,按常规方法制成抹片,待抹片风干后,在显微镜下观察精子个数。每个样品观察精子数500个,计算畸形精子百分率。

## 五、精液稀释

精液稀释的目的是增加精液量,扩大输精母羊数,延长精子存活时间。在生产中经常根据每头母羊的发情数量、公羊的采精量和精液品质等因素,对新鲜精液进行稀释。通常是用显微镜检查,评为“密”的精液才能稀释,稀释后的精液每次输精量(0.1毫升)应保证有效精子数在7 500万个以上。

**1. 0.9%氯化钠溶液(生理盐水)稀释** 根据新鲜精液的密度、活力和需要配种的数量,确定稀释的倍数,一般不超过1∶2的比例。稀释时用等温度的生理盐水缓慢加入精液中,待充分稀释后再用于输精。这种稀释方法多用于新鲜精液现场输精,不宜保存。

**2. 鲜奶稀释液或2.9%柠檬酸钠液稀释** 将配制好的稀释液放在38℃～40℃的水浴锅内预热,然后根据新鲜精液的密度、活力和需要配种的数量,确定稀释倍数,将稀释液缓慢加入精液中,精液稀释倍数1∶1或1∶2,此稀释后的精液可以在常温下适当延长保存时间,在冰箱冷藏室内可保存几个小时。

## 六、输　精

准备好输精器、开膣器、脸盆、清水、毛巾、生理盐水(稀释精液和冲洗输精器的生理盐水温度为38℃,浸蘸开膣器的生理盐水室温即可)、脱脂棉或普通卫生纸和配种记录。

将发情母羊保定后,用毛巾蘸水将阴部及周边的粪污擦洗干净，然后用脱脂棉或普通卫生纸将阴部擦拭干净。

用开膣器打开发情母羊阴道，找到子宫颈口，输精器插入子宫颈口0.5～1厘米，输精量0.05～0.1毫升；初配母羊子宫颈口不好找，可采取阴道深部输精，加大输精量。输精时若发现阴道内液体较多，可将液体排出后再输精。

输精完毕，用脱脂棉或普通卫生纸把输精器和开膣器擦拭干净。换精液时，输精器要用生理盐水冲洗2～3遍。

发情母羊每天配种2次，早晨、下午各1次。早晨配种时间要早，下午配种时间要晚，2次配种间隔不能太短。

## 第五节　精液冷冻

精液冷冻的目的在于精液的长期保持、精液远距离运输和扩大精液的使用范围。

### 一、采　精

#### (一)种公羊质量标准

用于制作冻精的公羊，其体型外貌和生产性能均应符合该品种的种用标准；种公羊必须体质健壮，性欲旺盛，不得有布鲁氏菌病等传染性疾病；用假阴道(以稀释液代替凡士林)严格按照常规人工授精操作规程采精；采精频度，种公羊连续采精2天休息1天，每天2次。

#### (二)种公羊新鲜精液的标准

种公羊的新鲜精液，应符合下列标准，其中任何一项达不到标准，不得用于制作冻精。新鲜精液的色泽呈乳白色稍带黄色；呈直线运动精子(下限)60%;精子密度(下限)20亿个/毫升;精子畸形率(上限)15%;还要对种公羊的精液进行耐冻性试验,耐冻性不低于群体平均水平的精液,均可用于制作冷冻精液。

## 二、精液稀释

### (一)稀释保护液的配制

配制冻精用的稀释保护剂,必须使用二级以上的化学试剂、新鲜卵黄和双蒸水;所用器具必须清洁、干燥和无菌。

配方1:

第一液:10克乳糖加双蒸水80毫升、新鲜脱脂牛奶(新鲜牛奶煮沸后,用离心法取得)20毫升;取该溶液80毫升,加卵黄20毫升、青霉素10万单位、链霉素10万单位。

第二液:取第一液45毫升,加葡萄糖3克、甘油5毫升、柠檬酸三钠0.5克。所用的稀释液(卵黄除外)需过滤并在水浴锅中煮沸消毒(甘油单独水浴加热消毒),待冷却至30℃左右再加卵黄和抗生素等。

配方2:

基础液:葡萄糖3克,柠檬酸钠3克,加双蒸水(也可用无菌去离子水代替,下同)100毫升。

Ⅰ液:基础液80毫升,加鲜卵黄20毫升,青霉素、链霉素各10万单位。

Ⅱ液:Ⅰ液22毫升,加甘油3毫升。

配方3:

基础液:乳糖5.5克,葡萄糖3克,柠檬酸钠1.5克,双蒸水100毫升。

Ⅰ液:基础液80毫升,加鲜卵黄20毫升,青霉素10万单位,链霉素 10 万单位。

Ⅱ液：Ⅰ液 22 毫升，加甘油 3 毫升。

配方 4：基础液和Ⅰ液同配方 2，在Ⅱ液中用等量乙二醇来代替甘油。

配方 5：基础液、Ⅰ液同配方 3，在Ⅱ液中用等量乙二醇代替甘油。

配方 6(一次稀释法)：Tris 4.361 克，葡萄糖 0.06 克，柠檬酸 2.388 克，乙二醇 30.00 毫升，水 380.00 毫升，调整 pH 值至 6.9，每 10 毫升稀释液中加入 2.2 毫升卵黄，加热至 56℃ 30 分钟。过滤并分装冷藏。

**(二)精液稀释**

精液的稀释多采用二次稀释法，将稀释液分为Ⅰ液、Ⅱ液，先以不含甘油的第一液将精液稀释至最终稀释浓度的一半，然后裹 8 层纱布，置于 3℃～4℃冰箱或广口保温冰瓶内预冷 1～2 小时进行降温平衡，然后再用与第一液等量的第二液稀释。稀释时一律等温稀释，将稀释液逐渐加入精液中，而不能把精液加入到稀释液中。最终稀释比例(精液/稀释液)为 1∶1 或 1∶2。

精液采出后应尽快稀释，如采精时间较长时，需对先采得的精液进行预稀释(先以少量第一液稀释)。每次稀释都应在等温(稀释液与精液)下完成。

## 三、降温平衡

降温平衡在低温操作柜中进行，平衡是将精液逐渐降温，最终保持在 0℃～5℃，此时精子处于休眠或半休眠状态，代谢活动接近停止，并处于高渗环境中，稀释液将精子调整到适于冷冻的状态。平衡时间大致为：从常温下降至 0℃～5℃时限最低为 40 分钟，应在1.5～2小时以不影响精子活力为宜，添加Ⅱ液后，在0℃～5℃条件下保持1小时以上，但最长不能超过6小时，否则对冻后活力有影响。一次性稀释，是将精液在1～2小时降温至0℃～5℃，并保持此温度1小时。不管采用哪种办法稀释，在平衡过程中，温度不得回升，尤其在冷冻前，温度必须控制在0℃～5℃。

## 四、精液冷冻

精液冷冻按照冷冻源和冷冻设备的不同，其冷冻的方法有所差异，按产品形态也有颗粒冷冻、细管冷冻和安瓿冷冻精液之分。

### （一）简易冷冻方法制作精液

用泡沫塑料制成一个圆形凹槽，其内径为25～30厘米，将一个与其口径一致的铝锅放入凹槽内，锅口与凹槽口平齐。用纱布和碎泡沫堵塞锅与凹槽之间的缝隙。将铝锅盖压入20～40目的铜纱网，纱网放置于直径略小于铝锅直径但能上下自由浮动的泡沫垫圈上，使之漂浮在液氮中并使网面距离液氮面2.0～3.0厘米。接通超低温度仪，使之能清晰地显示温度的变化，处于正常工作状态，感温触头距网面2～3毫米或与网面齐平。将铜纱网的温度调整到－90℃～－110℃的温区内，就可以制作冷冻精液了。

**1. 颗粒冻精的制作** 将平衡后的精液，用1毫升或2毫升注射器吸取精液，按每粒0.1毫升剂量缓滴于定温的铜纱网上，滴冻的高度为0.5～1.0厘米，每分钟滴冻25～35粒，每粒相距0.5～1.0厘米。铜纱网的边缘留有大约1厘米的空间不滴冻。待最后1粒冻精变成黄白色，再停留2～3厘米后浸入液氮，用小勺收取颗粒，装入预冷过的布袋或提漏中保存。下一批冷冻前，须用干纱布将铜网面擦拭干净，以防冻精颗粒粘网，不易收取。

**2. 细管冻精的制作** 将吸管插接在细管有封口粉的一端，吸取平衡后的精液，至管内剩 0.5 厘米的空隙时用聚乙烯粉封口。20～30 支细管平放于处于限定温区的铜纱网上，待细管变成黄白色时，再熏蒸 2～5 分钟，收存于用液氮预冷过的纱布袋内，迅速浸入液氮中保存。制作细管冻精也可用细管灌装机装管，用喷码机写标记，密集浸入式精液程控冷冻仪或 LNG 简易急速冻结器进行冷冻。

**3. 安瓿冻精的制作**　以 1 毫升/瓿的剂量装入已预冷的安瓿内，火焰封口，再将 15～20 支安瓿平放在限温的铜纱网上，7 分钟后浸入液氮中保存。

不管制作哪种剂型的冷冻精液，凡是接触精液的吸管、细管、安瓿、注射器都应保持在 0℃～5℃的温区内。另外，网面的温度可通过扇动空气，调整网距液氮面的高度，吹气等方法来调整。

### (二)干冰法制作冷冻精液

用特制扎孔器，在预先摊平、压实的干冰上戳成排列整齐而光滑的圆孔(直径 0.4 厘米、深 2～2.5 厘米)，用滴管吸取稀释好的精液，按 0.1 毫升滴冻，经 4～5 分钟后即可收取，存放于液氮罐中。

### (三)用程序冷冻仪制作冷冻精液

先将冷冻仪的温度设置在－95℃±5℃的范围内，开启冷冻仪使其转动并达到此温区，再将摆放细管冻精的细管架放置于温度缓冲箱内，防止因移送冻精的过程中精液温度回升(温度缓冲箱在使用前应打开并与精液同时降温)，温度缓冲箱实际上就是一个可以密封的金属箱体，一般用薄铁皮制成，这样体积较小，重量较轻，便于操作。温度缓冲箱的内壁长度应长于细管架 5 厘米，高度为 20～25 厘米，宽度长于细管架 5 厘米，能够一次性码放 4 个细管架，箱盖与箱体合上后封闭性较好，利于保温，取用细管冻精和往冷冻仪放置时比较方便灵活即可。

由于从低温柜将冻精移放到冷冻仪的过程中，要经过一个室温的空间，没有温度缓冲箱，细管冻精会明显升温，精子往往从休眠状态转化到活跃状态，会严重影响冷冻效果甚至失败。温度缓冲箱可以解决这一问题，将温度缓冲箱放置于冷冻仪后，应迅速取出精液，并迅速取出温度缓冲箱，防止缓冲箱温度下降放出热量使冷冻温度发生明显升高。冷冻 3～8 分钟后，即可进行镜检。

无论采用何种冷冻方法，均应始终防止在冷冻过程中精液温度回升。操作人员必须身穿白色工作服，戴好白帽和口罩，严格进行无菌操作。每做完一批，须先将冻精浸泡在液氮中，然后计数，取样检查和进行包装。

## 五、包　装

冷冻精液可用各种灭菌布袋(纱布、涤纶或彩绸布)，或用无毒塑料瓶(盒)等包装，每批 100 粒装为宜。细管精液每 25 支装在 1 个拇指管中，每 8 个拇指管的冻精装于 1 个冻精袋中，在冻精袋的标签上要标明羊号、数量、活力等情况。如果每袋的细管冻精超过 8 个拇指管的数量，在转移至 10～15 升液氮罐等其他小口液氮罐时，会被卡在罐口处，放入和提取困难。

## 六、标　记

每批冻精均应分别包装并做好标记，注明品种、耳号、数量和冷冻日期(年、月、日及批号)。

细管精液在冻前灌装时，在冻精细管上通过连接电子计算机的打印机对精液打印标识，内容包括品种、羊号、制作日期等。

## 七、贮　存

保存冻精的容器是液氮生物容器——液氮罐，细管冻精必须浸没在液氮中进行保存，并要根据容器中液氮的消耗情况定期添加液氮。对液氮生物容器进行科学的使用和保养，是细管冻精保存的重要内容，应做好如下几方面的工作。

### (一)使用前检查

液氮罐在充填液氮之前，首先要检查外壳有无凹陷，真空排气口是否完好。若被碰坏，真空度则会降低，严重时进气不能保温，这样罐上部会结霜，液氮损耗大，失去继续使用的价值。其次，检查罐的内部，若有异物，必须取出，以防内胆被腐蚀。

### (二)液氮充填

填充液氮时要小心谨慎。对于新罐或处于干燥状态的罐一定要缓慢填充并进行预冷，以防降温太快而损坏内胆，减少使用年限。充填液氮时不要将液氮倒在真空排气口上，以免造成真空度下降。盖塞是用绝热材料制造的，既能防止液氮蒸发，又能起到固定提筒的作用，所以开关时要尽量减少磨损，以延长使用寿命，在取存冻精毕，应及时盖上罐塞，防止热气流或异物侵入罐内。

### (三)使用时检查

使用过程中要经常检查。可以用肉眼观测也可以用手触摸外壳，若发现外表挂霜，应停止使用；特别是颈管内壁附霜结冰时不宜用小刀去刮，以防颈管内壁受到破坏，造成真空不良，而是应将液氮取出，让其自然融化。

### （四）液氮罐放置

液氮罐要存放在通风良好的阴凉处，不要在太阳光下直晒。由于其制造精密及其固有特性，无论在使用或存放时，液氮罐均不准倾斜、横放、倒置、堆压、相互撞击或与其他物件碰撞，要做到轻拿轻放并始终保持直立。贮存冻精种类较多时，应有冻精分类存放位置的详细图表，分别注册或贴在墙上，严防冻精混乱。

### （五）液氮罐清洗

首先把液氮罐内的提筒取出，液氮移出，放置 2～3 天，待罐内温度上升到 0℃左右，再倒入 30℃左右的温水，用布擦洗。若发现个别融化物质粘在内胆底上，一定要细心洗刷干净。然后再用清水冲洗数次，之后倒置液氮罐，放在室内安全不易翻倒处，自然风干，或用鼓风机风干。注意在整个刷洗过程中，动作要轻慢，倒入水的温度不可超过 40℃，总重不要超过 2 千克为宜。

### （六）液氮罐运输

液氮罐在运输过程中必须装在木架内垫好软垫，并固定好。罐与罐之间要用填充物隔开，防止颠簸撞击，严防倾倒。装卸车时要严防液氮罐碰击，更不能在地上随意拖拉，以免减少液氮罐的使用寿命。

## 八、运　输

移动贮精罐时禁止在地面拖行。应提握手柄，抬起罐体后再移动，同时要小心轻放。

贮精罐或保温瓶均不可横放、倒置或叠放，装运时应外加纸盒或木箱，并牢固地系在车上，严防冲击和倾倒。

运输冻精时，应由专人负责，办好交接手续，途中注意及时检查冷源状况。

## 九、冻精取用

细管冻精在空气中停留的时间不超过 5 秒。冻精在从液氮中转入其他液氮罐中或解冻时，操作动作一定要迅速快捷。细管冻精从液氮中取出后，在空气中停留的时间不要超过 5 秒。取存冻精时，切勿将提斗或包装袋提出贮精容器外，只许提到罐的颈部，且停留时间不得超过 10～15 秒。

取用冻精要在液氮管口下操作。正确的操作方法是：将冻精袋提至液氮口下 5～10 厘米，先用长镊子将冻精袋解开口，再将冻精袋下沉至液氮中降温，再提至原来的位置，迅速用镊子尖端夹住一管冻精，快速放到解冻用的温水中解冻，用来转移冻精。成袋转移前，操作者一手抓住冻精袋绳，一手用镊子夹住冻精袋，迅速放入另一个有液氮的生物容器中；如果转移的冻精少于 1 袋冻精，则先将液氮倒入保温筒中，将成袋冻精按上法取出放入保温筒内，再进行分装冻精，分装冻精应在液氮中进行，浸氮平面始终要浸过冻精袋。

同一袋冻精数量较多时，不能多次提取。在每次提取冻精时，由于温度的升高，冻精的质量会有一些不明显的变化，如解冻后活力每提出一次后下降 1%，这种下降肉眼很难察觉出来，1 袋冻精往往有 100～200 支，当冻精袋提取 100 次以后，精液解冻后活力就有可能下降 10%，原来 30%活力的冻精降至 20%，成为不合格品。防止这种情况出现的办法是操作者要规范操作，同时，在转移冻精时每袋冻精不要装得过多，一般每袋 50 支比较合适。当冻精袋内的冻精数量较多时，在使用前先进行分装，逐袋使用。

## 十、精液解冻

### （一）细管冻精的解冻

从液氮中取出细管冻精，迅速投入 38℃～40℃ 的温水中，刚变成透明即取出，擦去水分，细管冻精的温度不要超过配种时环境温度和室温，或二者的温度相接近。

常温解冻又分两种情况：

一是能准确掌握细管冻精的解冻温度和解冻火候，这时环境温度只要高于 0℃ 即可。在环境温度很低的时候，要避免用手直接接触精液，防止细管精液温度回升。

二是细管冻精在 38℃～40℃ 温水中解冻，但由于没有控制好解冻火候，使细管冻精解冻后的温度上升至 20℃～40℃，这时就要求环境温度要达到 18℃以上，才能保证细管冻精解冻后的质量在此环境下不会明显降低。

以上的解冻方法效果比较可靠，容易掌握。其技术要领是：细管冻精浸没在 38℃～40℃ 的温水中，当细管刚变成透明时取出。细管冻精浸没在 38℃～40℃ 的温水中，其温度变化呈现出由低到高的规律性，当细管冻精由冻结状态转变为融化状态时，外观上相对应地由不透明转变为透明，这个时间需要 8～10 秒（与一次解冻细管冻精的数量及细管冻精在水中的摆动频率有关）。随着细管冻精在水中放置时间的延长，冻精的温度继续上升，当浸没在水中 20～30 秒时，就可达到水的温度即 38℃～40℃，此后如果细管冻精继续浸泡在水中，则精液的温度与水温相同。细管冻精解冻后浸没在 38℃～40℃ 温水中的时间对其存活时间及对环境的适应能力有关。这种方法便于在我国广大农村简陋的条件下搞好冻精配种工作，减少了用于控制环境温度方面的生产成本。

### (二)颗粒冻精的解冻方法

**1. 干解法** 用干净的试管取颗粒冻精 3～4 粒,在 43℃温水中摇动,至颗粒溶化至仅剩原体积的 1/4～1/3 时迅速取出,借手温至全溶。

**2. 湿解法** 用干净的试管取 2.9%柠檬酸钠溶液 1 毫升,水浴恒温到 40℃,从液氮中取出颗粒冻精 3～4 粒,迅速放入试管中至全溶。从以上的解冻方法中不难看出,上述各种方法并不能适应大批量配种时冻精的解冻。在大批量配种时,可采用以下方法来解冻。

**3. 安瓿解冻方法** 用恒温水浴锅(容量大些为好)将水温加热至 40℃,然后将 5～10 支安瓿,投放于温水中,至精液全溶,再放入 37℃温水中保存待用。

## 十一、输　精

输精时要做到适时、深部、慢插、轻推。输精量一次为 0.1 毫升,精子活力 0.3 以上。当日检出的发情母羊早、晚各输精 1 次,持续发情者第二天早晨再补输 1 次。评定冻精受胎效果主要以第一情期受胎率为标准。

# 第六章　绒毛用羊饲养管理

在养羊生产中,养殖效益不仅取决于品种、设施条件、饲草料的供应等硬件,也决定于饲养管理软实力。养殖方式决定饲养管理方法。

## 第一节　养殖方式的选择

羊的养殖主要有三种:放牧养殖、舍饲养殖和半放牧半舍饲养殖。采用何种养殖方式取决于当地的自然条件和养殖条件。我国从农业发展区域可分为农区、牧区、半农半牧区,绒毛用羊在各区域养殖方式分别是舍饲、放牧和半舍饲半放牧。

### 一、农区养殖方式

农区养羊历史悠久,是我国畜牧业产业经济发展的主要产区。在农区大力发展养羊业,提高草食家畜的比重,可有效地推动农区畜牧业产业结构的调整,使土地、草场、农作物秸秆、农副产品等资源得以合理利用。农区养羊业的发展也是广大农牧民致富奔小康的重要途径之一。

#### (一)农区饲草资源特点

我国是一个典型的农业大国,按照农牧业生产条件和地理位置,我国东北和华北的西部地区以及西北的东部地区,属半农半牧区。大致位于从东北松嫩平原西部—辽河中上游—阴山山脉—鄂尔多斯高原东缘(除河套平原)—祁连山山脉(除河西走廊)—青藏高原东缘连线,此分界线西北部从农牧交错区逐渐向纯牧区过渡,东南部向农业区过渡,即以东为农区,此分界线以西为牧区,沿此分界线周边区域为半农半牧区。农区草山草坡、荒山荒坡、滩涂荒地以及农作物秸秆、秧藤、秕壳、豆荚皮、稻草等农副产品极为丰富,这些得天独厚的饲草资源为农区养羊业的发展奠定了坚实的物质基础。

农区相对于牧区和半农半牧区在饲草资源方面有 2 个明显的特点:一是农区人口密度大、土地资源紧张,可供放牧利用的土地面积比较少,主要的放牧地是草山草坡、荒山荒坡、退耕地及滩涂荒地。二是农作物秸秆及加工副产品丰富,可作为羊的饲草料,补饲条件好。

### (二)农区养羊业生产特点

农区养羊业相对于牧区有 3 个显著的特点:一是养羊户养殖规模小,但养殖总体数量多。农区由于受放牧地资源的限制和兼顾农业生产,养羊户养殖的数量受到一定程度的影响,除规模化专业养羊场外,一般农户养羊的数量多数在几十只到上百只,不像牧区那样几百只或上千只的组群。二是养殖受季节性影响相对较小,特别是饲草方面受季节性的影响比牧区小得多,即使在冬季缺乏放牧地和青绿饲草时,还有大量的农作物秸秆可以利用,可以有效地保证羊的安全越冬度春,不像牧区在遭受到暴风雪天气时养羊生产无法保证。三是养殖设施条件比较好,新技术、新品种引进和推广比较普遍,养羊业发展稳定而且发展速度快。

### (三)农区养殖方式

农区养羊业受不同区域的饲草资源、养羊业生产特点及生态条件、农业生产条件等诸多因素的影响,因此养羊方式有多种形式。

**1. 放牧养殖** 放牧养殖是农区最传统、最普遍和比较经济的养羊方式。由于农区草地资源缺乏限制了大规模养殖，多数养羊户的养殖规模比较小，可以利用天然草山草地、丘陵、荒山荒坡地带及农田的地埂、路边、河边、林边等零星小块草地进行放牧。在山区由于人口比较少，有较多的草山草坡和林地、灌木地，特别是南方的山区，牧坡草地资源比较充足，这些都是较好的放牧地。但随着养殖业在农业生产中比重的加大和畜牧业产业化的发展，农区养殖户数和养殖量的不断增加，导致许多区域的草地放牧过度，草地退化、沙化现象比较严重，草地资源缺乏的问题日渐突出，林木矛盾愈加明显。因此，在农区的放牧养殖应以不破坏生态环境为前提，适度规模养殖和合理利用草地资源，在利用中保护，在保护中利用。

**2. 舍饲半舍饲养殖** 舍饲半舍饲养殖是在传统放牧基础上，结合当地的草地资源、气候特点和补饲条件而形成的一种养殖方式，主要表现有 2 种形式，一是实施季节性放牧，即夏秋季放牧，冬春季补饲；另一种形式是半天放牧半天补饲。这种养殖方式在农区不是很普遍，适宜于小群体饲养。

**3. 舍饲养殖** 舍饲养殖是农区现代养殖的发展方向。随着养羊业的快速发展，养殖规模的不断扩大，传统的养殖方式已不能适应现代养羊业发展的需要。同时，由于干旱、虫害、开荒、开矿等多种原因使草地普遍碱化、沙化、退化，草原资源严重缺乏，生态环境恶化已引起各级领导的重视。随着国家对耕地的保护和生态建设力度的不断加大，农区大部分地方已实施封山禁牧政策，放牧养殖已受到多种因素限制。因此，在农区发展养羊业，必须转变观念，提高认识，改变过去粗放经营管理和靠天养畜的传统习惯，在合理利用天然草山草坡和荒山荒坡、滩涂荒地的同时，更主要的是要充分利用农区丰富的秸秆资源和农作物副产品资源，大力推广和普及舍饲养羊养殖方式，大力推广和普及科学养羊先进技术，大力推广和普及青贮、黄贮以及秸秆氨化、盐化饲养技术，尽快实现农区养羊科学化、产业化、集约化和规模化生产，使农区养羊产业得到健康、稳步、可持续发展。

## 二、牧区养殖方式

### (一)牧区饲草资源特点

牧区是我国草食畜牧业的主要生产基地，牧区相对于农区在畜牧业养殖方面有其显著的特点：牧区放牧地面积大，是牧区饲草的最主要来源和畜牧业生产的基础。牧区草地资源丰富，但由于过度利用及鼠害、干旱等因素影响，草地退化也较严重，制约养羊业发展；牧区养羊养殖规模大、专门化程度比较高，由于牧区放牧地广，可利用放牧地面积大，可以组成较大的群体放牧和远牧，同时，牧区牧民以畜牧业养殖为主，其专门化程度高，放牧养殖经验丰富，不像农区的农民既要参与种植业生产还要参与养殖业生产；牧区养羊业受自然条件影响较大，特别是恶劣的天气情况对养羊业造成的损失比较严重，养羊业发展不太稳定。

### (二)牧区养殖方式

我国北方地区，拥有大面积的天然草原、林间和林下草地、灌丛草地，均可放牧利用。放牧是牧区最主要的饲养方式，具有饲养投资小、饲养成本低的特点。羊一年四季都可以在草场上放牧(恶劣天气除外)，只要合理放牧，就能取得很好的经济效益。青草茂盛期，全部放牧无需补饲。冬、春季节进入枯草期，采用自然放牧和补饲结合的方法进行饲养。绒毛用羊放牧应选择灌木较少、地势高燥、坡度不大的草场放牧。若草场面积小，产草量低，单靠放牧不能满足羊群的营养需要，便应进行适当补饲，否则就会影响羊的正常生长繁殖，降低生产性能。为有效利用和保护草地资源，在放牧过程中应根据现有草场面积和牧草生产能力，制定合理的载畜量，防止过牧。其次，有计划地按季节变换草场，进行轮牧，或建立围栏，实行分区轮牧，合理利用牧场，确保草原生态系统的休养生息。

### （三）四季牧场选择与利用

**1. 春季牧场** 春季是冷季进入暖季的交替时期，牧草开始萌发，气候多变，气温不稳定。因此，春季牧场应选择在气候较温暖，雪融较早，牧草最先萌发，离圈舍较近的平川、盆地或浅丘草场。

**2. 夏季牧场** 夏季气温较高，降水量较多，牧草丰茂，含水量较高，炎热潮湿的气候对羊体健康不利。夏季放牧场应选择气候凉爽、蚊蝇少、牧草丰茂、有利于增加羊只采食量的高山地区。

**3. 秋季牧场** 秋季气候适宜，牧草结籽，营养价值高，是绵羊、山羊放牧抓膘的最佳时期。牧地的选择和利用，可先由山冈到山腰，再到山底，最后放牧到平滩地。此外，秋季还可利用割草后的再生草地和农作物收割的茬子地放牧抓膘。

**4. 冬季牧场** 冬季严寒，牧草枯黄，营养价值低，此时育成羊仍处于生长发育阶段，妊娠母羊正处在妊娠后期或产冬羔期。因此，冬季牧场应该选择背风向阳、地势较低的暖和低地和丘陵的阳坡。

### （四）放牧组织及方式

**1. 放牧羊群的组织** 合理组织羊群是科学放牧饲养绵羊、山羊的重要措施之一。组织好羊群有利于羊只的选留和淘汰，可合理地利用和保护草场，不断提高羊群生产力。组织放牧羊群应根据羊只的数量、羊别（绵羊与山羊）、品种、性别、年龄、体质强弱和放牧场的地形地貌而定。羊数量较多时，同一品种可分为种公羊群、试情公羊群、成年母羊群、育成公羊群、育成母羊群、羯羊群和育种母羊核心群等。在成年母羊群和育成母羊群中，还可按等级组成等级羊群。羊数量较少时，不宜组成太多的羊群，应将种公羊单独组群（非种用公羊应去势），母羊可分成繁殖母羊群和淘汰母羊群。为确保种公羊群、育种核心群、繁殖母羊群安全越冬度春，每年秋末冬初，应根据冬季放牧场的载畜能力、饲草饲料储备情况和羊的营养需要，确定羊的饲养量，做到以草定畜。对老龄羊、瘦弱羊以及品质较差、生产性能较低的羊只进行淘汰，不仅可以减少越冬期的饲草料开支，而且可降低羊群越冬死亡率，有利于提高养殖经济效益。

我国放牧羊群的规模受放牧场地的影响而差别较大，一般繁殖母羊以 250～500 只组群，育成公羊群和育成母羊群可适当增加，核心母羊群可适当减少，成年种公羊群以 50～60 只，后备种公羊群以 100～120 只组群为宜。

**2. 轮牧技术**

(1)季节轮牧　季节轮牧是根据四季牧场的划分，按季节轮回放牧。这是我国牧区目前普遍采用的放牧方式，能较合理地利用草场，提高放牧效果。为了防止草场退化，可定期安排休闲牧地，以利于牧草恢复生机。

(2)小区轮牧　小区轮牧是指在划定季节牧场的基础上，根据牧草的生长、草地生产力、羊群的营养需要和寄生虫侵袭动态等，将牧地划分为若干个小区，羊群按一定的顺序在小区内进行轮回放牧。此方式是一种先进的放牧方式，其优点如下：

第一，能合理地利用和保护草场，提高草场载畜量。根据新疆紫泥泉种羊场实验，小区轮牧比传统放牧方式每只绵羊可节约草场 1 500 米$^2$ 左右。

第二，小区轮牧将羊群控制在小区范围内，减少了游走所消耗的热能，增重加快，与传统放牧方式相比，春、夏、秋、冬季的平均日增重可分别提高 13.42％、16.45％、52.53％和 100％。

第三，能控制内寄生虫感染，羊体内寄生虫卵随粪便排出需经

6天发育成幼虫才可感染羊群，所以羊群只要在某一小区放牧时间限制在6天以内，就可减少内寄生虫的感染。

小区轮牧技术可根据养羊单位的具体条件而定，一般是先粗后细，逐步完善。其具体做法按以下步骤进行。

①划定牧场，确定载畜量　根据草场类型、面积及产草量，划定草场，再结合羊的采食量和放牧时间，确定载畜量。

②划分小区　根据放牧羊群的数量和放牧时间以及牧草的再生速度，划分每个小区的面积或轮牧一次的小区数。轮牧一次一般定为6～8个小区，羊群每隔3～6天轮换一个小区。

③确定放牧周期　全部小区放牧一次所需要的时间即为放牧周期。其计算方法是：放牧周期（天）＝每小区放牧天数×小区数。放牧周期的确定，主要取决于牧草再生速度，而牧草的再生速度又受水热条件、草原类型和土壤类型因素的影响。在我国北部地区，不同草原类型的牧草生长期内，一般的放牧周期是：干旱草原30～40天，湿润草原30天，高山草原35～45天，半荒漠和荒漠草原30天。不同放牧季节所确定的放牧周期不尽一致，应视具体情况而定。

④确定放牧频率　放牧频率是指在一个放牧季节内，每个小区轮回放牧的次数。放牧频率与放牧周期关系密切，主要取决于草原类型和牧草再生速度。在我国北方地区不同草原类型的放牧频率是：干旱草原2～3次，湿润草原2～4次，森林草原3～5次，高山草原2～3次，荒漠和半荒漠草原1～2次。

⑤放牧方法　参与小区轮牧的羊群，按计划在小区依次逐区轮回放牧；同时，要保证小区按计划依次休闲。

### （五）四季放牧技术

**1. 放牧羊群队形与控制**　为了控制羊群游走、休息和采食时间，使羊群多采食、少走路，以利于抓膘，在放牧羊群时，应通过一定的队形控制羊群。羊群的放牧队形名称甚多，其基本队形主要有“一条鞭”和“满天星”两种。放牧队形应根据地形、草场品质、季节和天气情况而灵活应用。

(1)一条鞭 一条鞭是指羊群放牧时排列成“一”字形的横队。羊群横队里一般有1～3层。放牧员在羊群前面控制羊群前进的速度，使羊群缓缓前进，助手可在羊群后面观察、驱赶离队或掉队的羊只，防止羊只丢失。出牧初期是羊采食高峰期，应控制住领头羊，放慢前进速度，提高对牧草的采食利用率。当放牧一段时间后，羊快吃饱时，前进的速度可适当快一点，使羊采食更多的新鲜牧草。待到大部分羊只吃饱后，羊群出现站立、不采食或躺卧休息时，放牧员在羊群左右走动，不让羊群前进，让羊充分休息。羊群休息和反刍结束，再继续放牧。此种放牧队形，适用于牧地比较平坦、植被比较均匀的中等牧场。春季采用这种队形，可防止羊群“跑青”。

(2)满天星 满天星是指放牧员将羊群控制在牧地的一定范围内，让羊只自由散开采食，当羊群采食一定时间后，再移动更换牧地。散开面积大小，主要取决于牧草的密度。牧草密度大、产量高的牧地，羊群散开面积小；反之，则羊群散开面积大。此种队形，适用于任何地形和草原类型的放牧地，一般在夏季、秋季采用此种放牧手法，对牧草优良、产草量高的优良牧场或牧草稀疏、覆盖不均匀的牧场均可采用。

总之，不管采用何种放牧队形，放牧员都应做到“三勤”(腿勤、眼勤、嘴勤)、“四稳”(出牧稳、放牧稳、收牧稳、饮水稳)、“四看”(看地形、看草场、看水源、看天气)，宁可羊群多磨嘴，不让羊群多跑腿，保证羊一日三饱。否则，羊走路多，采食少，不利于抓膘。

**2. 四季放牧技术要点**

(1)春季放牧 春季气候逐渐变暖，草场逐渐转青，是羊群由补饲逐渐转入全放牧的过渡时期。初春时，羊只经过漫长的冬季，膘情差，体质弱，产冬羔母羊仍处于哺乳期，加上气候不稳定，易出现“春乏”现象。这时，牧草刚萌芽，“远看一片青，近看草几根”，羊难以采食到草，常疲于跑青找草，增加体力消耗，导致瘦弱羊只死亡。再则，啃食牧草过早，将降低牧草再生能力，破坏植被，降低产草量。因此，初春时放牧要求：控制羊群，挡住强羊，看好弱羊，防止“跑青”。牧场青黄不接时，为防止羊群过度跑青，放牧户应因地制宜禁牧舍饲 45 天左右，早晚适当驱赶运动。在牧地选择上，应选阴坡或枯草高的牧地放牧，使羊看不见青草，只在草根部分有青草，羊只可以青草、干草一起采食。此期一般为 2 周时间。待牧草长高后，可逐渐转到返青早、开阔向阳的牧地放牧。到晚春，青草鲜嫩，草已长高可转入抢青，勤换牧地（2～3 天），以促进羊群复壮。春季对瘦弱羊只，可单独组群，适当予以照顾，对带羔母羊及待产母羊，留在羊舍附近较好的草场放牧，若遇天气骤变，以便迅速赶回羊舍。妊娠母羊放牧的前进速度宜慢，不跳沟，不惊吓，出入圈舍不拥挤，以利于羊群保胎。在羊舍附近划出草场，以备大风雪天或产羔期利用。要注意天气预报，以避免风雪袭击。

（2）夏季放牧　羊群经药浴、驱虫后，及时进入夏秋牧场。夏季放牧应避免选在蚊虫多、闷热潮湿的低洼地，宜到凉爽的高岗山坡上，有利于抓膘。

夏季放牧出牧宜早，归牧宜迟，尽量延长放牧时间，每天放牧不少于 12 小时，但要避开晨露大、羊只不爱吃草的时间。出牧和归牧时要掌握“出牧急行，收牧缓行”和“顺风出牧，顶风归牧”的原则。在山区还要防止因走得太急而发生滚坡等意外事故。夏季多雨，小雨可照常放牧，背雨前进，如遇雷阵雨，可将羊赶至较高背风地带，分散站立，如果雨久下不停，应不时驱赶羊群运动产热，以免受凉感冒。

（3）秋季放牧（9 月至 11 月）　秋季放牧的基本任务是要在抓好伏膘的基础上，使羊体充分蓄积脂肪，最大限度地提高羊只膘情，要求达到满膘，为安全越冬做好准备。

秋季气候凉爽，牧草抽穗结籽，草籽富含碳水化合物、蛋白质和脂肪，营养价值高，是抓满膘的最好时期。秋季也是羊只配种的季节，抓好秋膘有利于提高受胎率。因此，秋季放牧应选择草高而密的沟河附近或江河两岸、草茂籽多的地方放牧，尽可能延长放牧时间，每天放牧不少于10小时。到晚秋有霜冻时应避免羊只吃霜草，以免影响上膘、患病和母羊流产等。

(4)冬季放牧与补饲(12月至翌年2月) 冬季气候寒冷，风雪频繁。冬季放牧的主要任务是保膘、保胎，安全生产。因此，冬牧场应选择背风向阳、地势高燥，水源较好的山谷或阳坡低凹处。采取先远后近、先阴后阳，先高后低、先沟地后平地的放牧方法。

冬季放牧要晚出早归，慢走慢游，不可走得太远，这样，遇到天气骤变时，能很快返回牧场，保证羊群安全。冬季由于天气寒冷，羊越冬消耗比较大，同时草地牧草枯黄、营养价值低，可采食的牧草少，仅依靠放牧不能满足羊的保膘、保胎的营养需求。因此，应及时对羊补草补料，特别是在牧区遭遇冰雪覆盖时，更应注意羊群的补饲，使羊群安全过冬。为保证羊的安全越冬度春，应在夏秋季多收割、储备青干草和饲料，这是提高养羊业生产水平的重要措施之一。

### (六)补饲定额

我国广大牧区冷季长达6～8个月，气候严寒，牧草枯黄、品质下降，可采食量少。以放牧为主的绵羊、山羊，全靠放牧采食，不能满足营养需要。因此，应储备足够的饲草、饲料，用于冬春季节补饲。补饲应根据羊群放牧状况和膘情，一般在枯草期羊群没有掉膘时开始补饲，不要等到掉膘严重时才补饲，俗语说："早补补在腿上，迟补补在嘴上"，也就是说早补饲，羊不掉膘，羊精神好，行走有力，若等到羊掉膘严重时，体力恢复困难，羊虽吃了料，但精神仍不好恢复。补饲量从少到多，要基本满足保膘、保胎和哺育羔羊的需要，直至翌年牧草返青、放牧采食能满足营养需要时为止。定额补饲和时间因各地条件不同而异。在同一地区，根据羊营养需要，一般种公羊和妊娠母羊应多补饲一些。我国各地区细毛羊一年的补饲参考定额见表 6-1。

表 6-1 冬季羊补饲标准 （单位:千克）

| 羊 别 | 青干草 | | 青贮饲料 | 精 料 |
|---|---|---|---|---|
| | 数 量 | 豆科草比例(%) | | |
| 种公羊 | 450 | 40～60 | 300 | 250 |
| 成年母羊 | 300 | 20～30 | 180 | 50 |
| 育成公羊 | 300 | 25～35 | 180 | 100 |
| 育成母羊 | 230 | 25～35 | 150 | 70 |
| 羔 羊 | 40 | 55～65 | 50 | 25 |

## 三、半农半牧区养殖方式

### （一）半农半牧区地理划分

半农半牧区(farming-pastoral region)亦称农牧交错区，是指从以农业为主地区向以牧业为主地区的过渡（或交错）地带，或以种植业为主的农业地区与以草地畜牧业为主的牧区之间的过渡地区。该地区既有粮食种植业生产，又有草地畜牧业生产。

我国半农半牧区约有 230 多个县。由于历史和人为因素的影响，农牧业在土地利用等方面长期存在尖锐矛盾，主要表现在垦荒过度而导致沙化和水土流失，天然草地面积缩小，过度放牧而导致天然草地退化严重，阻碍农牧业的协调发展。合理利用土地资源，安排农牧业用地，发挥草地和农业生产资源优势，促进农牧业协调发展，维护区域生态环境是半农半牧区农牧业生产的主要任务之一。

### (二)半农半牧区饲草资源

半农半牧区农牧业生产方式与该区域的土地资源和生态条件关系密切。在有限的土地面积上既要考虑种植业的发展，也要考虑畜牧业生产。因此，该区域畜牧业的发展，特别是草食畜牧业的发展受多方面的影响，如生态环境、土地资源、劳动力、交通及经济条件等，其中饲草资源影响较大。半农半牧区草食畜的饲草资源主要由四部分组成。

**1. 天然草地及利用特点** 在半农半牧区天然草地（或可放牧地，包括天然草地、荒山荒坡、弃耕地、退耕地等）是该区域草食畜的主要饲草来源，这些草地资源是草食畜的主要放牧地。该区域天然草地牧草利用的特点：一是利用的不均衡性。在有些人烟稀少地区（有的地区由于生态环境恶劣不适宜人居住而搬迁），由于人为活动较少，饲养的草食畜也较少，牧草的利用程度较低。而在人口相对较多的区域，牧草利用往往过度，致使草地生产能力下降，退化严重。二是草地利用的季节性。草地的载畜能力和营养供给与季节关系密切。在夏季牧草丰盛阶段，天然草地基本能够满足羊的采食需求，但在冬季无论是可提供的采食量还是营养都不能满足羊的需求。三是利用的有限性。随着国家对生态环境治理力度的加大，在许多地区实施封山禁牧和植树造林，使许多草地的利用受到限制，而且会越来越严，可利用的草地面积在不断减少，这在一定程度上影响到草食畜的发展。

截至目前，半农半牧区草食畜的饲养仍采用以放牧为主的养殖模式，多数区域仍为常年放牧。随着草食畜的发展，养殖与草地保护利用的矛盾越来越突出，追求养殖数量和产值而过度利用草地，致使草地生态遭到较为严重的破坏，这在今后草食畜发展中必须引起足够的重视。要控制养殖数量，合理利用草地，在利用中保护，在保护中利用，既要避免对草地的过度利用，也要避免完全封闭而不利用，长期不利用不利于草地优势种群发展，也会造成草地质量下降，而且还容易成为火灾隐患，同时这也是一种资源浪费。通过控制载畜量、划区轮牧和季节性放牧等利用途径，使草地资源更好地为畜牧业发展发挥作用。

**2. 秸秆资源及利用特点** 半农半牧区在草食畜牧业发展中相对于牧区的优势是有相当数量的农作物秸秆资源，这也是半农半牧区重要的饲草资源，为该区域的舍饲养羊或半舍饲半放牧的养殖提供了有利的条件。

半农半牧区秸秆资源及利用特点为：

(1)秸秆来源较为广泛、成本低　在半农半牧区除了有一定数量的天然草地外，农民的主要生产对象也包括粮食作物的种植，粮食作物种植不仅满足人们生活所需，而且还可以提供一定数量的饲料用粮，农作物秸秆可作为草食畜的饲草。由于该区域从南到北的气候条件不同，各地种植粮食作物的种类也有所不同，作物秸秆的类型和利用方式也有所差异。最常用的秸秆有：玉米秸、豆秸、花生秸、莜麦秸、麦秸及薯类作物秸秆等。这些秸秆来源广泛、价格低廉，通过合理的加工利用，可作为草食畜的主要饲草。

(2)营养价值有限，在养殖生产中不能完全依靠秸秆饲料　秸秆饲料具有粗纤维含量高、粗蛋白质及维生素含量低、总能量高、消化率低、适口性差、可利用养分少的特点，在利用秸秆饲料的同时要添加精饲料来满足和平衡羊的营养需求。为提高秸秆饲料的采食利用率，对秸秆饲料应进行加工后再利用。

(3)秸秆饲料利用率不高　主要表现在收集利用率不高和采食利用率不高两个方面。由于半农半牧区的地理条件限制，交通不便，缺乏连片大规模的种植面积。因此，在收获作物后的秸秆收集运输有一定的困难，在距人们居住地相对较近或交通比较方便的区域，秸秆的收集利用程度相对较高，而在偏僻地区、交通不便的区域秸秆收集利用率较低，有的地区秸秆不往回运输，直接把羊放在地里采食，利用率较低。在采食利用方面，有的饲养管理比较粗放的地区，对秸秆饲料不进行加工直接饲喂，秸秆采食利用率非常低。以玉米秸秆为例，若整株秸秆饲喂，采食利用率不到 20%；若经过加工处理，秸秆的利用率可达到 95%以上（如秸秆经粉碎后和精饲料搭配一起饲喂）。因此，在半农半牧区，应注意秸秆饲料的加工利用，以便于更有效地利用好有限的秸秆饲料资源。

**3. 农作物加工副产品** 在半农半牧区不仅有一定数量的农作物秸秆，而且也有一定数量的农作物加工副产品，这也是很好的饲料资源。例如，豆粕、棉籽饼、胡麻饼、菜籽饼、葵花饼、甜菜渣、豆腐渣、酒糟、酱油糟、醋糟等，其中饼类饲料都是营养价值较高的饲料。糟渣类饲料干物质中的营养成分含量也较高，但由于水分含量高，保存相对较困难。

**4. 人工种草** 随着生态环境治理、封山禁牧、退耕还林还草的实施和舍饲养羊发展，人工种植牧草的数量越来越多，对保障草食畜的发展起到了积极的效果。

人工种植牧草受气候条件和农业生产条件影响较大。多数人工种植牧草仍需要较好的肥水条件和光、热条件，因此不同地区种植的牧草品种不同，收割利用次数和产量也不同。一般情况下，种植牧草品种的选择首要条件是要考虑耐寒、耐旱性，对肥水条件的要求等，其次考虑产量和营养价值、种植和管理技术复杂性。目前在多数地区种植的牧草仍以苜蓿草为主，并依气候条件等确定选用苜蓿草中的哪个品种。在荒山荒坡地带可种植沙打旺、胡枝子等耐旱性强的牧草。在肥水条件较好的地区可种植青贮玉米、菊苣、草高粱、红豆草、无芒雀麦、黑麦草等。

人工种植的牧草营养价值相对较好，适口性较强，若有条件完全饲喂人工种植的牧草，可基本满足羊的营养需求。但目前生产中存在的问题是人工种植的牧草地和加工贮藏能力有限，以方便种植和利用为基本条件，多数牧草种植在离居住地较近的地段，同时，在半农半牧区也要考虑粮食种植，没有更多的土地用于人工种草。人工牧草的加工贮藏是提高牧草利用效果的有效手段，但目前多数地区仍缺乏牧草加工设备（收割、干燥设备）或因缺乏资金、生产成本大而致使牧草的利用效果不太理想。因此，人工种草是解决养羊生产中饲草短缺或提供优质饲草的途径。由于生产条件（收割、贮藏、加工）和生产成本等因素的影响，不可能成为养殖的主要饲草资源，完全依靠人工种草来养羊有一定的困难，也不太现实。

### （三）半农半牧区畜牧业生产特点

由于半农半牧区是以种植业为主的农业地区与以草地畜牧业为主的牧区之间的过渡（或交错）地区。该地区既有种植业生产，又有草地畜牧业生产。该区域所独有的草地资源和农业生产条件决定了该区域畜牧业发展的特殊性。

**1. 放牧条件有限，中小规模养殖多** 在半农半牧区由于有可放牧利用的草地资源，草食畜牧业的发展在很大程度上依赖于放牧草地，这对于降低养殖成本非常有利。但由于该区域土地资源有限，在一定范围内仍要发展种植业，可利用的草地资源有限，不可能像牧区那样有广阔的草地资源，所以在养殖群体规模上没有牧区的规模大。

**2. 饲草相对有保证，抗灾保畜能力强** 在半农半牧区不仅有可放牧利用的草地资源，而且还有较丰富的农作物秸秆资源可作为养羊的饲草来源，使饲草来源相对于牧区更为广泛，饲草料供应相对有保证，不仅能够解决舍饲养殖的饲草，也为放牧补饲提供了较好的条件，特别是有利于抵抗冬季雪灾，使养羊业生产受灾的程度比牧区低，养羊业发展更稳定。

**3. 劳动力资源分配多元化，亦农亦牧亦工多** 在半农半牧区人们生产主要围绕种植业生产和畜牧业生产，不过在不同的区域有所偏重。这种生产特点，决定了劳动力资源分配的多元化，有部分劳动力从事畜牧业生产，有部分劳动力从事种植业生产，还有部分劳动力从事外出务工等其他产业，这种劳动力资源的分配形式与牧区有较大的区别。在牧区主要劳动力从事牧业生产，在农区主要劳动力从事种植业生产。正是由于劳动力的多元化，使劳动力显得较为紧张，甚至有的家庭既要从事种植业生产还要从事畜牧业生产，而不得不采用半天制的劳动时间分配方式，即前半天从事种植业生产，后半天从事畜牧业生产，因此多数地区采用半天放牧制，不像牧区那样比较专一。

**4. 四季牧场不明显，养殖地点固定** 由于半农半牧区生产的多元化和居住的相对集中，畜牧业生产多数局限于所居住地周围进行，养殖地点固定，有专门的圈舍条件，没有像牧区那样有四季牧场之分，不同季节在不同的区域或草场放牧。由于放牧范围的局限性，在一定区域内若群体过大，会造成载畜量超载，对草地的保护和利用不利，严重时会造成草地的严重退化和沙化，水土流失加剧。因此，一定要依草地的生产能力合理安排载畜量，安排放牧季节，尽量避免在春季使用草地，使草地畜牧业持续发展。

### (四)养殖方式

半农半牧区养羊的生产方式取决于当地的农牧业生产条件。从上述该区域的饲草资源条件、劳动力资源条件等条件分析，结合该区域的实际畜牧业生产情况，可将该区域养羊方式归纳为三种主要方式。

**1. 放牧养殖方式** 从目前的养殖方式看，放牧养殖是半农半牧区养羊的主要生产方式。从半农半牧区饲草资源特点看，该区域具有放牧养殖的自然条件和养殖基础。长期以来，该区域的农牧民积累了丰富的放牧经验，这种放牧经验或放牧方式与牧区有所不同。

(1)半农半牧区放牧特点　放牧草地资源没有牧区的那么宽阔，有许多放牧地是零星的小块草地或田间道边杂草。

放牧群体没有牧区的那么大，太大的群体没有可供放牧的草地，一般的放牧群体在80～200只。

不游牧，草地基本固定，也没有明显的四季草场之分。

(2)半农半牧区放牧技术　放牧是半农半牧区传统的养殖方式，农牧民在放牧养殖方面也积累了丰富的养殖经验。随着国家对生态环境治理的重视，在有些地区已开展限制放牧。为更好地保护生态环境和实现草地资源的合理利用，要因地制宜利用草地，既要保护生态环境和草地建设，也要兼顾畜牧业的发展和草地资源的利用。

①放牧地选择。在半农半牧区，由于全国各地的地理条件不同、自然植被类型不同、地势不同、养殖习惯等不同，因此适宜的放牧畜种也有所不同。由于绵羊和山羊的生活习性不同，对采食牧草的种类有所不同，因此在放牧利用时应根据畜种的不同选择不同的草地类型。根据羊的采食习惯，绵羊吃的是低头草，山羊吃的是抬头草，即绵羊喜欢采食地面的牧草，而山羊喜欢吃灌木枝叶。山羊爬坡能力强，可在悬崖陡坡地段采食牧草，而绵羊爬坡能力相对较弱，喜欢在缓坡地带和平坦地带采食。山羊相对耐饥渴，放牧地可相对远一点，而绵羊的放牧地相对较近；山羊胆大喜欢在植被茂密的深处采食，而绵羊不善于钻往植被过于茂密的地段。因此，山羊可以在山势较陡和灌木丛地放牧，而绵羊要选择在坡度较缓的丘陵地带、平川地带放牧。

②四季放牧技术。在半农半牧区虽没有牧区的四季草场，但有四季放牧讲究。

在春季放牧注意“跑青”、“躲青”，在青草不能满足羊采食需求量50%以上时，严禁“跑青”，要在阴坡地放牧；当青草能够采食时仍坚持先放阴坡啃干草，后半天放阳坡吃青草。在放牧手法上，春天放牧要“手紧”、“手小”，忌讳使用“满天星”放牧手法。春季由于可采食的牧草比较少，牧草营养价值低，因此要把羊控制在一定范围采食，不要让羊多跑路，减少体力消耗，防止掉膘。另外，对于绒山羊来说，由于春季处于脱绒季节，放牧时应避免在灌木丛草地放牧，以免挂绒影响产量，有条件的话最好进行舍饲养殖。

在夏季和秋季，由于牧草生长相对比较茂盛，能够满足羊的采食需求，因此，在放牧时可采用“满天星”和“手大”放牧法。即不要把羊放牧采食区域限制得太紧，让羊散开，自由采食新鲜可口的牧草。在秋天还可以利用“跑茬”抓膘，即在秋收时，可以把羊放在刚秋收后的庄稼地，让羊采食未被收获干净的农作物子实和田间牧草种子，有利于抓膘。

在冬季放牧时，要在向阳避风的草地放牧，要控制放牧游走的距离，要有计划地利用草地，天晴时或未产羔前可适当远点，利用远处的草地，产羔后放牧距离近点，利用近处的草地。下雪天不放冰雪草地，在圈舍内补饲农作物秸秆饲料。

③半天放牧技术。半天放牧是半农半牧区特有的放牧方式，多数是因为劳动力紧张，既要考虑农作物种植也要考虑养羊生产。一般情况是前半天下地干农活，中午以后赶羊出坡放牧，直到天黑后归牧，这种养殖方式适合放牧草场相对较好的区域，若草场不好，半天放牧就会影响羊的采食量。即使半天放牧羊能够吃饱，但羊全天的采食量也受到了一定限制，在一定程度上也影响到羊的生长发育和生产性能的发挥，有一定的局限性。

④卧地积肥技术。卧地积肥也是半农半牧区特有的放牧方式，多数是在山区、交通不便和经济条件稍差的地区使用，因在山区有的地块太远或交通不便无法运输农家肥，或因经济困难不能使用化肥，所以采用羊卧地的方法为耕地施肥。这种方式的主要

做法是：在春季播种前或秋收后，白天放牧时就考虑到当晚卧地的地块，在就近放牧。晚上归牧后将羊赶在卧地的地块，让羊在此地块休息过夜，使羊粪尿排在该地块。为了让羊更均匀地排粪尿，在晚上卧地时要将羊赶动2～3次，逐片推进。卧地后的第二天，对该地块进行耕翻，有效地保护羊粪尿不受损失，这种卧地积肥的方法效果很好。

**2. 半舍饲半放牧的养殖方式** 半农半牧区的农作物秸秆资源为半舍饲半放牧提供了有利的条件。半舍饲半放牧有两种形式，一种是在一年四季中，冬、春季节舍饲，夏秋季节放牧，这是在半舍饲半放牧中采用最多的形式，也是值得提倡的养殖方式。在夏秋季节牧草丰盛阶段，放牧不仅能够使羊采食到新鲜的、营养丰富的各种牧草，降低了养殖成本，而且对草地资源也不会造成损害，同时还有利于牧草的再生利用。在冬、春季牧草产量减少、营养价值降低阶段，采用舍饲方式有利于草地资源的保护和满足羊的营养需求，有利于生产。另一种半舍饲半放牧方式是每天前半天在家补饲，后半天放牧，这种方式适用于养殖规模较小的群体。

**3. 舍饲养殖方式** 舍饲养殖就是羊的饲养管理和生产全过程在一定的圈舍设施内进行，羊所采食的饲草料全部由人工提供。这种方式过去主要限于小群体养殖或某些特殊的品种，如奶山羊、“站羊”（育肥羊）等，现在逐步发展应用于规模化养殖场。特别是随着封山禁牧的实施和规模化养殖场的兴建，舍饲养殖越来越普遍。目前，舍饲养殖从技术层面是完全可以，但从生产角度出发还有一定的难度，主要体现在两个方面：一是养殖成本高，养殖效益下降或养殖亏损。二是饲草不足或四季饲草资源供应不均衡，营养缺乏现象比较普遍。

舍饲养殖成本增加是不争的事实。主要是舍饲养殖所有的饲草都必须是购买或雇佣劳力运输，与放牧采食牧草相比成本加大了许多。其次，饲料价格的上涨、劳动力的雇佣、机械设备的购置、圈舍的建造、水电与维修费用的支出等都计算在养殖成本中。但舍饲养殖生产的产品与放牧养殖产品价格同价，高投入得不到高收入，造成养殖亏损。

舍饲养殖目前虽有许多困难，但这是一个发展趋势。舍饲养殖不仅有利于生态环境的保护和恢复，也有利于新技术的推广，有利于优质畜产品的生产，有利于规模化生产管理。为提高舍饲养羊的经济效益，应从以下几方面着手：

优良品种的引进与利用：在同样的饲养管理条件下，优良的品种可以生产出更多、质量更好的产品，可获得较多的产值。

饲草资源的开发与利用：在充分利用天然草地资源的基础上，挖掘一切可以利用的饲料、饲草资源，通过秸秆饲料的青贮、氨化、粉碎等措施，最大限度地提高饲草的利用率，减少浪费，降低养殖成本。

根据羊的营养需求配制营养全面的饲料，保证羊的正常生长发育，有利于生产性能的发挥，但应注意不要营养过剩造成浪费和成本的增加。

引进利用新技术，减少非生产性开支，加强饲养管理的各个环节管理，包括疫病防治、人员管理、资产管理等，选育提高羊群整体生产性能和羊群成活率，将有利于提高舍饲养殖经济效益。

## 第二节 放牧管理

放牧是养羊生产中最基本、最传统和最经济的养殖方式之一。放牧不仅可以充分利用天然草地资源优势，通过羊的采食可以将人们不能直接利用的植物资源转化成人们所需的各种畜产品，而且合理放牧也是对草地生态的一种保护措施。由于不同区域因气候条件、自然条件、农牧业生产条件等不同，因羊的品种、生产类型、生理状况等不同，所以各地放牧方法、技术有所不同，应因地制宜,正确把握和利用好天然草地,进行科学放牧管理。

## 一、毛用羊、绒用羊放牧管理

### (一)天然草地利用

**1. 冬春草场** 大多地势较低而平坦,利用时间长,干旱缺水较严重,且正处于严酷的冬季。保温、保膘、保胎是此期的主要目标。一是要加强采取对棚舍防风保温措施;二是在驱赶中应禁止快速驱赶;三是加大对冬春草场饮水水利建设;四是细化分群,对瘦弱病残羊只单独组群,做到公、母分群管理;五是适当补草补料,防止卧冰露宿。

**2. 夏秋草场** 大多地势较高,水草茂盛,路途较远,地形复杂,气候多变。也是抓膘出栏的好时机。此时羊群较大,最好做到分群放牧,羯羊、公羊在较远或较陡的地带放牧,母羊、幼羊在较近、较平的地段放牧。这段时期的放牧:一是要注意气候变化,避免暴风雨、雷电及冰雹灾害;二是坚持人不离群,防止狼、虫侵害家畜;三是坚持早出晚归,中午炎热时防暑。

### (二)放牧要点

**1. 放牧队形(手法)** 包括"一条龙"、"一条鞭"、"满天星"等,要根据地势、牧草生长状况、放牧季节和羊群饥饱状况而变换。一般情况下在冬、春季多采用"一条鞭"式,防止跑青。夏秋季节多采用"满天星"和"一条龙"式,防止蚊虫叮咬,躲避炎热天气,有利于抓膘。

**2. 选择放牧地段** 既要合理地、充分地利用草场,又要保证羊只的保膘、抓膘,这就应充分考虑放牧地段的选择和利用时间、顺序。一般冬、春季放牧应选择在距羊舍较近、气候温和的地带,或牧草丰富、背风向阳的山前谷地，这样有利于放牧期间突然遇雨、雪、风等恶劣天气就近（羊舍等）及时采取应急措施，达到防灾、减灾目的。夏、秋季节则采用避暑放牧，先阳坡后阴坡和“背阳放牧、顺光吃草”，先低地后高地，由近到远、由远到近的方法。

**3. 坚持早出牧晚归牧的放牧原则**　早出晚归是延长放牧、采食时间，促进牲畜抓膘、保膘的主要措施之一。但是在严寒的冬季对妊娠母羊应适当推迟出牧时间，不能吃露水草、过早地饮带冰的水，防止母羊流产，有利于保胎、保膘。

### （三）常用的几种放牧方法

**1. 划区轮牧法**　在一群或多群羊的放牧地域，可将草地划分成若干块。放牧步骤是：第一天放第一块，留下其他几块；第二天出牧后先放第一块，到收牧前让牲畜进入第二块，轻度采食第二块的部分鲜草，如此循环轮牧，根据地块大小、牧草生长速度及盖度、采食重度决定轮牧时间。

**2. 季节流动放牧法**　即充分利用边远零星草地。有些边远草地因路途较远或积雪淹没，冬季不便利用，在春季雪消时，放牧员携带轻便行李帐篷，逐日渐进，十几天乃至月余不回营地。将羊群赶到这些地方放牧，既缓和了冬春场不足的问题，又充分利用了这些草原。

**3. 赶青放牧法**　在旱年春夏交接时期，山上冷，山下旱，半山腰牧草生长早而发育好的情况下，赶羊群到山腰放牧，或赶羊群到背风向阳的坡地或河边潮湿地牧草生长早而发育好的草地放牧，既减轻冬春场压力，又能使羊只早换青。

**4. 更换品种法**　充分利用不同羊种对牧草的利用程度和适口性，有顺序地更换种群。例如，在高山沼泽草甸上先放改良羊、后放土种羊；在灌丛草甸上，密灌、高灌丛处放土种羊，矮灌丛放改良羊。同时，根据不同品种的耐寒程度，在同一片草原上的利用顺序为改良羊→土种羊。

### (四)种公羊的管理

**1. 种公羊必须单独组群** 以保证种公羊的膘情全年保持中上等。优先安排种公羊在水草茂盛和气候条件最好的草场上放牧,要做到跟群放牧,早出晚归,放牧点要距母羊群较远,防止偷配,同时防止角斗,以免使种羊体质损伤。饲养种公羊的放牧员必须是热爱养羊事业,工作责任心强,并有一定放牧经验的优秀放牧员饲放,要做到长期固定,不随意更换。

**2. 种公羊补饲以体积小、营养价值高,蛋白质、维生素和钙、磷含量丰富,易消化的精饲料** 为使种公羊体质健壮,精力充沛,性欲旺盛,在配种期有较好的精液品质,配种前 20 天开始补喂精饲料、燕麦青干草、胡萝卜、食盐,配种开始加喂鸡蛋、鲜牛奶等。此外,在配种期间补喂亚硒酸钠 2～3 次,保证每天放牧时间在 8 小时以上。

**3. 种公羊必须有羊舍和运动场、饲槽和草架等主要设备** 种公羊羊舍要宽敞明亮,每只种公羊羊舍面积 1.5 米$^2$,经常保持清洁干燥,防风避雨,定期消毒,尽可能地为种公羊创造良好的饲养条件。

**4. 坚持预防为主、防重于治的原则,确保种公羊的体质健壮,精力充沛** 每年要进行羊痘、四联苗、炭疽等预防注射和布鲁氏菌病检疫。每年春季要进行体内外寄生虫的防治和秋后对体内寄生虫的驱虫工作。放牧员平时要注意观察种公羊的体质健康、食欲和精神状况,发现问题及时解决。

### (五)生产母羊、羔羊的管理

**1. 放牧与补饲相结合**

①针对牧区冷季漫长、枯草期长的实际,在划片轮牧的基础

上，进行合理补饲，以保持绵羊有均衡的营养。在冬季 11 月份至翌年 3 月份，此阶段放牧绵羊处于妊娠前、后期，选择性温的饲草饲料进行补饲，起到防寒保暖作用；在饲料配方上，饲料中钙、磷比例相对要高，蛋白质含量一般不低于 14%。

②从年龄上和时间上来分，对幼龄羊较成年羊提前 1 个月补饲，要特别加强妊娠后期母羊的饲放管理，这是提高羔羊成活率的重要一环。母羊妊娠前期，胎儿尚小，母羊代谢强度较弱，对营养物质的需求量相对要小，母羊妊娠第三个月以后，胎儿增重特别迅速，对营养物质的需求量相应增多，因此应把 60% 的草料放在后期补喂。为了增强羊只体质，提高抗病能力，视区域对绵羊定期补喂亚硒酸钠，可有效地促进机体新陈代谢，防止羔羊白肌病的发生，对减少其他疾病发生也有着重要意义。

**2. 产羔期"三防""四勤""三段管理"**

(1)"三防"　即防冻、防饿、防潮湿，而防冻是三防之首。因为改良羊(细毛、半细毛羊)羔羊生后毛短而稀，体温调节功能尚不完善。据多年观察经验，凡出生后受冻的羔羊不但发病率高，而且死亡率也高，所以待产母羊群需备有 60～80 只护腹带，2～4 个接羔袋。接羔人员 24 小时巡逻值班、守圈、治疗，初产的母羊随产随接，并把羔羊擦拭后放在羔羊暖袋里，使羔羊露出头部让母羊舔认。

在防饿上要特别强调初生羔羊及时吃上初乳，因为初乳中含有丰富的蛋白质、维生素、矿物质和多种免疫抗体，可以促使胎粪及时排出，有效地提高羔羊抗病力，从而减少疫病的发生。对体质较弱或母羊不认的羔羊要进行人工辅助哺乳，而且要做到少量多次，严防吃得过饱，引起消化不良。

产羔期防潮湿更为重要，保持羊舍干燥可有效地减少羔羊疫病的发生，这是因为绵羊最难忍受羊圈潮湿，而且能引发多种疾病，初生羔羊尤为敏感，所以对产羔前羊舍晾晒，铺盖 15 厘米以上的干羊粪或干草，分娩栏每7天清换1次干粪或垫草，使羊舍和分娩栏保持干燥，从而减少羔羊的发病。

(2)“四勤” 就是产羔期间要做到勤检查、勤配奶、勤消毒、勤治疗。而勤检查乃是“四勤”之首，只有做到勤检查，才能知其温饱饥寒，明其健康疾病，做到遇寒保暖，饥饿配奶，有病早治，有病及时消毒隔离，采取措施控制蔓延。

(3)“三段管理” 就是在产羔过程中，按照羔羊出生天数、体质强弱分别组群管理。一般来说，羔羊出生后吃过初乳，母仔放在小分娩栏内，在羊舍或运动场内饲养2～3天，使母仔相认便于照料，这叫初产群；待母仔健壮，母仔熟悉后再转入母仔群；约过1周后，羔羊发育良好，抵抗力增强，即可转入大群管理，而且在运动场过夜，使羔羊逐渐适应外界环境。

**3. 预防为主，防患于未然** 在产羔前1个月对妊娠母羊进行一次四联苗预防注射，而且要求密度达到100%。在产羔期间，初生羔羊分别口服青霉素、链霉素，连服3天，或口服消维康或畜痢灵，连服3天，发现病羔及时治疗。

加强羔羊断奶后的饲放管理，是实现畜牧业稳定、优质、高产的关键。

①羔羊断奶后正值秋季来临，断奶羔羊可较其他羊提前15天进入过渡草场，提早吃到没有受污染的嫩草(虚称“头草”)，经过近2个月的特别放牧，保证断奶后对营养物质的需要，促进羔羊的健康发育。

②从补饲时间上较其他羊提前1个月，有效地保证羊只在育幼阶段有均衡的营养水平。断奶后的羔羊经过2～3个月放牧后，这个时期正逢气温骤降，牧草枯黄，所以仅靠放牧是难以满足羔羊发育对营养物质的需要和抵抗寒冷能力。优先转到冬季草场，安排在羊舍过夜；采取喂长料(精料补饲期较成年羊长)的做法，重视供给粗蛋白质含量高、性温热的干草，克服“短料喂在嘴上”的现

象，促进羔羊断奶后在育幼阶段的正常发育。

③搞好预防注射和驱虫工作是提高保畜率的关键。在绵羊育幼阶段解决好饲草料外，根据区域，必须搞好预防注射和驱虫工作。一般情况下，主要做好“四联苗”的注射和驱虫药的灌服工作。驱虫时间一般在断奶组群后驱虫 1 次，在 12 月下旬或翌年 1 月上旬再进行 1 次，这样 2 次可保证驱虫质量。

## 二、裘皮用羊放牧管理

### (一)草场管理利用

**1. 牧草的生长**　牧草的种类、牧草的生长期、牧草的品质、牧草的生产量及利用方法受多种因素的影响。

(1)地理地势与产草的关系　温度和水分是影响牧草生长的两大因素，而此又取决于地理位置的纬度、经度和海拔高度等条件。地理位置所处的纬度越高，日光的入射角越大，地面受热越少，因而温度也就越低，大致是纬度每增加 1°，气温就相差 1℃～1.2℃。

经度主要是反映离海洋远近的关系，离海洋越远，则雨量越少。

海拔主要与温度有关，海拔越高则温度越低，大致是海拔每升高 100 米，温度就要降低 0.5℃～0.6℃。

牧区幅员辽阔，根据南北向的热量差异，因而有暖温带、中温带和寒温带等不同植被类型。又根据东西向的湿润度差异，因而有湿润、半湿润、干旱和极旱等不同气候类型。

各地由于所处经、纬度位置和海拔高度的不同，所生牧草不仅在产量上有差异，而且在营养比上也有明显不同。营养比也叫氮碳化，即蛋白质与碳水化合物之比，一般把氮碳比在 1∶10 以上者叫宽营养比,1∶4以下者叫窄营养比,介于二者之间者叫中营养比。内蒙古各草原比较,东部草甸草原的氮碳比为1∶9～12,中部典型草原为1∶6～7.5,西部半荒漠草原为1∶4.4。原因是东部草原气候湿冷,光照较弱,则牧草含水量较多,碳水化合物含量较大。而气候干热、光照充足的西部草原,则牧草含水量较少,粗蛋白质与矿物质的含量较多。这就是说,西部区虽草稀而低,但干物质和蛋白质的含量较高,羊虽采食鲜草量少一些,但仍能够满足营养基本需求。

在各类型草原中,还由于地势有高有低,坡度有陡有缓,地面有梁有洼,坡向有阴有阳,反映在所生草类和草丛高度上,也明显存在不同,这就给四季放牧带来很大的选择和回旋余地。

陡坡和梁地土层较薄,水分较少,故所生牧草较低矮稀疏。而缓坡与洼地,由于土层厚而又水分多,故所生草较高而密。

坡向不同,主要是土壤温度与湿度上有差别。在一天之内,最高温度是在南偏西的坡向,最低是北偏东的坡向。一般是南坡(阳坡)比较干热,土层较薄,多耐旱性牧草,春季返青较早,秋季枯黄较晚。而北坡(阴坡)则比较湿冷,土层较厚,多喜湿性牧草,毒草分布较多,返青也较晚。

(2)高山与产草的关系　高山好似一个立体牧场,山顶、山腰与谷底虽相距并不太远,但由于海拔高度不同,故其温度、湿度以及所生草类,都存在明显差异。高山温度较低,湿度较大,所生草类多为菊科、莎草科、车前科和蓼科,茎短叶密,香味大,蛋白质含量高,粗纤维较少,而又蚊蝇危害小,故很适于夏季放牧抓膘。

(3)地区、年度、季节与产草的关系　由于自然气候的限制,所以在牧草生长上,明显存在以下几个不平衡:

①地区间产草不平衡　以内蒙古草原来说,从东到西,植被组成中的草本成分依次递减,灌木与半灌木成分依次递增,草丛高度与密度渐小,草质也渐趋于粗劣。从载畜量来说,草甸草原0.53

公顷地可养1只羊，典型草原为0.9公顷，干旱草原为1.3公顷，半荒漠草原为1.6公顷，荒漠则需2.3公顷。

②年度间产草不平衡　各年度产草情况，主要决定于当年的降水量及其分布。如以丰年的产草量为1，则歉年不足其1/3～1/2。具体到各草原来说，草甸草原的丰歉年产草变化在1倍以内，典型草原丰歉年之比在2倍左右，干旱草原丰歉相差在4倍以上，而荒漠则由于以灌木为主，故丰歉相差又下降到3倍乃至2倍左右。

③季节间产草不平衡　季节间产草不平衡，是影响放牧畜牧业的最大障碍，秋季通常为全年产草最高季节，如以此作为100，则夏季为80～90，冬季为50～70，春季仅30～50。冬春不仅草量减少，更严重的是营养损失高达75%以上，此时的枯草3～5千克才能顶得上暖季的青干草1千克。不同草地类型生产性能见表6-2。

**表6-2　不同草地类型生产性能**

| 项　目 / 草原类型 | 草　层 | | 产草量（千克/667米$^2$） | | 其　中（%） | | | |
|---|---|---|---|---|---|---|---|---|
| | 高　度（厘米） | 密　度（%） | 鲜　草 | 干　草 | 禾　草 | 豆科草 | 杂类草 | 灌木与半灌木 |
| 草甸草原 | 50～60 | 65～80 | 400～600 | 100～200 | 13.6 | 5.3 | 81.1 | — |
| 典型草原 | 30～40 | 35～45 | 200～400 | 80～100 | 67.9 | 1.1 | 21.2 | 9.8 |
| 干旱草原 | 10～15 | 15～25 | 100～200 | 50～100 | 53.9 | 1.2 | 21.0 | 23.8 |
| 半荒漠草原 | 10～25 | 10～25 | 80～200 | 40～100 | 31.8 | — | 12.4 | 55.8 |
| 荒　漠 | 15～50 | 10以下 | 40～100 | 20～60 | 1.0 | — | 2.0 | 97.0 |

**2. 各类草的营养特点**　禾本科、豆科、菊科、藜科和莎草科这

五大类草，不但种类多，分布广，而且各种羊都比较喜食，是全年的主要采食对象。

(1)禾本科草　禾本科草的主要特点是，碳水化合物的含量较多，可达47.8%，是供给羊体热能的主要饲草。粗蛋白质含量只在分蘖时期可高达18.1%(但此时生物产量低)，其他时期仅10.4%，不如其他科的草高。蛋白质与纤维素含量之比1：3。100千克开花期的干草含45～50个饲料单位。禾本科牧草中羊所喜吃的草类最多(有毒的仅个别种)，很适于调制干草，冬季保存也较好。在饲料价值总评上居第一位。在各类型草原中，以羊草、针茅、隐子草的出现为最多。

(2)豆科草　豆科草的主要特点是，蛋白质的含量较高(一年生的更高)，开花期平均为18.4%，高于其他科而仅次于十字花科，是供给羊体蛋白质的主要饲草。纤维素含量为27.8%，少于禾本科而高于藜科和莎草科。灰分含量中等，但钙含量较高，在饲料价值总评上居第二位。豆科牧草不耐践踏，羊过量采食易胀肚，调制干草时易落叶。在各类型草原中，以黄芪属、锦鸡儿属和棘豆属牧草出现较多。

(3)菊科草　菊科草的主要特点是脂肪含量高，平均为5%，茎的上部和叶可高达6%～8%。粗蛋白质的含量也与禾本科草很接近。蛋白质量与纤维量之比为1：1.5，在饲料价值上居第三位。菊科牧草在荒漠和半荒漠草原所占比重大，对放牧也具有很大的作用，特别是蒿属中的冷蒿与茵陈蒿更为突出。

(4)藜科草　藜科草的主要特点是灰分含量高(1年生多汁类可高达30%)，平均比禾本科草高3倍。灰分中以氯、钠、钙为最多，因此在本科分布较多的草场上放牧，可不补或少补盐。粗蛋白质含量也高于禾本科，在冬季可高出2～3倍。叶片蛋白质中所含胱氨酸、蛋氨酸和酪氨酸均较禾本科和豆科为多，特别能耐旱。饲料价值总评居第四位。

(5)莎草科草　莎草科草的主要特点是磷、钙较缺,其他营养成分与禾本科草相接近。但它特耐践踏,冬季保存好,在生长后期由于细胞壁充满二氧化硅,故适口性与消化率降低。比较有价值的是小型苔草属和蒿草属,饲料价值总评居第五位。

**3. 牧场的合理利用**　为做到畜草平衡,就一定要以草为前提,核定合理的载畜量,宁可少载轻牧一些,也不要超载滥牧,牧草的利用率以60%~65%较为合理。

为了避免过度放牧,可以某种牧草为标志来确定放牧程度。例如该地区碱草占绝对优势,即以碱草作为该地区的标志草种,然后以该草种的采食程度确定该地区的放牧程度。

分区轮牧,是将牧场划分成若干小区,按一定的顺序,逐区轮换利用。每小区能常放牧5~6天,然后转移到另一小区。分区轮牧,是合理利用牧场的一种有效放牧制度,可使牧草有休养生息机会,提高载畜量,减轻寄生虫的危害。据新疆紫泥泉羊场的多年试验,它比自由放牧牧草利用率提高25%,增重可提高10%~20%。每日对小区牧地的利用,可按"早放昨日地,午后换新区"的原则进行,上午到头天放牧的地段上,利用残草再度放牧,此时羊因饥饿而食欲高,对牧草挑剔少,可提高牧草的采食利用率,下午转移到相邻的新鲜牧地上放,以促其更多采食。

**4. 人工草料基地的建立**　草场不足和草地退化、生态恶化直接影响到养羊业的发展。为此,要合理利用草地资源和大力改良草原,提高产草量和草的质量。同时,在有条件的区域实施人工种草和充分利用农作物秸秆资源,增加草料储备,争取每个养羊户都能有3个月左右的半舍饲条件。

在草料基地的规模和布局上,应倡导自力更生,因地制宜,小型为主,分散为主,不贪大求全。因牧区居住分散,交通不便,靠长途运草料是很不经济的,而且"远水不解近渴"。应宣传鼓励牧民增加投入,走建设养畜的道路,逐步实现草库伦内的水、草、料、林、机互相配套。

在肥水条件好的地区，宜选种玉米、燕麦、大麦、苜蓿、草木樨、披碱草、羊草、草谷子、无芒雀麦、胡萝卜、饲料甜菜、豌豆、箭筈豌豆、沙打旺等高产植物。

在干旱风沙地区，宜选播沙蒿、花棒、秣食豆、棘豆、沙棘、沙柳、沙蓬、驼绒藜、沙竹、白刺等生命力很强的固沙植物。荒山荒坡，要围绕水土保持，建立以柠条为主的灌丛草场。在盐渍化较重的地区，宜选播碱谷（龙爪稷）等耐盐植物。

**（二）放牧方法**

科学的放牧管理，不但是合理利用草原的基础，也是提高养羊业生产水平的有效途径。

牧羊人要熟知羊的习性，善于照护羊群，通晓牧地和牧草，牢记“不要把羊赶过草地，而要使草通过羊群”。要全年立足一个“膘”字，着眼一个“草”字，防范一个“病”字，狠抓一个“放”字。

在日常工作中，要注意做到两季慢（春、秋两季放牧要慢），三坚持（坚持跟群放牧、早出晚归、每日饮水），三稳（放牧、饮水、出入圈要稳）四防（防跑青、扎窝子、狼和病）。

**1. 春季放牧** 春季的羊不但乏瘦，还要产羔，牧场枯草也日渐减少，特别是3、4月份，冬羔待哺，春羔正生，气候寒暖不定，牧草青黄不接，这是牧区养羊最困难的季节。

春季放羊的好坏，对全年放牧关系很大。此时应加强管理，放出个“好群规”来，以防跑青。牧民普遍认为，此时要稳字当头，经常在前面拦羊领羊，做到“有草没草，不跑就好”。此时如养成爱跑习惯，以后也很难纠正。

放牧中如遇暴风冷雨，应尽早拢群往回赶。如拢不住群，听其顺风乱跑，则有可能引起成批丢失或死亡。

接羔时期，出牧前应检查一次羊群，发现有临产征兆者一律留家。放牧中要注意那些走走停停的母羊，往往经过这样几次就要产羔。为防羔羊受冻，应及时将羔送回。对带羔母羊群应特别注意高草丛与灌木丛的巡视，以防羔羊因贪卧而丢失。

当最低气温稳定通过0℃后，各种牧草相继萌发。出土较早的牧草有冰草、针茅、碱草、羊茅、锦鸡儿、野豌豆、冷蒿、蒲公英、叉枝鸦葱、伏地肤、珍珠、寸草苔、古葱、委陵菜等。这些草能较早供羊采食，对恢复体力有特殊作用。白头翁出土后很快开花，羊争相采食，该草营养价值高，并有很好调理胃肠功能和驱虫作用。荨麻不但萌发早，而且所含胡萝卜素比其他草要高出15～20倍，可作为补充维生素A的重要来源。

牧草返青时间的地区差异，大致是海拔相差150米，南北相差150千米，要相差4～5天。

羊群因久不吃青，难免嘴馋，见青就跑，此即所谓“跑青”。其最大弊害处是：

①青草萌发初期，远看一片绿，近看光秃秃，既矮又稀，结果跑路很多，得食极少，体力消耗很大。

②冰雪消融，地面湿软，过早啃食，不但有碍牧草生机，践踏也易破坏根系。一般要求草高5～8厘米后才能开始放青。

③毒草一般都出土较早，此时如不加控制，羊群急于吃青，也易误食中毒。

④由长期吃干草突然转为吃青草，也易造成臌胀、腹泻等消化道疾病。

为此，应采取“躲青放干”的办法，干脆到高岗、阴坡、高草地等青草萌发晚的地方去放，由于看不到青，自然能安心吃草。几天后可逐渐过渡为全日放青。

低湿地段和阴湿的北坡，毒草分布较多，幼嫩时期的毒性很强。为此，应推迟放牧时间，等毒草长大，毒性减弱后再去放。或是等羊群吃至半饱后，再到有毒草的地段去放，羊就会自我拒绝采食毒草，万一吃进也能很快吐出来。

土壤盐渍化严重的地段，常在其上采食，盐碱粉尘吹入毛丛后对毛纤维有一定的腐蚀性，易引起毛质下降。

北方的很多牧区，每年要用到“小满”以后才能终霜。霜的特点“春打圪梁秋打洼”，梁坡地往往受霜最重。霜冻后的幼嫩青草，像煮熟一样发蔫变色，营养价值降低，母羊大量采食后乳质变劣，易使羔羊腹泻。

放青前，应将绵羊尾部和大腿内侧的毛剪掉，以免吃青腹泻后，粘连成大粪块影响行动，而且对羊毛也有污染，降低羊毛品质。

影响羊群活动的各月低温标准不同，1 月份为－27℃，2 月份为－20℃，3 月份为－15℃，4 月份为－8℃，5 月份为－2℃。因 5 月份羊群正值瘦弱脱毛时期，对外界环境温度变化很敏感。特别是剪毛后如遇冷雨突然袭击，更易造成大批感冒或死亡。

**2. 夏季放牧**　夏季水多草旺，牧草营养价值很高，折合为干物质计算，很接近于燕麦粉，适口性和消化率也很强。

此期羊群由于营养得到加强，皮肤开始增厚，毛细血管增多，酶的合成作用增强，因而毛的生长强度要比冬春季节高 4 倍。乳腺功能旺盛，泌乳高峰通常在此时出现，泌乳母羊较非泌乳母羊要多采草 35％～40％。增重能力很高，平均日增重可达 200 克以上。因此，应充分利用夏季有利时机，大力搞好放牧，以促进羊群尽快抓膘复壮，更多产奶长毛。

5、6 月份，是牧区养羊最繁忙的季节，羊群的鉴定整群、剪毛抓绒、预防注射、药浴驱虫和移场放牧等生产环节，都需要在此时期突击完成。剪毛中应注意把眼圈周围的毛剪掉，蹄形不正的要加以修剪。

放牧地应选在高山、丘陵及其他较高的梁坡地，因为这些地方地势高燥，风大风多，草低而稀，蚊蝇藏不住，较能安静采食，寄生虫的感染也可减少。而滩地和低湿地的草，虽高而密，但水分含量大，羊不爱吃，吃了也不易上膘，再加上蚊蝇骚扰，故不宜夏季放牧。试验表明，整个夏季在低湿地段放牧的羊群，不但不见增膘，反而体重下降。

出牧之初，由于饥饿食欲高，对牧草选择较少，行进速度慢(10米/分以下)，空走少。当采食到一定程度后，进行速度开始加快(10～15米/分)，让羊采食更多的新鲜草。中午羊卧地休息。下午3～4时后，羊采食速度加快，采食又逐渐增多，俗话说“日头压山吃草欢”。

高山放牧，上下坡要盘旋而行，防止直上直下和快赶，轰赶过急，常易造成事故。

夏季多雨，小雨可照常出牧，背雨前进，如遇雷阵雨，应迅速将羊赶至高处背风地带，避开河槽和沟底，以免山洪暴发时将羊群卷走。如久雨不停，应不时轰动羊群活动产热，以免受凉感冒。“羊遇下雨天，皮毛须吹干”，雨淋未干的湿毛羊，归牧后应先在圈外继续风干，不能立即赶入。因此时湿毛正大量蒸发水汽，赶入圈内挤在一起，易使羊体受热，毛被受到影响。

羊鼻蝇在晴朗无风的天气十分猖獗，随时飞附在羊的鼻孔产蛆(即以后的鼻蝇蛆)，造成羊群极度不安，四处惊惶逃窜，俗称“跑蜂”，有的羊群鼻蝇蛆寄生率可高达100%，严重影响羊群采食和健康。寄生后期常使羊呼吸不畅，烦躁不安，日趋消瘦。

在羊的皮肤破伤处，如不及时消毒处理，常可带来草原肉蝇的大量产卵生蛆，疯狂侵食羊体组织。常在潮湿泥泞地带放牧的羊群，也会使腐蹄症增多，对此不可不防。

无论是放牧还是舍饲或是半放牧半舍饲，不同年龄的羊对牧草的消化吸收利用是不一样的，在放养中亦是不容忽视的问题。不同年龄羊对牧草的消耗比较见表6-3。

表 6-3 不同年龄羊的牧草消耗比较 (单位:千克)

| 项目 \ 年龄 | 10月龄 | 2岁 | 3岁 | 4岁 | 5岁 | 6岁 |
| --- | --- | --- | --- | --- | --- | --- |
| 活重 | 36.6 | 51.2 | 55.2 | 57.7 | 60.1 | 59.9 |
| 产肉 | 13.8 | 21.8 | — | 25.8 | 26.8 | 25.8 |
| 消耗牧草累计量 | 292.8 | 1040 | 1846 | 2688 | 3566 | 4440 |
| 每千克肉所消耗的牧草 | 21.2 | 47.7 | — | 104.1 | 133.6 | 172.1 |
| 每千克肉所增加的牧草倍数 | 1 | 2.2 | — | 4.9 | 6.3 | 8.1 |

## 第三节 舍饲管理

自古养羊是以放牧为主,而且这一方式一直延续到现在。但是,随着养羊数量的增加,人为因素对草地资源(开荒、开矿、毁林等)的破坏,再加上干旱、鼠害和虫害等多方面的因素,破坏了草地资源和生态环境,使我国沙化面积则不断扩大,草地面积逐年减少,草地生产能力下降,草地压力越来越大,也使养羊业发展受到了严重的影响。因此,在发展养羊业的同时,必须考虑到草地生态环境的恢复和畜牧业的可持续发展,必须改变传统的放牧习惯,发展舍饲养羊,这是今后养羊业发展的主要趋势。在现代畜牧业生产中,养羊业由传统的放牧养殖方式快速向规模化、集约化和工厂化管理的舍饲养殖方式的方向发展,实现有计划、有组织、合理地生产优质的订单产品,达到安全高效养殖的目的。推行舍饲养殖,实现生产经营模式的创新,可大大减轻草场的压力,缓解草畜矛盾,有效地保护生态环境和解决天然草原休牧禁牧后的畜牧业发展问题。发展舍饲养殖,要充分利用农区丰富的农作物秸秆资源,在降低生产成本的同时,确保饲草料的均衡供给。要加强舍饲养羊的基础设施建设,加强从品种到饲养管理各个环节的精细管理,确保舍饲养羊的经济效益。

## 一、舍饲养羊的特点

### (一)舍饲养殖不仅是养殖方式的改变,而且是养殖技术的集成创新

养羊业是我国传统的畜牧产业,自古以来一直采用放牧养殖方式,即使在养羊业发达的国家,养羊也主要以放牧为主。放牧可以使羊在运动中采食各种各样的牧草,采食营养相对较全,也可在放牧运动过程中将羊粪尿直接排泄在草地中,有助于草地有机肥的增加。放牧可以充分利用天然的、人们不能直接利用的光合作用产物——牧草、灌木等,通过羊的转化使其为人类提供毛、皮、肉等,产生一定的经济效益,而且可通过合理的放牧利用,有助于草的生长,也可减少火灾隐患。放牧养殖饲养成本较低,对稳定养羊业的收入起到了非常重要的作用。

舍饲养殖是将传统的放牧养殖转变为完全在圈舍内进行养殖的一种方式,它不仅仅是养殖场所发生变化,而是围绕创建养殖环节、保障养殖效益、提供安全产品而进行一系列的技术、设施、管理、经营等方面的变化,其要求的程度更高,生产的难度更大,养殖风险也进一步加大。

### (二)舍饲养殖需要相对完善的养殖基础设施条件

舍饲养殖需要相应的基础设施,需要具有一定面积的圈舍和运动场,而且圈舍建筑要符合羊的生活习性、防疫要求和人们的管理方便的需要,既要经济又要实用。一个相对标准的舍饲养殖场应配备的基础设施有:办公场所和办公设备、饲草料加工机械和储备场所、羊舍及运动场、堆粪场及粪污处理设备、消毒池及消毒设备、医疗防疫设备、水电暖供应保障设施等。

### (三)舍饲养殖需要相对较好的经济基础

舍饲养殖生产过程需要较多的资金支撑,从饲草料的购买、羊舍建筑、各种机械设备、人员工资、水电暖、品种及技术引进等每一个生产环节都离不开资金。因此,若没有足够的周转资金,往往会造成从某一环节到多个环节的生产困难,致使生产无法正常运转,羊的生产性能无法得到充分发挥,经济效益受到很大的影响。

### (四)舍饲养殖需要相对较高的、集成的养殖技术

舍饲养殖需要适应舍饲养殖的新品种和繁殖技术、疫病防控技术、羊舍建筑及使用技术、养殖环境控制技术、营养平衡技术、饲草料生产与加工技术、粪污处理技术、生产管理技术和经营经验、市场营销技术等。

### (五)舍饲养殖有助于新技术的应用

舍饲养殖完全不同于传统意义上的养殖,不仅需要新技术的集成创新与应用,而且由于在舍饲养殖的情况下,养殖品种、养殖环境、饲草料的供应、防疫措施等都必须按照技术要求有序地落实,更有利于新技术的推广应用,有利于新技术的创新。

### (六)舍饲养殖需要充足均衡的饲草料生产和供应保障

舍饲养殖羊所需要的一切营养物质都是通过人工供应,人工所供应的营养物质是否能够满足羊的生长发育和生产需要,决定了生产性能是否能够得到充分发挥,而饲草料配置是否合理除影响生产性能发挥外,还直接影响到养殖经济效益。若饲料营养不全或饥饿会造成生长发育不良和生产性能下降,若饲料营养过剩会造成营养浪费和养殖成本的增加,两者都直接影响到经济效益。在舍饲养殖中饲草料能否全年均衡供应和合理供应也是影响养殖效益的最为关键的因素之一。有些养羊场往往因饲草

料不足而造成生产性能下降甚至羊群死亡的现象，即使在放牧条件下也要考虑到冬季或在遭受雪灾情况下羊的饲草储备，必须引起重视。

**(七)舍饲养殖有利于规模化、标准化生产和产业的快速发展**

随着生态环境、草地保护力度加大和产业结构的调整，舍饲养殖发展迅速，不少地区建成了大规模标准化的舍饲养殖场，为新技术的示范应用奠定了良好的基础，标准化的养殖使产品的一致化程度提高，从饲草料生产与加工、饲养、产品加工与销售，形成相对完整的产业链，为区域产业的发展起到了示范带动作用，促进了产业的快速发展。

**(八)舍饲养殖不仅有利于生态环境恢复，也有利于带动相关产业的发展**

舍饲养殖使天然牧草有休养机会，这对于生态环境恢复，特别是草地资源保护起到了积极的作用。同时，舍饲养殖的发展带动了饲料种植生产、饲料加工与运输、畜产品的加工等相关产业的发展，也提供了更多的劳动力就业岗位。舍饲养殖发展为粮食及饲草种植提供了更多的有机肥，不仅促进了粮食种植业的发展，也增加了饲草料的供应能力，社会效益较为显著。

**(九)舍饲养殖经济效益制约因素更多，经济效益是制约舍饲养殖的关键**

舍饲养殖由于舍饲条件建设、技术投资、饲草料投资和人员成本增加等诸多因素致使养殖成本增加比较突出，在很大程度上影响舍饲养殖的经济效益，若舍饲养殖经济效益不显著或养殖亏损都直接影响到舍饲养殖的实施和推广。因此，在目前的养殖技术和市场价格的条件下，经济效益或成为制约舍饲养羊的主要因素之一。

## 二、绒毛用羊舍饲饲草料及营养需求

### (一)绒毛用羊常见的饲料

羊的一切生命活动依赖于饲料,饲料是发展羊的物质基础。羊必须不断地从外界取得营养物质,维持和补充正常生理活动过程的消耗,如呼吸、心脏搏动、运动等,并用于羊的生长、繁殖、产肉、产毛、产皮、产奶等生产的营养需求。

我们把在一定的条件下凡能满足羊维持生命和生产所需要和能被羊直接或间接利用的无毒、副作用的物质,称为羊的饲料。饲料占养殖成本的70%左右,饲料的性质及合理加工配制,在很大程度上左右着羊的生产性能高低、产品质量以至于生命,直接影响着养羊的经济效益。

**1. 饲料来源** 羊是草食家畜,具有反刍动物特殊的消化生理结构和功能,采食性广,采食的植物种类比其他家畜多,饲料来源比其他家畜广(表6-4)。

**表6-4 各种家畜采食的植物种类比较**

| 畜　种 | 试喂种类 | 采食种类 | 不食种类 | 采食植物(%) |
|---|---|---|---|---|
| 山　羊 | 690 | 607 | 81 | 88 |
| 绵　羊 | 655 | 522 | 333 | 80 |
| 牛 | 685 | 502 | 183 | 73 |
| 马 | 655 | 420 | 235 | 64 |
| 猪 | 314 | 145 | 169 | 46 |

羊饲料包括植物饲料、矿物质饲料和维生素饲料等。其中99%的饲料来源于植物饲料,包括各种牧草、灌木枝叶、乔木落叶、

作物秸秆、作物子实及各种农副产品等，矿物质饲料、维生素饲料的用量比较少，如食盐、石粉和维生素添加剂等。其中玉米秸、豆秸、麦秸、高粱秸、花生秧、地瓜秧、葵花盘及各种野生杂草和树叶等，其营养特点是，粗纤维含量高，干物质中粗纤维含量为 31%～45%，蛋白质含量低，豆科秸秆含蛋白质 8.9%～9.6%，禾本科秸秆含蛋白质 4%～5.6%。为提高粗饲料的采食利用率，应采用青贮、微贮或切短、粉碎等方式进行加工处理。

玉米、燕麦、高粱、麸皮、豆粕(饼)、棉籽饼、葵花饼、菜籽饼、胡麻饼等，具有粗纤维含量低、消化率也高，能量和粗蛋白质含量丰富的一类饲料作为精饲料，起到主要营养物质的补充和营养平衡的作用。这类饲料应按营养成分和羊的营养需要按比例进行配制。

(1)牧草　可被羊利用的草本植物叫做牧草，包括水生植物。我国牧草丰富，有发展养羊业的良好物质基础。在我国北方有 267 亿公顷的草原，差不多是耕地总面积的 3 倍。在我国南方还有 1 亿公顷的草山草坡可作为羊的牧地，有许多水生植物也可用作羊的饲料。在农区也有许多草山、草坡、零星草地和田间杂草可供利用。新中国成立以来，我国在牧草的改良和栽培上做了大量的工作，飞机播种和人工种植牧草 0.67 亿多公顷，对我国养羊业的发展起到了积极的作用。

(2)乔、灌木枝叶　在草山草坡上，有大量可被羊食用的灌木的细枝嫩叶和乔木的落叶。在农区，可被羊食用的树叶也很多，如柳树叶、刺槐叶、榆树叶、杨树叶及各种果树叶等，营养含量极为丰富。这些都是供羊食用的很好的饲料。

(3)农作物秸秆、作物子实及其加工副产品　我国畜牧业主要由牧区的畜牧业和农区畜牧业所组成，城市畜牧业在近几年发展也非常迅速。农区的面积较牧区大，饲草、饲料的产量也比牧区多，加之良好的气候条件、丰富的人力资源和技术优势，使农区正在迅速发展成为我国草食家畜生产的主要基地。我国每年生产 4

亿多吨粮食，同时也生产了5亿多吨的秸秆，其数量之大差不多是北方草原每年收打干草量的50倍。所以，在农区发展草食家畜，走秸秆畜牧业的道路，具有很好的物质基础。除此之外，农区还有大量的饲料用粮，如玉米、高粱、大麦、莜麦等；还有许多块根、块茎类饲料，如胡萝卜、白萝卜、马铃薯、南瓜等；还有大量的加工副产品，如棉籽饼、棉仁饼、豆饼、胡麻饼、菜籽饼、葵花饼、麦麸、豆腐渣、酒糟、醋糟等。所有这些都是羊很好的饲料。

(4)*矿物质饲料及维生素饲料*　矿物质饲料、维生素饲料有食盐、石粉和多种维生素添加剂等。这些饲料在羊的饲料中占的比例很小，但由于其营养功能独特，在养羊中是不可缺少的饲料之一。食盐及钙、磷、硫等矿物质饲料的添加量一般占精料的2%左右。每只羊每天补充5～10克食盐即可，可添加在精饲料中，也可将盐砖悬挂在羊舍中间让羊自由舔食。饲料中钙、磷添加比例应为1.5～2∶1，常用的原料为饲料级磷酸氢钙。硫参与机体中间代谢和去毒过程，有助于对日粮纤维物质的消化和氮的利用和沉积，改善绒毛纤维的品质。日粮中缺硫时，羊只会食欲减退、生长缓慢、体重减轻、掉毛、绒毛纤维品质下降、母羊泌乳量下降等。摄入硫过多会出现腹泻、脱水、肺出血等症状。所以，饲料含硫的适宜水平为0.20%～0.23%（干物质）。舍饲期必须补充足够的维生素A、维生素D、维生素E。对于早期断奶的羔羊还要补充B族维生素。微量元素（主要是指锌、钴、碘、锰、铁、硒及铜等）是舍饲期羊生长发育中必不可少的添加剂，可按说明书的要求添加。

动物饲料虽广泛用于畜牧养殖中，但在草食动物的饲料中国家禁止添加和使用各种动物及其副产品为原料加工而成的饲料，如鱼粉、骨粉、血粉、贝壳粉、肉骨粉、羽毛粉等。

**2. 绒毛用羊饲草料需求量**　鉴于在舍饲养羊生产中羊所有的饲草和饲料全部由人工供应，因此应在养殖的同时一定要准备好羊群全年的饲草和饲料用量，不至于造成储备不足而影响养羊生产。

饲草的储备量应根据养殖数量、饲草的种类和利用方式、利用率而定。若是储备类似苜蓿草之类易消化采食、利用率高的饲草，储备量要少点。若是储备以农作物秸秆、灌木枝条这一类的饲草时，由于采食利用率有限，则需要多储备点。羊对草的需要量与羊的品种、性别、体重、生产类型有密切的关系。根据有关资料计算，一般羊每天对饲草、饲料的需要量为羊体重的 3%～4%。按 40 千克的成年母羊计算，每天所需要的风干物质为 1.5 千克左右，若考虑到饲草的利用率，每只母羊所需要准备的饲草量应为 1.8 千克左右，每年需要的饲草为 700 千克左右；种公羊每年所需要的饲草量约为 900 千克；当年羔羊育肥出栏时，每只羔羊所需要的饲草量为 150～200 千克。

### （二）绒毛用羊营养需求

不同品种、不同生产方向和不同生理状况的羊对营养物质的需求量不同。毛用羊对营养的需要与其他用途羊有些差异。毛纤维是由蛋白质组成的，其中含硫氨基酸很重要。在羊体沉积的蛋白质中用于形成羊毛的比例很小。用于产毛的能量需要也较少，只占维持需要的 10%左右。矿物质对羊毛品质的影响较明显，其中以硫和铜比较重要。有机硫在毛囊发生角质化过程中是一种重要的刺激素，既可增加羊毛产量，也可改善羊毛弹性和手感。毛用羊饲料中硫和氮的比例以 1∶10 为宜。缺铜时，毛囊内代谢受阻，毛的弯曲较少，毛色素的形成也受影响。严重缺铜时，还能引起铁的代谢紊乱，造成贫血，产毛量下降。

饲养标准就是通过大量的消化代谢和饲养试验测出羊在不同的体重、不同的生理状态和不同的生产水平下对各种营养的需要量，加以整理分析后制定的一个相对合理的指标。由于测定时的环境条件和试验羊种的不同，所以各地的饲养标准也不完全相同，仅是一个相对合理的参考标准。表 6-5 至表 6-9 为细毛羊、半细毛羊的营养参考标准，表 6-10 至表 6-13 为内蒙古绒山羊的营养参考标准。

**表 6-5　育成母羊及空怀母羊的饲养标准**

| 月　龄 | 体 重<br>(千克) | 风干<br>饲料<br>(千克) | 消化能<br>(兆焦) | 可消化粗<br>蛋白质<br>(克) | 钙<br>(克) | 磷<br>(克) | 食盐<br>(克) | 胡萝<br>卜素<br>(克) |
|---|---|---|---|---|---|---|---|---|
| 4～6 | 25～30 | 1.2 | 10.9～13.4 | 70～90 | 3.0～4.0 | 2.0～3.0 | 5～8 | 5～8 |
| 6～8 | 30～36 | 1.3 | 12.6～14.6 | 72～95 | 4.0～5.2 | 2.8～3.2 | 6～9 | 6～8 |
| 8～10 | 36～42 | 1.4 | 14.6～16.7 | 73～95 | 4.5～5.5 | 3.0～3.5 | 7～10 | 6～8 |
| 10～12 | 37～45 | 1.5 | 14.6～17.2 | 75～100 | 5.2～6.0 | 3.2～3.6 | 8～11 | 7～9 |
| 12～18 | 42～50 | 1.6 | 14.6～17.2 | 75～95 | 5.5～6.5 | 3.2～3.6 | 8～11 | 7～9 |

**表 6-6　妊娠母羊的饲养标准**

| 月<br>龄 | 体 重<br>(千克) | 风干<br>饲料<br>(千克) | 消化能<br>(兆焦) | 可消化粗<br>蛋白质<br>(克) | 钙<br>(克) | 磷<br>(克) | 食盐<br>(克) | 胡萝<br>卜素<br>(克) |
|---|---|---|---|---|---|---|---|---|
| 妊娠<br>前期 | 40 | 1.6 | 12.6～15.9 | 70～80 | 3.0～4.0 | 2.0～2.5 | 8～10 | 8～10 |
| | 50 | 1.8 | 14.2～17.6 | 75～90 | 3.2～4.5 | 2.5～3.0 | 8～10 | 8～10 |
| | 60 | 2.0 | 15.9～18.4 | 80～95 | 4.0～5.0 | 3.0～4.0 | 8～10 | 8～10 |
| | 70 | 2.2 | 16.7～19.2 | 85～100 | 4.5～5.5 | 3.8～4.5 | 8～10 | 8～10 |
| 妊娠<br>后期 | 40 | 1.8 | 15.1～18.8 | 80～110 | 6.0～7.0 | 3.5～4.0 | 8～10 | 8～10 |
| | 50 | 2.0 | 18.4～21.3 | 90～120 | 7.0～8.0 | 4.0～4.5 | 8～10 | 8～10 |
| | 60 | 2.2 | 20.1～21.8 | 95～130 | 8.0～9.0 | 4.0～5.0 | 9～12 | 10～12 |
| | 70 | 2.4 | 21.8～23.4 | 100～140 | 8.5～9.5 | 4.5～5.5 | 9～12 | 10～12 |

表 6-7　哺乳母羊的饲养标准

| 月　龄 | 体重（千克） | 风干饲料（千克） | 消化能（兆焦） | 可消化粗蛋白质（克） | 钙（克） | 磷（克） | 食盐（克） | 胡萝卜素（克） |
|---|---|---|---|---|---|---|---|---|
| 单羔日增重0.2～0.3千克 | 40 | 2.0 | 18.0～23.4 | 100～150 | 7.0～8.0 | 4.0～5.0 | 10～12 | 6～8 |
| | 50 | 2.2 | 19.2～24.7 | 110～190 | 7.5～8.5 | 4.5～5.5 | 12～14 | 8～10 |
| | 60 | 2.4 | 23.4～25.9 | 120～200 | 8.0～9.0 | 4.6～5.6 | 13～15 | 8～12 |
| | 70 | 2.6 | 24.3～27.2 | 120～200 | 8.5～9.5 | 4.8～5.8 | 13～15 | 9～15 |
| 双羔日增重0.3～0.4千克 | 40 | 2.8 | 21.8～28.5 | 150～200 | 8.～10.0 | 5.5～6.0 | 13～15 | 8～10 |
| | 50 | 3.0 | 23.4～29.7 | 180～220 | 9.0～11.0 | 6.0～6.5 | 14～16 | 9～12 |
| | 60 | 3.0 | 24.7～31.0 | 190～230 | 9.5～11.5 | 6.0～7.0 | 15～17 | 10～13 |
| | 70 | 3.2 | 25.9～33.5 | 200～240 | 10～12 | 6.2～7.5 | 15～17 | 12～15 |

表 6-8　种公羊的饲养标准

| 配种量 | 体重（千克） | 风干饲料（千克） | 消化能（兆焦） | 可消化粗蛋白质（克） | 钙（克） | 磷（克） | 食盐（克） | 胡萝卜素（克） |
|---|---|---|---|---|---|---|---|---|
| 非配种期 | 70 | 1.8～2.1 | 16.7～20.5 | 110～140 | 5～6 | 2.5～3.0 | 10～15 | 15～20 |
| | 80 | 1.9～2.2 | 18.0～21.8 | 120～150 | 6～7 | 3.0～4.0 | 10～15 | 15～20 |
| | 90 | 2.0～2.4 | 19.2～23.0 | 130～160 | 7～8 | 4.0～5.0 | 10～15 | 15～20 |
| | 100 | 2.1～2.5 | 20.5～25.1 | 140～170 | 8～9 | 5.0～6.0 | 10～15 | 15～20 |
| 每天配种2～3次 | 70 | 2.2～2.6 | 23.0～27.2 | 190～240 | 9～10 | 7.0～7.5 | 15～20 | 20～30 |
| | 80 | 2.3～2.7 | 24.3～29.3 | 200～250 | 9～11 | 7.5～8.0 | 15～20 | 20～30 |
| | 90 | 2.4～2.8 | 25.9～31.0 | 210～260 | 10～12 | 8.0～9.0 | 15～20 | 20～30 |
| | 100 | 2.5～3.0 | 26.8～31.8 | 220～270 | 11～13 | 8.5～9.5 | 15～20 | 20～30 |

续表 6-8

| 配种量 | 体重（千克） | 风干饲料（千克） | 消化能（兆焦） | 可消化粗蛋白质（克） | 钙（克） | 磷（克） | 食盐（克） | 胡萝卜素（克） |
|---|---|---|---|---|---|---|---|---|
| 每天配种3～4次 | 70 | 2.4～2.8 | 25.9～31.0 | 260～370 | 13～14 | 9～10 | 15～20 | 30～40 |
| | 80 | 2.6～3.0 | 28.5～33.5 | 280～380 | 14～15 | 10～11 | 15～20 | 30～40 |
| | 90 | 2.7～3.1 | 29.7～34.7 | 290～390 | 15～16 | 11～12 | 15～20 | 30～40 |
| | 100 | 2.8～3.2 | 31.0～36.0 | 310～400 | 16～17 | 12～13 | 15～20 | 30～40 |

表 6-9 育成公羊的饲养标准

| 月龄 | 体重（千克） | 风干饲料（千克） | 消化能（兆焦） | 可消化粗蛋白质（克） | 钙（克） | 磷（克） | 食盐（克） | 胡萝卜素（克） |
|---|---|---|---|---|---|---|---|---|
| 4～6 | 30～40 | 1.4 | 14.6～16.7 | 90～100 | 4.0～5.0 | 2.5～3.8 | 6～12 | 5～10 |
| 6～8 | 37～42 | 1.6 | 16.7～18.8 | 95～115 | 5.0～6.3 | 3.0～4.0 | 6～12 | 5～10 |
| 8～10 | 42～48 | 1.8 | 16.7～20.9 | 100～125 | 5.5～6.5 | 3.5～4.3 | 6～12 | 5～10 |
| 10～12 | 46～53 | 2.0 | 20.1～23.0 | 110～135 | 6.0～7.0 | 4.0～4.5 | 6～12 | 5～10 |
| 12～18 | 53～70 | 2.2 | 20.1～23.4 | 120～140 | 6.5～7.2 | 4.5～5.0 | 6～12 | 5～10 |

表 6-10 绒山羊成年母羊的营养需要

| 维持需要 | | | | | | |
|---|---|---|---|---|---|---|
| 体重（千克） | 干物质采食量（千克） | 代谢能（兆焦） | 可消化粗蛋白质（克） | 钙（克） | 磷（克） | 食盐（克） |
| 30 | 0.93 | 5.43 | 43 | 3 | 2 | 10 |
| 35 | 0.99 | 6.23 | 50 | 3 | 2 | 10 |
| 40 | 1.06 | 7.11 | 60 | 3 | 2 | 10 |
| 45 | 1.13 | 7.94 | 70 | 3 | 2 | 10 |
| 50 | 1.20 | 8.82 | 80 | 3 | 2 | 10 |

**续表 6-10**

| 体 重<br>（千克） | 干物质<br>采食量<br>（千克） | 代谢能<br>（兆焦） | 可消化<br>粗蛋白质<br>（克） | 钙<br>（克） | 磷<br>（克） | 食 盐<br>（克） |
|---|---|---|---|---|---|---|
| 母羊产绒旺盛期(8～12 月份) | | | | | | |
| 30 | 1.11 | 6.52 | 52 | 3.6 | 2.4 | 12 |
| 35 | 1.19 | 7.44 | 60 | 3.6 | 2.4 | 12 |
| 40 | 1.27 | 8.49 | 72 | 3.6 | 2.4 | 12 |
| 45 | 1.36 | 9.57 | 84 | 3.6 | 2.4 | 12 |
| 50 | 1.44 | 10.62 | 96 | 3.6 | 2.4 | 12 |
| 妊娠后期(最后 2 个月) | | | | | | |
| 30 | 0.98 | 8.07 | 73 | 6 | 3 | 10 |
| 35 | 1.10 | 8.82 | 80 | 6 | 3 | 10 |
| 40 | 1.21 | 9.78 | 100 | 6 | 3 | 10 |
| 45 | 1.33 | 10.66 | 110 | 6 | 3 | 10 |
| 50 | 1.43 | 10.66 | 110 | 6 | 3 | 10 |
| 泌乳 1 千克 | | | | | | |
| 30 | 1.10 | 10.87 | 120 | 6 | 4.1 | 13 |
| 35 | 1.20 | 12.42 | 127 | 6 | 4.1 | 13 |
| 40 | 1.29 | 14.20 | 137 | 6 | 4.1 | 13 |
| 45 | 1.38 | 15.96 | 147 | 6 | 4.1 | 13 |
| 50 | 1.47 | 17.68 | 157 | 6 | 4.1 | 13 |

**续表 6-10**

| 体　重<br>(千克) | 干物质<br>采食量<br>(千克) | 代谢能<br>(兆焦) | 可消化<br>粗蛋白质<br>(克) | 钙<br>(克) | 磷<br>(克) | 食　盐<br>(克) |
|---|---|---|---|---|---|---|
| 泌乳 2 千克 | | | | | | |
| 30 | 1.25 | 16.30 | 120 | 7.5 | 5.15 | 13 |
| 35 | 1.35 | 18.60 | 127 | 7.5 | 5.15 | 13 |
| 40 | 1.44 | 21.28 | 137 | 7.5 | 5.15 | 13 |
| 45 | 1.53 | 23.87 | 147 | 7.5 | 5.15 | 13 |
| 50 | 1.62 | 26.54 | 157 | 7.5 | 5.15 | 13 |
| 泌乳 3 千克 | | | | | | |
| 30 | 1.40 | 21.74 | 145 | 9 | 6.2 | 13 |
| 35 | 1.50 | 24.83 | 152 | 9 | 6.2 | 13 |
| 40 | 1.60 | 28.34 | 162 | 9 | 6.2 | 13 |
| 45 | 1.69 | 31.77 | 172 | 9 | 6.2 | 13 |
| 50 | 1.78 | 35.36 | 182 | 9 | 6.2 | 13 |

**表 6-11　绒山羊初产母羊的营养需要**

| 体　重<br>(千克) | 干物质<br>采食量<br>(千克) | 代谢能<br>(兆焦) | 可消化<br>粗蛋白质<br>(克) | 钙<br>(克) | 磷<br>(克) | 食　盐<br>(克) |
|---|---|---|---|---|---|---|
| 初产母羊妊娠后期(最后 2 个月) | | | | | | |
| 30 | 1.08 | 6.86 | 91 | 7.5 | 3.75 | 12.5 |
| 35 | 1.21 | 10.07 | 100 | 7.5 | 3.75 | 12.5 |
| 40 | 1.33 | 12.25 | 125 | 7.5 | 3.75 | 12.5 |

续表 6-11

| 体　重（千克） | 干物质采食量（千克） | 代谢能（兆焦） | 可消化粗蛋白质（克） | 钙（克） | 磷（克） | 食　盐（克） |
|---|---|---|---|---|---|---|
| 泌乳 1 千克 | | | | | | |
| 30 | 1.21 | 13.59 | 118 | 7.5 | 5.13 | 16.25 |
| 35 | 1.32 | 15.51 | 126 | 7.5 | 5.13 | 16.25 |
| 40 | 1.42 | 17.72 | 139 | 7.5 | 5.13 | 16.25 |
| 泌乳 1.5 千克 | | | | | | |
| 30 | 1.38 | 20.40 | 149 | 9.38 | 6.44 | 16.25 |
| 35 | 1.48 | 23.28 | 158 | 9.38 | 6.44 | 16.25 |
| 40 | 1.59 | 26.59 | 171 | 9.38 | 6.44 | 16.25 |
| 45 | 1.33 | 10.66 | 110 | 6 | 3 | 10 |
| 50 | 1.43 | 10.66 | 110 | 6 | 3 | 10 |

表 6-12　绒山羊育成羊的营养需要

| 体　重（千克） | 干物质采食量（千克） | 代谢能（兆焦） | 可消化粗蛋白质（克） | 钙（克） | 磷（克） | 食　盐（克） |
|---|---|---|---|---|---|---|
| 育成公羊 | | | | | | |
| 20～25 | 0.73～0.86 | 6.23 | 100 | 5 | 3 | 8 |
| 25～27 | 0.86～0.91 | 7.11 | 110 | 5 | 3 | 8 |
| 27～30 | 0.91～0.98 | 7.94 | 120 | 6 | 4 | 8 |
| 30～35 | 0.98～1.10 | 8.82 | 140 | 6 | 4 | 8 |
| 35～40 | 1.10～1.33 | 10.66 | 160 | 6 | 4 | 8 |

**续表 6-12**

育成母羊

| 体　重<br>（千克） | 干物质<br>采食量<br>（千克） | 代谢能<br>（兆焦） | 可消化<br>粗蛋白质<br>（克） | 钙<br>（克） | 磷<br>（克） | 食　盐<br>（克） |
|---|---|---|---|---|---|---|
| 15～20 | 0.58～0.73 | 5.35 | 80 | 4 | 2 | 6 |
| 20～25 | 0.73～0.78 | 6.23 | 90 | 4 | 2 | 6 |
| 25～27 | 0.78～0.86 | 6.23 | 90 | 5 | 3 | 6 |
| 27～30 | 0.86～0.91 | 7.11 | 100 | 5 | 3 | 6 |
| 30～35 | 0.91～1.10 | 7.94 | 100 | 5 | 3 | 6 |

**表 6-13　绒山羊种公羊的营养需要**

非配种期

| 体　重<br>（千克） | 干物质采食量<br>（千克） | 代谢能<br>（兆焦） | 可消化粗<br>蛋白质（克） | 钙<br>（克） | 磷<br>（克） | 食　盐<br>（克） |
|---|---|---|---|---|---|---|
| 55 | 1.33 | 7.12 | 80 | 8 | 4 | 12 |
| 65 | 1.47 | 8.82 | 100 | 8 | 4 | 12 |
| 75 | 1.61 | 10.66 | 120 | 9 | 5 | 12 |
| 85 | 1.75 | 12.41 | 140 | 9 | 9 | 12 |

配种期

| 体　重<br>（千克） | 干物质采食量<br>（千克） | 代谢能<br>（兆焦） | 可消化粗<br>蛋白质（克） | 钙<br>（克） | 磷<br>（克） | 食　盐<br>（克） |
|---|---|---|---|---|---|---|
| 55 | 1.59 | 13.29 | 160 | 9 | 6 | 15 |
| 65 | 1.76 | 13.79 | 180 | 9 | 6 | 15 |
| 75 | 1.93 | 15.05 | 200 | 10 | 7 | 15 |
| 85 | 2.10 | 16.01 | 200 | 10 | 7 | 15 |

## 三、公羊的饲养管理

### (一)种公羊的饲养管理

种公羊是羊群的核心,对羊群改良和品质的提高有重要作用,关系到整个羊群后代的好坏(公羊好,好一群;母羊好,好一窝),一头好的公羊应体格健壮,精干,雄性特征明显,性欲旺盛,精液品质优良,生产性能独特。在饲养管理上要求比较精细。种公羊的饲养以保持中上等膘情,健壮、活泼、精力充沛、性欲旺盛为原则,过肥过瘦都不利于配种。在饲养上应做到饲料的多样性及精、粗饲料的合理搭配,保持较高的能量和蛋白质水平,同时满足维生素、矿物质的需要。种公羊圈舍要求配有运动场,种公羊必须有适度的运动时间,以提高精子的活力。种公羊的饲养管理要抓住以下几个关键时期。

**1. 非配种期**　种公羊在此期间,虽然没有配种任务,但仍需给予良好的饲养,每天应喂青贮、风干苜蓿草、其他优质青干草和混合精料(包括食盐)300～500克,保证充足饮水,保证运动场地和运动时间,使公羊保持中等以上的膘情和健康的体质。对种公羊应单独组群补饲管理,避免公、母混养,否则羊群采食不安,影响公羊性欲。

**2. 配种期**　在配种之前1月时应加强营养与运动量,到配种期精料应逐渐增加至500～800克,保证饮水。饲料方面除喂给其优质的鲜草、苜蓿干草、三叶草干草或青燕麦干草等青干草外,还应增加多汁饲料如胡萝卜、南瓜、菊芋、饲用甜菜等。另外,可适当补充鸡蛋和豆粕等蛋白质饲料,配种结束后不要突然降低营养水平而应逐渐降低至非配种期水平。在管理上应特别注意保证运动量,每日驱赶快走或小跑适当距离能明显提高精子质量,不要猛追猛赶、放冷鞭等。配种期种公羊应单独组栏，每只公羊每日采精以3次为宜，最多不超过4次，在连续采精3天后要停止采精，让公羊休息1天。采精时勿猛打惊吓公羊，假阴道内胎保持适宜压力、润滑和温度，以保持公羊良好的射精反应。

**3. 配种后恢复期** 配种结束后往往公羊比较消瘦，体重有所下降。为此，配种结束后种公羊的饲养管理重点是公羊膘情和体力的恢复，每天仍喂给优质的鲜草和青干草，精饲料的饲喂量要有所减少，逐渐过渡到非配种期的饲养管理。

### (二)后备公羊的饲养

后备公羊是在育成羊中经过严格选拔计划留用的种羊，饲养的重点是保证生长发育。饲喂优质的青草或青干草，适当补给少量的精饲料，根据体重和膘情，每天应补给精饲料200～300克，并要加强运动，保持健康的体质和体型，不要喂成大肚羊(草包肚)。饲喂时要少给勤添，多喂几次。舍内设置盐槽，让羊自由啖盐，饮水充足。

## 四、母羊的饲养管理

母羊是羊群发展的基础，母羊饲养管理的水平不仅影响到羊群发展的速度，也影响到羊群整体生产水平的提升和养殖经济效益的增加。

种母羊的饲养依生理特点和生产目的的不同分为空怀期、配种前的催情补饲期、配种期、妊娠前期、妊娠后期、哺乳前期和哺乳后期7个阶段，其饲养的重点是妊娠后期和哺乳前期这4个月。

### (一)空怀期饲养技术

空怀期是指种母羊从哺乳期结束后到下一配种期的一段时

间。空怀期的长短与生产者的要求有关，在一年一产的情况下，空怀期的时间为3～4个月(哺乳期按3～4个月计)。在一年二产或二年三产的情况下，空怀期的时间很短。空怀期饲养的重点是要求迅速恢复种母羊的体况，抓膘复壮，为下一个配种期做准备。饲养以青粗饲料为主，延长饲喂时间，每天喂3次，并适当补饲精饲料；对体况较差的可多补一些精饲料。在夏季能吃上青草时，可以不补饲；在冬季应当补饲，以保证体重有所增长为前提。在此阶段除要搞好饲养管理外，还要对羊群的繁殖状况进行调整，淘汰老龄种母羊和生长发育差、哺乳性能不好的种母羊，将这些种母羊进行育肥出售，从而保证羊群有很好的繁殖性能。

### (二)配种前的催情补饲

为保证种母羊在配种季节发情整齐、缩短配种期、增加排卵数和提高受胎率，在配种前2～3周，除保证青饲草的供应、适当喂盐、满足自由饮水外，还要对繁殖母羊进行短期补饲，每只每天喂混合精饲料0.2～0.4千克，这样做有明显的催情效果。

### (三)配种期饲养管理

配种期一般为2～3个发情期，山羊的发情期约为21天，绵羊发情期约为17天，但不同品种间的发情周期略有差异。配种期阶段的主要任务是控制羊群集中发情和适时配种，力争在2个发情期完成配种任务，每天都要观察母羊的发情和返情情况，做到及时发现发情母羊，适时配种不空怀。在有条件的养殖场实施人工授精技术，发情母羊每天配种2次，至不发情为止。若采用本交时，种公羊和繁殖母羊的比例不低于1∶25～30。

### (四)妊娠前期的饲养管理

种母羊的妊娠期为5个月，根据胎儿的发育情况可将妊娠期分为妊娠前期和妊娠后期。妊娠前期是指妊娠的前3个月，妊娠后期是指妊娠的后2个月。在妊娠前期由于胎儿发育较慢，所需的营养与空怀期无明显的差别，所以应按照空怀期的方法饲养，重点仍是抓膘，保持良好的膘度。在夏季仍以饲喂青草为主，可根据种母羊的膘情来决定是否补饲精饲料。在冬季由于缺乏青饲草，饲草的营养价值下降，不能满足种母羊的营养需要，所以一定要考虑补饲精饲料。在饲养上，要以保膘保胎为主。在夏季不要饲喂霉烂变质的饲草料；在冬季不喂带冰块的饲草和霜草，不饮冰碴水，以免发生流产。

**(五)妊娠后期的饲养管理**

妊娠后期的饲养管理是种母羊饲养管理中的主要环节和重要时期。在此阶段胎儿生长发育速度非常快，羔羊初生重的90%是在妊娠后期形成的，羊毛毛囊的形成也在这一阶段。在此阶段饲养管理的好坏不仅影响胎儿的生长发育，影响羔羊的初生重与体质，影响羔羊生后的发育和生产性能的发挥，而且影响妊娠母羊产后的泌乳性能等。所以，妊娠后期的饲养管理水平直接影响着羔羊一生的生产性能。为保证胎儿的正常发育，并为产后哺乳储备营养，应加强对妊娠母羊的饲养管理。对在冬春季产羔的母羊，由于缺乏优质的青草，饲草中的营养价值相对要差，所以应饲喂优质青干草。每只妊娠母羊每天补充含粗蛋白质较高的精饲料0.4～0.8千克、胡萝卜0.5千克，要特别注意保证钙、磷、食盐和维生素A和维生素D的供给，同时根据妊娠母羊体重的大小、膘情的好坏增加或减少精饲料的饲喂量，使妊娠母羊的日增重保持在170～200克。对在夏季和秋季产羔的妊娠母羊，由于可以采食到青草，饲草的营养价值相对较好，根据妊娠母羊的不同体况，每只妊娠母羊可以补充精饲料0.2～0.5千克、食盐10克。

对妊娠后期母羊的饲养管理的重点是抓膘、保胎。一是要满足妊娠母羊的营养需要，使妊娠母羊有一个好的膘情和理想的增重速度。二是要保胎，特别是妊娠的最后2个月，胎儿较大，妊娠母羊行动不便，切忌在羊出入羊舍和采食的时候相互拥挤造成流产。三是在夏季，由于气候热，体散热减少，羊的呼吸加快，严重时呼吸困难，影响母羊和胎儿正常的生理活动，因此要创造通风、凉爽的生活环境，采取搭建凉棚、早晚饲喂、改善羊舍的通风环境、满足饮水等措施，预防中暑。在冬季要注意不要让妊娠母羊采食有霜冻、冰碴的饲草，不饮冰凉水，早上不过早让羊出户外，做好羊舍的保温工作。四是在母羊舍，要注意妊娠母羊的饲养密度，防止舍内拥挤。五是要注意妊娠母羊的环境卫生和疾病防治，对各种病羊要及时治疗(包括患疥癣病)，在妊娠的前期要对羊进行驱虫。六是母羊临产前1周进入产房，产房要提前1周彻底清扫消毒，保持干燥清洁卫生、阳光充足、通风良好。地面可铺上垫料，舍内温度保持在8℃以上。临产前对母羊乳房及后躯部用3%～5%来苏儿溶液消毒，再用适温清水洗净擦干。

### (六)哺乳前期的饲养管理

按照传统的养羊习惯，羔羊的哺乳期为4个月，并根据母羊的泌乳特点和羔羊的消化特点，将羔羊的哺乳期分为哺乳前期和哺乳后期。哺乳前期是指产羔后的2个月内，哺乳母羊的饲养管理与妊娠后期的饲养管理一样重要，是饲养种母羊的关键。其原因有以下几点：一是母羊产羔后，体质虚弱，需要很快恢复。二是羔羊在哺乳期生长发育快，需要较多的营养。羔羊瘤胃发育不完全，采食和消化能力差，羔羊的营养完全依赖于母羊的乳汁，若母羊泌乳性能好，产奶量多，则羔羊的生长发育快、成活率高。三是从母羊的泌乳特点来看，母羊产羔后15～20天泌乳量增加很快，并在随后的1个月内保持较高的泌乳量，在这个阶段母羊将饲料转换为乳的能力比较强，增加营养可以起到增加泌乳效果的作用。2个月后的泌乳量逐渐减少，即使增加营养，也不会增加羊的泌乳量。所以，在泌乳前期必须加强哺乳母羊的饲养和营养。为保证母羊有较高的泌乳量，在夏季要充分满足母羊的青草的供应，在冬季要饲喂品质较好的青干草和各种树叶等。同时，要加强对哺乳母羊的补饲，根据母羊哺乳羔羊的数量、母羊的体况来考虑哺乳母羊的补饲量。一般每只哺乳母羊每天补饲精饲料0.5～1千克、食盐10～15克。但在母羊产羔后的2～5天，不宜饲喂较多的精饲料，以防止种母羊乳房炎的发生。饲料的增加要从少到多，有条件时多喂青绿饲草及补充胡萝卜等。

### (七)哺乳后期的饲养管理

母羊产羔后的第三、第四个月称为哺乳后期。这一阶段母羊的泌乳性能逐渐下降，产奶量减少，同时羔羊的采食能力和消化能力也逐渐提高，羔羊生长发育所需要的营养可以从母羊的乳汁和羔羊本身所采食的饲料中获得。所以，哺乳后期母羊的饲养已不是重点，精饲料的供给量应逐渐减少。由哺乳前期每只每天0.5～1千克，减少到每天0.2～0.5千克，同时增加青草和普通青干草的供给量，逐步过渡到空怀期的饲养管理。在羔羊断奶时哺乳母羊要停止喂精饲料3～5天，以预防母羊乳房炎的发生。

## 五、羔羊的饲养管理

羔羊是指从出生到断奶(一般4个月)的小羊，羔羊时期生长发育最快，不但是羊一生体质健康状况的基础阶段，也是羊一生毛密度大小的重要奠基阶段，因此羔羊的饲养管理是关系到能否生产出优质羊毛和高产的重要后天因素之一。

### (一)初乳期羔羊的饲养管理

母羊产后1～3天分泌的乳叫初乳,初乳呈淡黄色,浓度大,养分含量高,是初生羔羊脱离母体以后,所需要的营养价值全面、容易消化吸收的滋养品。初乳中含有丰富的蛋白质(17%～23%)、脂肪(9%～16%)、维生素、矿物质、酶和抗体等,其中蛋白质总量是常乳的4～5倍,尤其是生物学价值很高的球蛋白和白蛋白的含量高,相当于常乳的6倍。由于羔羊本身尚不能产生抗体,通过吮吸初乳获得抗体,可增强羔羊的抗病力。初乳中还含有具有轻泻作用的镁盐,可以促进羔羊胎便的排出,同时还能控制细菌的繁殖,增强对疾病的抵抗力。由于初乳中各种营养成分含量都较高,因而干物质的含量高达27%左右,是常乳的2倍。

因此,产后的羔羊应尽快吃到初乳。一般羔羊出生后十几分钟就能自动站立,寻找奶头开始吮乳。在喂初乳前,用干净的毛巾(温水)把母羊的乳房擦拭干净,并挤掉前几滴奶。较弱的羔羊因不能自动吮乳,或初产母羊、母性不强不能护羔的母羊,需要人工辅助哺乳。某些母羊奶量较少或者产羔数较多而不能满足羔羊的需要,可以让羔羊吸食其他母羊的初乳,或挤其他母羊的初乳哺喂。

对缺奶的羔羊或多羔、产后死去母羊的羔羊,应及时找到保姆羊代哺,或配制代乳品进行人工哺乳。一般选择产单羔,营养状况好,健康多乳,性情温驯而且母性强或死去羔羊的母羊作为保姆羊。由于母羊靠敏感的嗅觉识别自己的羔羊,因此在寄养羔羊时,可将保姆羊的羊水、奶汁或尿液涂抹于羔羊的尾根、头部和全身,使保姆羊无法辨认,最初几天内必须精心护理和进行人工辅助,待母羊接受羔羊哺乳后方可转入正常管理。

人工哺乳时,无论补喂鲜牛奶还是代乳料,都必须现喂现配,做到新鲜清洁。鲜奶、奶粉、代乳料和哺乳用具都必须消毒后方可使用，哺喂时做到“四定”，即定温（38℃～39℃）、定时、定量、定质（浓度）。人工哺乳时，首先遇到的问题是如何教会羔羊用哺乳器吃奶，也称为教奶。补奶的羔羊较多时，可用500毫升的生理盐水瓶或600～1 000毫升的饮料瓶，在瓶口套上奶嘴（可用针头将奶嘴口部刺多个小孔）作为哺乳器。教奶时先让羔羊饥饿半天，一手抱住羔羊，一手拿奶瓶，将奶嘴伸入羊口中，反复训练2～3天，羔羊一般就会自己吮奶。人工哺乳时，从10日龄开始增加奶量，25～50天给奶量最高，以后逐渐减少，增加饲草、饲料的补饲量。

初生羔羊的体温调节能力较差，抗病力弱，应注意防寒保暖。羔羊7日龄内应母仔同栏，有条件的可设初乳期羔羊母仔专栏，精心照料。保持圈舍干燥清洁无贼风，温度保持在5℃左右，勤换褥草或干土。勤观察，发现异常情况及时处理。母羊产后1周，可外出运动，增加母羊的补饲量，提高泌乳量。应特别注意羔羊痢疾、口疮等疾病的预防工作。

在绵羊育种中，对初生羔羊要进行出生类型、体质、体格、体重、毛色和被毛品质等详细的鉴定，并分等定级，为选种提供依据。

### （二）常乳期羔羊的饲养管理

母羊分娩1周后分泌的乳叫常乳。这一阶段，奶是羔羊的主要食物。从初生到45日龄，是羔羊体尺增长最快的时期，从初生到75日龄，是羔羊体重增长最快的时期。同时，这一阶段也是母羊泌乳量最高的时候。除了哺乳以外，羔羊的早期诱食和补饲，也是羔羊培育的一项重要工作。为了促进羔羊前胃功能的发育，从10～15日龄开始，应每天早、晚补饲精料和少量的青干草，任其自由采食，以促进胃肠的发育，尽快形成反刍，增进食欲和采食量，同时逐渐减少对母乳的依赖，为羔羊的断奶平稳过渡做准备，减少断奶后的应激和死亡率。精料的喂量大体为：1 月龄 50～80 克/天，2 月龄 80～120 克/天，3 月龄 120～200 克/天，4 月龄 200～250 克/天。羔羊 2 个月后要保证日粮粗蛋白质 13%～15%。不可给羔羊喂过量麸皮，否则易引起尿道结石。切忌饲料冷热不定，易引起肠毒血症等症状，是羔羊致死的主要原因之一。

精饲料的种类要多样化，最好能配成配合饲料，主要成分有玉米、豆饼、麦麸、食盐以及其他微量元素等（表 6-14）。个别羊不吃时，要人工将料填入羔羊口中，强制它去咀嚼，待尝到味道后，就会主动采食。选择色绿、味香、质优、柔软的禾本科和豆科干草，用细绳捆成小草把吊起来，离地面距离以羔羊抬头能吃到为原则。有条件时，可单隔出羔羊采食间用于羔羊补饲干草和精饲料，补饲量要由少到多，对于个别采食能力较弱的羔羊，要耐心诱食。1 个月以后，可以补喂少量的青绿饲料或优质青贮料。

**表 6-14　羔羊日粮中精料混合比例**

| 项　目 | 成　分 | 比　例 | 备　注 |
|---|---|---|---|
| 能量饲料 | 禾谷类子实（玉米等） | 60%～70% | 粉碎成粒状 |
| | 糠麸类（麸皮等） | 5%～10% | |
| 蛋白质饲料 | 豆类子实、饼粕等 | 20%～25% | 焙炒后粉碎或煮过 |
| 矿物质饲料 | 磷酸二氢钙 | 1%～2% | |
| | 食　盐 | 1.5% | |
| | 富硒微量元素添加剂 | 1% | |

在细毛羊、半细毛羊生产中，羔羊出生后 1～2 周断尾，一般采用橡胶圈结扎断尾，注意清洁消毒，防止感染。

凡不留作种用或试情用的公羔，于 1 月龄内去势，一般使用胶圈结扎法，简单易行，注意清洁消毒。

哺乳羊舍或运动场内要专设供羔羊采食饲草料的饲槽等设施，保证运动时间，运动场地要宽敞、光照好、空气好、无尖锐硬物。

### (三)羔羊的断奶饲养管理

羔羊出生后 60～70 天，母羊泌乳量和奶品质也逐渐下降。为了保证羔羊的充分发育和哺乳母羊体况的恢复，要对羔羊实行强制性断奶。根据母羊的泌乳情况和膘情，在有良好补饲条件的情况下，断奶的时间一般为 2 月龄左右，最迟一般不超过 4 月龄。羔羊断奶多采用一次性断奶法，即将母、仔分开后(羔羊留在原圈)，不再合群。母仔隔离 1 周后，断奶即可成功，但还是不要合群。

断奶后的羔羊要统一驱虫，按性别、体质强弱分群，转入育成羊阶段，按照育成羊饲养管理方法要求进行饲养。在断奶的最初几天，要减少精饲料及青贮、块根等多汁饲料，促进母羊快速干奶。若母羊乳房膨大时，要每天人工排乳 1 次，但不要挤得太净，挤到乳房不太膨胀即可。

## 六、育成羊的饲养管理

断奶至第一次配种为羊的育成阶段，是羊只生长发育的关键时期，培育的好坏关系到一生的生产性能。对育成公、母羊要分群管理，保证运动量，是促进生长发育、塑造体型和增重的重要环节。如果能得到丰富而完全的营养，不仅可以促进生长发育，还可以增加羊毛的产量和提高羊毛的品质；如果营养不良，则表现出四肢高，体窄而浅，体重小，剪毛量低。在产冬羔的地区，羔羊断奶以后，正值青草季节，羔羊能够采食青草抓膘，影响比较小。若是产春羔，特别是晚春羔，羔羊断奶之后经过较短时间就进入冬季，由于天寒地冻，牧草枯萎，营养价值急剧下降，此时如果没有较好的补饲条件，则将给育成羊的生长发育带来严重的影响。因此，育成阶段要供给以青绿饲料为主（如青饲料、青贮料、青干草等）的粗饲料，适当补饲精饲料。舍饲期间要按标准饲喂（表 6-15），经常检查，逐月称重，及时调整日粮，保证正常生长发育，稳步增膘，若平均日增重达到 150 克以上，说明饲养是成功的。

表 6-15 育成羊精饲料喂量

| 月 龄 | 补饲精饲料量（克） |
| --- | --- |
| 4～5 | 250～300 |
| 5～6 | 300～350 |
| 6～9 | 350～400 |
| 9～12 | 400～450 |

断奶后不作种用的公羔、母羔以及老弱病残的淘汰羊，进行集中育肥出栏。舍饲育肥通常为 75～100 天，时间过短，育肥效果不显著，但时间过长，会降低饲料报酬，效果也不佳。进行舍饲强制育肥时，幼龄羊育肥效果比老龄羊显著，因为幼龄羊处于生长发育的高峰期，只要充分满足营养需要，就会达到较高的日增重。老龄羊育肥主要是增加脂肪的含量，增重较慢。舍饲育肥除了给予充足的饲草和饮水外，还要补饲混合精料，提高育肥的效果。同时，在出售时，最好一次性上市，以提高经济效益。

## 第四节 绒毛用羊日常管理关键技术

### 一、编 号

绵羊个体编号既便于识别羊只和测定羊的生产性能指标，做好育种档案记载，顺利开展选种选配，又便于规模羊场的群体管理，是养羊业中的一项基础工作，也是开展绵羊育种中不可缺少的技术工作。编号方法有插耳标法、剪耳法、墨刺法和烙角法四种。

### (一)耳 标 法

耳标法是养殖场最通用的个体标志方法。耳标用铝片或塑料制成，有圆形、长方形两种。长方形耳标在多灌木的地区容易剐掉，圆形则比较牢固。戴耳标时，在羊耳中部用碘酊消毒后，用打孔钳穿孔，再将事先用钢字打上号码的耳标穿过圆孔，固定在羊耳上。

现以新疆生产建设兵团紫泥泉种羊场细毛羊育种中采用的编号管理为例加以说明。

新疆的巩乃斯种羊场、紫泥泉种羊场等自建场以来，始终规范羊群编号管理工作。凡所属羊只个体都佩戴耳标。紫泥泉种羊场耳标佩戴工作是在羔羊出生后1～3天内进行，耳标统一佩戴在左耳上。

耳标既是每个羊只的身份号码，又是区别品系类群的主要方式。在耳标数码上，第一位数字表示出生年份、第二位数字表示品系类型、第三组数字表示个体序号，如95126即该羊是2009年出生，超细类型，个体序号数126号。同时，用耳缺法表示胎次数，在左耳耳尖打一缺口为双胎，下缘再打一缺口为三胎，两个缺口为四胎。

另外，在品系杂交繁育群体中常佩戴长方形塑料标牌，编排号码组合如：F19569，即表示该羊是杂交一代，2009年出生，超细类型，个体序号数69号。

### (二)剪 耳 法

在羊的左右两耳上剪出不同的缺刻代表其个体号码。左耳作个位数，右耳作十位数，左耳的上缘剪一缺刻代表 3，下缘代表 1，耳尖代表 100，耳中间圆孔为 400；右耳下缘一个缺刻为 10，上缘为 30，耳尖为 200，耳中间的圆孔为 800。

### (三)墨 刺 法

用专用的墨刺钳在羊的右耳郭内刺上羊的个体号，墨刺号与耳标号一样。主要是便于金属耳标脱落后容易识别羊只，无掉号危险。此项工作是在羔羊 4 月龄时进行。值得注意的是墨刺法常常由于字迹模糊不清而难以辨认，因此刺号要专人负责，刺后半个月左右检查 1 次，及时补刺不清楚的号码数字。

墨刺钳最好选用合成钢制品，字码选用合金或材质坚硬的材料成品，字码的排列均匀、美观而且不易变形，刺号时细心均匀地涂抹油墨，熟练的墨刺号技术可以保证墨刺号码的准确和清晰。

### (四)烙 角 法

将特制的钢字模烧红，在公羊左角上烙个体号，编号方法与耳标相同。羔羊时先佩戴耳标，到 1～1.5 岁时烙角号。此方法在绒毛用羊育种中，可作为种公羊的辅助编码方法，无掉号危险，很方便实用(图 6-1)。

图 6-1 烙 角 法

随着科学技术的不断进步与电子耳标的普及，更多实用的耳标管理办法将在今后的绒毛用羊育种管理工作中得到普及。

细毛羊的个体编号是所有育种工作的基础,各地有不同的具体规范性应用方法。绒毛用羊实行联合育种后,建议建立统一的育种编码和规范工作,便于今后进行绵羊计算机数据库管理和实际操作应用。

## 二、去　势

对不作种用的公羊都应去势,以防乱交、乱配。去势后的公羊性情温驯,管理方便,节省饲料,容易育肥,所产羊肉无膻味,且较细嫩。去势时间一般在羔羊出生 2 周左右为宜,选择无风、晴暖的早晨。如遇天冷或羔羊体弱,可适当推迟。去势时间过早或过晚均不好,过早睾丸小,去势困难;过晚流血过多,易产生早配现象。去势的方法主要有以下几种。

### (一)结 扎 法

当公羔 1 周大时,将睾丸挤在阴囊里,用橡皮筋或细绳紧紧地结扎在阴囊的上部,断绝血液流通。经过 15 天左右,阴囊和睾丸干枯,便会自然脱落。去势后最初几天,对伤口要经常检查,如遇红肿发炎现象,要及时处理。同时,要注意去势羔羊的环境卫生,垫草要勤换,保持清洁干燥,防止伤口感染。

### (二)手 术 法

手术时常需 2 人配合,一人保定羊,使羊半蹲半仰,置于凳上或站立,另一人用 3%石炭酸或碘酊消毒手术部位,然后手术者一只手捏住阴囊上方,以防睾丸缩回腹腔内,另一手用经消毒的手术刀在阴囊侧面下方切开一道小口,约为阴囊长度的 1/3,以能挤出睾丸为度。切开后,把睾丸连同精索拉出剪断。一侧的睾丸摘除后,再用同样方法摘除另一侧睾丸。也可把阴囊的纵隔切开,把另侧的睾丸挤过来摘除。这样可少开一个刀口，利于康复。睾丸摘除后，把阴囊的切口对齐，用消毒药水涂抹伤口，并撒上消炎粉。过1～2天进行检查，如阴囊收缩，则为正常；如阴囊肿胀发炎，可挤出其中血水，再涂抹消毒药水和消炎粉。

## 三、断尾

对于长瘦尾型的细毛羊、半细毛羊或其杂种羊，其尾细且长，为预防甩尾沾污毛被，便于配种，常进行断尾。羔羊断尾时间以出生后1～2周为宜。断尾太迟，断尾处流血过多，容易感染，断尾可与去势同时进行，宜选择晴天无风的早晨进行。断尾方法有以下几种。

### (一)结扎法

用弹性较好的橡皮筋(专用橡皮筋或将平车、自行车内胎剪成橡皮筋)，套在尾巴的第三、第四尾椎之间，紧紧勒住，断绝血液流通，过10天左右尾巴即自行脱落。

### (二)快刀法

先用细绳捆紧尾根，断绝血液流通。然后用快刀在离尾根4～5厘米处切断，伤口用纱布、棉花包扎，以免引起感染或冻伤。当天下午将尾根部的细绳解开，使血液流通，一般经7～10天伤口即痊愈。

### (三)热断法

可用断尾铲或断尾钳进行。用断尾铲断尾时，首先要准备2块20厘米见方的木板。一块木板的下方，挖2个半月形的缺口，木板的两面钉上铁皮，另一块仅一面钉上铁皮即可。操作时一人把羊保定好，两只手分别握住羔羊的四肢，把羔羊的背贴在保定人的胸前，让羔羊蹲坐在木板上。操作者用带有半月形缺口的木板，在尾根第三、第四尾椎间，把尾巴紧紧地压住。用灼热的断尾铲紧贴木块稍用力下压，切的速度不宜过急，否则会出血不止。断下尾巴后，若仍出血，可用热铲再烫一下即能止血，然后用碘酊消毒。断尾钳的方法与断尾铲基本相同，首先用带有小孔的木板挡住羔羊的肛门、阴部或睾丸，使羔羊腹部向上，尾巴伸过断尾板的小孔，用烧红的断尾钳夹住断尾处，轻轻压挤并截断。

## 四、剪　毛

### (一)剪毛的时间、次数

春季一般在清明节过后天气转暖，以气候趋于稳定时剪毛，有的地方是5～6月份剪毛。细毛羊、半细毛羊1年只剪1次春毛；粗毛羊除春季剪1次外，秋季9～10月份再剪第二次。各地应根据当地的气候，选择适宜的剪毛时间，过早或过迟对羊都不利。剪毛的场所，可视羊群大小而定。大型羊场专设有剪毛室，室内应光线好、干净、宽敞干燥。羊头数少的羊场和农户，可露天剪毛，场地要打扫干净，防止杂草和粪土等混入羊毛中，剪毛时最好铺上苇席或木板。

### (二)剪毛的方法及剪毛的顺序

剪毛的方法有手工剪和机械剪两种。机械剪适用于大型农牧场、种羊场。其优点是剪毛速度快，效率高，通常为手工剪毛的3～4倍。对于小型羊场或农户散养的羊，通常用手工剪毛。剪毛应从羊毛价值低的绵羊开始，借以熟练剪毛技术。从羊的品种讲，先剪粗毛羊，后剪杂种羊，最后剪细毛羊。对同一品种羊群，剪毛顺序为：羯羊，试情羊，幼龄羊，种公羊，母羊，患皮肤病和外寄生虫病的羊放在最后剪毛。剪完后，将场地、用具等严格消毒，以免传染疾病。

### (三)剪毛的具体操作步骤

首先,让羊左侧卧在剪毛台、木板或席子上,羊背靠剪毛员,腹部向外。从左后肋部开始,由后向前剪掉腹部、胸部和右侧前后肢的羊毛。再翻转羊使其右侧卧下,腹部朝向剪毛员。剪毛员用右手提直绵羊左后腿,从左后腿内侧剪到外侧,再从左后腿外侧至左侧臀部、背部、肩部、直至颈部,纵向长距离剪去羊体左侧羊毛。然后使羊坐起,靠在剪毛员两腿间,从头顶向下,横向剪去右侧颈部及右肩部羊毛。再用两腿夹住羊头,使羊右侧突出,再横向由上向下剪去右侧被毛。最后检查全身,剪去遗留下的羊毛。

### (四)剪毛注意事项

①剪毛前应空腹 12～24 小时,即在剪毛前不采食、不饮水,空腹剪毛。雨淋湿的羊,应在羊毛晾干后再剪。湿毛难剪,且剪下的毛不好保管。

②剪毛剪应贴近皮肤,均匀地把羊毛一次剪下,留茬要低。若毛茬过高,也不要重剪,以免造成二刀毛,影响羊毛利用。

③剪毛时不让粪土、杂草等混入羊毛。毛被应保持完整,以利于羊毛分级、分等。

④剪毛动作要快,时间不宜拖得太久。翻羊动作要轻,以免引起瘤胃臌气、肠扭转而造成不应有的损失。

⑤尽可能防止剪伤皮肤。种公羊的包皮、阴囊和母羊乳房等处,皮肤柔软,要特别注意防止剪伤。一旦剪破要及时消毒、涂药或外科缝合,以免生蛆和溃烂。

⑥剪毛后,不可立即到茂盛的草地放牧。因为剪毛前羊只已禁食十几个小时,放牧易贪食,往往引起消化道疾病,剪毛后 1 周内不宜远牧,以防气候突变,来不及赶回圈舍引起感冒。同时,也

不要在强烈的日光下放牧，以免烧伤皮肤。

## 五、药　浴

药浴是绵羊管理的一项重要工作。为预防和驱除羊体外寄生虫，避免疥癣发生，每年应在剪毛后10天左右进行药浴。

### (一)药浴常用的药剂

**1. 杀虫脒**　配制成0.1%～0.2%的水溶液使用。

**2. 50%辛硫磷乳油**　是一种低毒高效药浴药剂，配制方法是，100升水加50克辛硫磷乳油，有效浓度为0.05%。

**3. 石硫合剂**　药剂安全有效而且价廉。其配方为：生石灰15千克，硫磺粉末25千克。这两种原料用水拌成糊状，再加水300升煮沸，边煮边用木棒搅拌，待呈浓茶色时为止。煮沸过程中蒸发掉的水分要补足，然后，弃去下面的沉渣，保留上面的清液作母液，加入1000升温水即可。

**4. 敌百虫**　纯敌百虫粉1千克加水200升，配制成0.5%的敌百虫药浴液使用。

**5. 30%烯虫磷乳油**　这是石家庄化工厂最新研制生产的一种无毒高效羊药浴剂。药浴时按1∶1500倍稀释，即1千克药液加水1500升。

### (二)常用的药浴方式

药浴有池浴、淋浴和盆浴三种。池浴在专用的药浴池里进行。药浴池多为水泥建造的沟形池，进口处宽。羊群由宽处通过狭道至浴池，进口呈斜坡，羊滑入池内，慢慢通过浴池。池深1米、长10米，池底宽30～60厘米，上宽60～80厘米，羊只能通过而不能转身即可。浴池出口一端筑成台阶并设置滴流台，羊出浴池后在上停留一段时间，使身上多余的药液流回池内。药浴时，人站在浴池两边，控制羊只，使羊群依次药浴。淋浴是在特设的淋浴场进行。此法的优点是，容量大，速度快，工效高且安全，但设备投资高，国内一般羊场一时难以推广。池浴和淋浴适用于有条件的羊场，对农区羊数较少的农户，盆浴则比较合适。盆浴就是在大盆、铁锅、水缸或其他大型容器内进行药浴。

### （三）药浴注意事项

①药浴前 8 小时停止喂料。浴前 2～3 小时，需给羊充足饮水，以免羊因口渴而吞饮药液。

②让健康羊先浴，有疥癣的羊最后浴。

③药液一般深度 70 厘米，可根据羊的体高增减，以淹没羊体为原则。药浴时羊鱼贯而行，在药浴池出处设有滴流台，药浴完毕后，令羊在出口处的滴流台停留 20 分钟，使多余药液流回池中，以免药液带出来滴在牧草上引起羊中毒。

④工作人员手持木棒，站在药池两侧控制羊的前进，接近出口时，用木棒故意下压羊的头部入液内 1～2 次，使头部也能浸泡到药水，预防头部发生疥癣。

⑤羊药浴后宜在凉棚或圈舍内休息，防止日光照射。待 6～8 小时后，即可放牧或喂草料。放牧时切忌不可使羊扎窝子，防止羊舔食药物中毒。

⑥药浴时宜在剪毛后 7～10 天进行，过迟或过早药浴效果都不好。过早，药液附着得少；过迟，药液浸不到皮肤上，都对杀灭疥癣不利。第一次药浴后，应隔 8～10 天再药浴 1 次。

⑦凡妊娠 2 个月以上的母羊，禁止药浴，以免流产。

⑧药浴应选择天气好时进行，有牧羊犬时，也应与羊群同时药浴。另外，药浴时工作人员要戴好橡皮手套及口罩，以防中毒。

## 六、驱虫与防疫

羊的寄生虫病较常见,患病羊往往食欲降低、生长缓慢、消瘦、毛皮质量下降、抵抗力减弱、重者甚至死亡,给养羊业带来严重的经济损失。为了防止体内寄生虫病的蔓延,每年春、秋两季进行驱虫,使用药物为阿力佳(虫克星),按 35 千克体重用药 1 袋(5 克),混拌于饲料中饲喂。春季需进行 2 次驱虫,第一次驱虫后间隔 7～10 天重复给药 1 次。该药可同时驱杀羊体内外寄生虫,2 次驱虫后可免去药浴的麻烦。如有吸虫或绦虫感染,可用肠虫净或丙硫苯咪唑进行驱虫。每年要定期进行预防注射。羔羊产后 10 小时注射破伤风抗毒素 1 500～3 000 单位,7～10 日龄注射羊痘鸡胚化弱毒苗,20～30 日龄和 7 月龄各注射 1 次预防羊快疫、羊猝殂、羊肠毒血症、羔羊痢疾的四联苗。种公羊春、秋两季各接种 1 次。

## 七、修　蹄

修蹄是重要的保健内容,对舍饲羊尤为重要。羊蹄过长或变形,会影响羊的行走,产生蹄病,甚至造成羊只残废。每 1～2 个月应检查和修蹄 1 次,修蹄可选在雨后进行,此时蹄壳较软,容易操作。修蹄的工具主要有蹄刀、蹄剪(也可用剪树剪)。修蹄时,羊呈坐姿保定,背靠操作者。一般先从左前肢开始,术者用左腿夹住羊的左肩,使羊的左前膝靠在人的膝盖上,左手握蹄,右手持刀、剪,先除去蹄下的污泥,剪去过长的蹄壳,再将蹄底面削平,将羊蹄修成椭圆形。

修蹄要细心操作,动作准确、有力,要一层层地往下削,不可一次切削过深;一般削至可见到淡红色的微血管为止,不可伤及蹄肉。修完前蹄后，再修后蹄。修蹄时若不慎伤及蹄肉，造成出血时，可视出血多少采用压迫止血或烧烙止血方法，烧烙时应尽量减少对其他组织的损伤。

## 八、年龄判断

羊的年龄主要根据门齿来判断。羔羊的牙齿叫乳齿，共20颗。成年羊的牙齿叫永久齿，共32颗。永久齿比乳齿大，颜色发黄。羊没有上门齿，只有下门齿8颗，臼齿24颗，分别长在上下四边牙床上。中间的一对门齿叫切齿，切齿两边的两个门齿叫内中间齿，内中间齿的外边两颗叫外中间齿，最外边一对门齿叫隅齿。羔羊的乳齿，一般1年后开始换成永久齿。通过羊换牙可判断其年龄。一般来说，1岁不扎牙(不换牙)，2岁1对牙(切齿长出)，3岁2对牙(内中间齿长出)，4岁3对牙(外中间齿长出)，5岁齐口(隅齿长出)，6岁平(牙上部由尖变平)，7岁斜(齿龈凹陷，有的牙开始活动)，8岁歪(齿与齿之间有大的空隙)，9岁掉(牙齿有脱落现象)。为了便于记忆，将5～9岁的羊牙称为5齐6平7斜8歪9掉牙。

另外，还可以根据羊角轮判断年龄。角是角质增生而形成的，冬、春季营养不足时，角长得慢或不生长；青草期营养好，角长得快，因而会生出凹沟和角轮。每一个深角轮就是1岁的标志。羊的年龄还可以从毛皮观察，一般青壮年羊，毛的油汗多，光泽度好；而老龄羊，皮松无弹性，毛焦燥。

## 九、捉羊、抱羊、导羊

### (一)捉　羊

羊的性情怯懦、胆小，不易被捉，为了避免捉羊时把毛拉掉或把腿拉伤，捕羊人应悄悄地走到羊背后，用两手迅速抓住羊的后腿，切忌抓皮，否则容易造成羊皮拉伤（主要是皮下组织拉伤）。

### (二)抱　羊

把羊捉住后，人站在羊的右侧，右手由羊前面两腿之间伸进托住胸部，左手抓住左侧后腿飞节，把羊抱起。再用胳膊由后外侧把羊抱紧。这样，羊能紧贴人体，抱起来既省力，羊又不能乱动。

### (三)导　羊

导羊，即引导羊前进的方法。人站在羊的一侧，左手托住羊的颈下部，右手轻轻触动羊的尾根，羊立即前进，按人的意图到达目的地。

# 第七章 绒毛用羊营养与饲料

## 第一节 营养需要与饲养标准

### 一、羊的营养需要

羊的营养需要包括能量、蛋白质、矿物质、维生素和水等营养成分。羊对这些营养成分的需要可分为维持需要和生产需要。维持需要是指羊为维持正常生理活动,体重不增不减,也不进行生产时所需的营养物质量。羊的生产需要指羊在进行生长、繁殖、泌乳和产毛时对营养物质的需要量。

由于羊的营养需要量大部分是在实验室条件下通过大量试验,并用一定数学方法(如析因法等)得到的估计值,一定程度上也受试验手段和方法的影响,加之羊的饲料组成及生存环境变异性很大,因此在实际使用时应做一定的调整。

#### (一)能量需要

合理的能量水平,对保证羊体健康,提高生产力,降低饲料消耗具有重要作用。目前表示能量需要的常用指标有代谢能和净能两大类。由于不同饲料在不同生产目的情况下代谢能转化为净能的效率差异很大,因此采用净能指标较为准确。羊的维持、生长、繁殖、产奶和产毛所需净能应分别进行测定和计算。羊的能量需要量就是维持能量需要和生产能量需要的总和。小型、中型和大型品种绵羊每天的净能需要量见表 7-1。

**1. 维持能量需要** 一般认为，在一定活体重范围内羊的维持能量需要与代谢体重（活体重的 0.75 次方）呈线性相关关系。美国国家科学研究委员会（NRC）认为其关系可表示为：

$$NE_m = 234.10 \times W^{0.75}$$

式中，$NE_m$ 为维持净能（千焦）；W 为活体重（千克）。

**表 7-1 小型、中型和大型绵羊每天的净能需要量** （单位：千焦）

| 活体重（千克） | | 10 | 20 | 25 | 30 | 35 | 40 | 45 | 50 |
|---|---|---|---|---|---|---|---|---|---|
| 维持净能需要 | | 1317.3 | 2216.4 | 2617.9 | 3002.6 | 3370.6 | 3726.1 | 4069.0 | 4403.6 |
| 类型 | 日增重（克） | 生长净能需要 | | | | | | | |
| 小型绵羊 | 100 | 747.4 | 1254.6 | 1480.4 | 1697.8 | 1906.9 | 2107.7 | 2304.2 | 2492.4 |
| | 150 | 1116.5 | 1881.9 | 2224.8 | 2551.0 | 2860.4 | 3161.5 | 3454.3 | 3738.7 |
| | 200 | 1492.9 | 2509.2 | 2930.8 | 3395.7 | 3813.9 | 4215.4 | 4608.5 | 4984.9 |
| | 250 | 1865.1 | 3136.5 | 3705.2 | 4248.9 | 4767.4 | 5273.5 | 5758.6 | 6231.1 |
| | 300 | 2237.3 | 3763.8 | 4449.6 | 5097.8 | 5720.9 | 6327.3 | 6908.6 | 7477.4 |
| 中型绵羊 | 100 | 648.2 | 10915 | 12922 | 14804 | 16602 | 18359 | 20073 | 21704 |
| | 150 | 974.4 | 1639.3 | 1936.2 | 2220.6 | 2492.4 | 2751.7 | 3006.8 | 3253.6 |
| | 200 | 1296.4 | 2183.0 | 2584.4 | 2960.8 | 3320.5 | 3671.8 | 4014.7 | 4340.9 |
| | 250 | 1622.6 | 2730.8 | 3224.3 | 3696.8 | 4152.7 | 4587.6 | 5014.2 | 5424.0 |
| | 300 | 1948.8 | 3278.6 | 3872.5 | 4441.2 | 4980.7 | 5503.5 | 6013.7 | 6511.3 |
| | 350 | 2270.8 | 3822.3 | 4516.5 | 5177.3 | 5812.9 | 6424.5 | 7017.4 | 7594.5 |
| | 400 | 2597.0 | 4366.0 | 5160.5 | 5917.5 | 6645.2 | 7343.5 | 8021.0 | 8681.8 |

续表 7-1

| 活体重(千克) | | 10 | 20 | 25 | 30 | 35 | 40 | 45 | 50 |
|---|---|---|---|---|---|---|---|---|---|
| 维持净能需要 | | 1317.3 | 2216.4 | 2617.9 | 3002.6 | 3370.6 | 3726.1 | 4069.0 | 4403.6 |
| 类型 | 日增重(克) | 生长净能需要 | | | | | | | |
| 大型绵羊 | 100 | 552.0 | 924.2 | 1095.6 | 1254.6 | 1409.3 | 1555.7 | 1702.0 | 1835.9 |
| | 150 | 823.8 | 1388.4 | 1639.3 | 1881.9 | 2111.9 | 2333.5 | 2551.0 | 2760.1 |
| | 200 | 1099.8 | 1848.4 | 2191.3 | 2509.2 | 2818.6 | 3111.4 | 3399.9 | 3680.1 |
| | 250 | 1375.8 | 2312.6 | 2735.0 | 3136.5 | 3521.3 | 3889.2 | 4248.9 | 4596.0 |
| | 300 | 1647.2 | 2772.6 | 3282.8 | 3763.8 | 4223.8 | 4667.1 | 5102.0 | 5520.2 |
| | 350 | 1927.9 | 3241.0 | 3830.7 | 4391.1 | 4930.5 | 5449.1 | 5950.9 | 6440.2 |
| | 400 | 2199.7 | 3701.0 | 4374.3 | 5018.4 | 5633.1 | 6227.0 | 6799.9 | 7360.3 |
| | 450 | 2475.7 | 4165.2 | 4922.2 | 5645.7 | 6335.7 | 7004.8 | 7653.0 | 3280.3 |

**2. 生长能量需要**　NRC 认为，中等体型的绵羊在空腹体重 20～50 千克的范围内用于肌肉生长的能量需要每天为：

$$NE_g = 409LWG \times W^{0.75}$$

式中，$NE_g$为生长净能，LWG 为活体增重(克)。

对于大型(成年体重大于 110 千克)和小型绵羊(成年体重小于 110 千克)，成年体重每增加或减少 10 千克，生长净能的需要量相应减少或增加 87.82 千焦$\times LWG \times W^{0.75}$。

有人认为，同品种公羊每千克增重所需要的能量是母羊的 0.82，但 NEC 考虑到目前仍没有足够的研究资料能证实此数据，因此公羊和母羊仍采取相同的能量需要量。

**3. 妊娠的能量需要**　NRC(1985)认为羊妊娠前 15 周由于胎

儿的绝对生长很小,所以能量需要较少。给予维持能量加少量的母体增重需要,即可满足妊娠前期的能量需要。在妊娠后期由于胎儿的生长较快,因此需额外补充能量,以满足胎儿生长的需要。妊娠后期每天需增加的能量见表 7-2。

**表 7-2 母羊怀不同只数羔羊,妊娠期每天需增加的能量**

(单位:千焦)

| 妊娠羔羊数(只) | 妊娠天数 | | |
|---|---|---|---|
| | 妊娠 100 天 | 妊娠 120 天 | 妊娠 140 天 |
| 1 | 292.74 | 606.39 | 1087.32 |
| 2 | 522.75 | 1108.29 | 1840.08 |
| 3 | 710.94 | 1442.79 | 2383.74 |

**4. 泌乳的能量需要** 绵羊在产后 12 周泌乳期内,代谢能转化为泌乳净能的效率为 65%～83%,带双羔母羊比带单羔母羊的转化率高,但该值因饲料不同差异很大。

**5. 产毛的能量需要** NRC(1985)认为产毛只需要很少的能量,占总需要能量的比例很小,因此产毛的能量需要没有列入饲养标准中。

**(二)蛋白质需要**

蛋白质需要量目前主要使用的指标有粗蛋白质和可消化粗蛋白质。两者关系可表达为:

可消化粗蛋白质＝0.87×粗蛋白质－2.64

由于以上两种蛋白质指标不能真实反映反刍动物蛋白质消化代谢的实质,从 20 世纪 80 年代以来提出了以小肠蛋白为基础的反刍动物新蛋白体系,但目前因缺少基础数据,所以还没有在羊饲养实践中应用，绵羊在瘤胃消化功能正常的情况下，蛋白质需要量（克/天）为：

$$粗蛋白质需要量=\frac{PD+MFP+EUP+DL+WooL}{NPV}$$

式中，$PD$ 为羊每日的蛋白质沉积量；$MFP$ 为粪中代谢蛋白质的日排出量；$EUP$ 为尿内源蛋白质的日排出量；$DL$ 为每日皮肤脱落的蛋白质量；$WooL$ 为羊毛生长每日沉积的蛋白质；$NPV$ 为蛋白质的净效率。

$$羊每天的蛋白质沉积量（克/天）为\ \mathrm{PD}=日增重\times(268-2.92\times ECOG)$$

式中，ECOG 即日增中的能量含量（Energy content of gain）可由下式推出：

$$ECOG=\frac{NEg(千焦/天)}{4.182\mathrm{DG}(克/天)}$$

式中，$DG$ 为日增重，$NEg$ 为生长净能需要量，可由表 7-1 查得。

对于妊娠母羊，在妊娠前期设定为每天 2.95 克，后期为 16.75 克（后 4 周），对于妊娠双羔的母羊可以按比例提高。

羊每天的蛋白质沉积量，指单羔母羊在妊娠期设定为每天 2.95 克，妊娠最后 4 周每天为 16.75 克；多胎母羊按比例增加。对于哺乳母羊，按产单羔时每天泌乳 1.74 千克、双羔时 2.6 千克、乳汁中粗蛋白质含量每升 47.875 克计算。青年哺乳母羊的泌乳量按上述数据的 70%计算。

### （三）矿物质营养需要

羊需要多种矿物质。至少有 15 种矿物质元素是羊体所必需的，其中常量元素 7 种，包括钠、钾、钙、镁、氯、磷和硫；微量元素 8 种，包括碘、铁、钼、铜、钴、锰、锌和硒。

**1. 钠和氯** 钠和氯在体内对维持渗透压、调节酸碱平衡、控制水代谢起着重要的作用。钠是制造胆汁的重要原料，氯构成胃液中的盐酸参与蛋白质消化。缺乏钠和氯易导致消化不良，食欲减退，异嗜，利用饲料营养物质降低，发育受阻，精神委靡，身体消瘦，健康恶化等现象。植物性饲料中钠和氯的含量较少，而羊是以植物性饲料为主的，故常感钠、氯不足，补饲食盐是对羊补充钠和氯最普遍最有效的办法。食盐对羊很有吸引力，在自由采食的情况下常常超过羊的实际需要量，一般认为在日粮干物质中添加 0.5%的食盐即可满足羊对钠和氯的需要，每天每只羊需 5～15 克食盐。

**2. 钙和磷** 羊体内的钙约有 99%，磷 80%存在于骨骼和牙齿中。钙、磷关系密切，幼龄羊其比例为 2∶1。血液中的钙有抑制神经和肌肉兴奋、促进血凝和保持细胞膜完整性等作用；磷参与糖、脂类、氨基酸的代谢和保持血液值正常。缺钙或磷，骨骼发育不正常，幼龄羊出现佝偻病和成年羊出现骨软症等。绵羊食用钙化物一般不会出现钙中毒。但日粮中钙过量，会加速其他元素如磷、镁、铁、碘、锌和锰缺乏。钙和磷的消化与吸收关系极为密切。日粮中钙和镁的含量对磷的吸收率影响很大，高钙、高镁不利于磷的吸收。大量研究表明：在放牧条件下，羊很少发生钙、磷缺乏。这可能与羊喜欢采食含钙、磷较多的植物有关。在舍饲条件下，如以粗饲料为主，应注意补充磷；若以精饲料为主，则应注意补充钙。如长期供应不足，将造成体内钙、磷储存严重降低，最终导致溶骨症。

**3. 镁** 羊缺镁会引起代谢失调，缺镁的典型症状是痉挛。通过测定血清中镁的含量可以鉴定羊是否缺镁。正常情况下血清中镁的含量为 1.8～3.2 毫克/毫升，如果降低到 1 毫克/毫升以下，常常会出现镁缺乏症。

**4. 钾**　钾约占机体干物质的0.3%。主要存在于细胞内液中，影响机体的渗透压和酸碱平衡，对一些酶的活化有促进作用。缺钾采食量下降，精神不振和痉挛。绵羊对钾的最大耐受量占日粮干物质的3%。

**5. 硫**　硫是保证瘤胃微生物最佳生长的重要养分，在瘤胃微生物消化过程中，硫对含硫氨基酸(蛋氨酸和胱氨酸)、维生素 $B_{12}$ 的合成有促进作用。硫还是黏蛋白和羊毛的重要成分。硫缺乏与蛋白质缺乏症状相似，出现食欲减退，增重减少，毛的生长速度降低。此外，还表现出唾液分泌过多、流泪和脱毛。用硫酸钠补充硫，最大耐受量为日粮的0.4%。严重中毒症状是呼出气体有硫化氢($H_2S$)气味。

**6. 碘**　碘是甲状腺素的成分，参与物质代谢过程。碘缺乏甲状腺出现肿大，羔羊发育缓慢，甚至出现无毛症或死亡。对缺碘的绵羊，采用碘化食盐(含0.01%～0.02%碘化钾)补饲。碘中毒症状是发育缓慢，厌食和体温下降。

**7. 铁**　铁参与形成血红素和肌红蛋白，保证机体组织氧的运输。铁还是细胞色素酶类和多种氧化酶的成分，与细胞内生物氧化过程密切相关。缺铁的症状是生长缓慢，嗜眠，贫血，呼吸频率增加。铁过量，其慢性中毒症状是采食量下降、生长速度慢、饲料转化率低；其急性中毒表现出厌食、尿少、腹泻、体温低、代谢性酸中毒、休克，甚至死亡。

**8. 钼**　钼是黄嘌呤氧化酶及硝酸还原酶的组成成分，体组织和体液中也含有少量的钼。钼与铜、硫之间存在着相互促进，相互制约的关系。对饲喂低钼日粮的羔羊补饲钼盐能提高增重。钼饲喂过量，毛纤维直、粪便松软、尿黄、脱毛、贫血、骨骼异常和体重迅速下降。钼中毒可通过提高日粮中铜水平进行控制。

**9. 铜**　铜有催化红细胞和血红素形成的作用。铜与羊毛生长关系密切。在酶的作用下，铜参与有色毛纤维色素形成。缺铜可引起羔羊共济失调、贫血、骨骼异常和毛纤维直、强度、弹性、染色亲和力下降、有色毛色素沉着力差。

**10. 钴**　钴有助于瘤胃微生物合成维生素 $B_{12}$。缺钴影响血红素和红细胞的形成。绵羊缺钴出现食欲下降、流泪、毛被粗硬、精神不振、消瘦、贫血、泌乳量和产毛量降低、发情次数减少、易流产。在缺钴的地区，牧地可施用硫酸钴肥，每公顷 1.5 千克。也可补饲钴盐，可将钴添加到食盐中，每 100 千克食盐含钴量为 2.5 千克。或按钴的需要量投服钴丸。

**11. 锰**　锰对于骨骼发育和繁殖都有作用。缺锰会导致初生羔羊运动失调，生长发育受阻，骨骼畸形，繁殖力降低。

**12. 锌**　锌是多种酶的成分，如红细胞中的碳酸酐酶、胰液中的羧肽酶和胰岛素的成分。锌维持公羊睾丸的正常发育和精子形成。此外，锌还维持羊毛的正常生长。缺锌症状出现角化不全症、掉毛、睾丸发育缓慢(或睾丸萎缩)、多畸形精子、母羊繁殖力下降。锌过量出现中毒症状，采食量下降、羔羊增重降低。日粮每千克含锌量为妊娠母羊表现出严重缺锌，流产和死胎增多。

**13. 硒**　硒是谷胱甘肽过氧化物酶的主要成分，具有抗氧化作用。缺硒羔羊出现白肌病、生长发育受阻、母羊繁殖功能紊乱、多空怀和死胎。对缺硒绵羊补饲亚硒酸办法甚多，如土壤中施用硒肥，饲料添加剂口服，皮下或肌内注射，还可用铁和硒按 20∶1 制成丸剂或含硒的可溶性玻璃球。硒过量引起硒中毒，表现为掉毛、蹄部溃疡至脱落、繁殖力显著下降。当饲喂含硒低的日粮，体内的硒便迅速排出体外。

矿物质营养的吸收、代谢以及其在体内的作用复杂，它们之间有些存在拮抗作用，有些存在协同作用。因此，某些元素缺乏或过量可导致另一些元素的缺乏或过量，此外各种饲料原料中矿物质元素的有效值差别很大，目前大多数矿物质营养的确切需要量还不清楚，各种资料推荐的数据也很不一致。在实践中应综合当地饲料资源特点及羊的生产表现进行适当调整。表 7-3 是 NRC (1985)推荐的羊对矿物质的营养需要量和最大耐受量，供生产实践参考。

**表 7-3 绵羊对矿物元素的需要量和最大耐受量**

| 常量元素 | 需要量（占干物质的百分比） | 微量元素 | 需要量（毫克/千克） | 最大耐受量（毫克/千克） |
|---|---|---|---|---|
| 钠 | 0.09%～0.18% | 碘 | 0.10～0.80 | 50 |
| 钙 | 0.20%～0.82% | 铁 | 30～50 | 500 |
| 磷 | 0.16%～0.38% | 铜 | 7～11 | 25 |
| 镁 | 0.12%～0.18% | 钼 | 0.5 | 10 |
| 钾 | 0.50%～0.80% | 钴 | 0.1～0.2 | 10 |
| 硫 | 0.14%～0.26% | 锰 | 20～40 | 1000 |
| | | 锌 | 20～33 | 750 |
| | | 硒 | 0.1～0.2 | 2 |

**(四)维生素**

维生素分为脂溶性和水溶性两大类。脂溶性维生素可溶于脂肪，羊体内有一定的储存，包括维生素 A、维生素 D、维生素 E 和维生素 K 四种。水溶性维生素可溶于水，体内不能储存，必须由日粮中经常供给，包括维生素 C 和 B 族维生素。羊体内可以合成维生素 C，羊瘤胃微生物可合成 B 族维生素和维生素 K，一般情况下不用补充，因此在养羊生产中一般较重视维生素 A、维生素 D 和维生素 K。在羔羊阶段由于瘤胃微生物区系尚未建立，无法合成

B族维生素和维生素K,所以也需由饲粮中提供。

**1. 维生素A** 绵羊每天对维生素A即胡萝卜素的需要量为每千克活重47单位或每千克活重6.9毫克β-胡萝卜素。在妊娠后期和泌乳期可增至每千克活重35单位或每千克活重125毫克β-胡萝卜素,绵羊主要靠采食胡萝卜素满足对维生素A的需要。

**2. 维生素D** 维生素D为类固醇衍生物,分为维生素$D_2$和维生素$D_3$。放牧绒毛羊在阳光下,通过紫外线照射可合成并获得充足的维生素$D_2$,但如果长时间阴云天气或圈养,可能出现维生素D缺乏症。这时应喂给经太阳晒制的干草,以补充维生素D。

**3. 维生素E** 维生素E也叫抗不育维生素,极易氧化,具有生物学活性,其中以α-生育酚活性最高。维生素E的主要功能是作为机体的生物催化剂。新鲜牧草中的维生素E含量较高。自然干燥的干草在贮藏过程中会损失掉大部分维生素E。母羊每天每只需要维生素E 30～50单位,羔羊为5～10单位。一般情况下放牧则可满足羊对维生素E的需要。

**4. 维生素K** 维生素$K_1$的主要作用是催化肝脏对凝血酶原和凝血素的合成。青饲料富含维生素$K_1$,瘤胃微生物可大量合成维生素$K_2$,一般不会出现缺乏。但生产中,由于饲料间的拮抗作用,而妨碍维生素K的利用;霉变饲料中的真菌素有制约维生素K的作用;药物添加剂,如抗生素和磺胺类药物,能抑制胃肠微生物对维生素K的合成。以上情况均会造成缺乏,需要适当增加维生素K的喂量。

### (五)水的需要量

水是羊体器官、组织和体液的主要成分,约占体重的一半。水是羊体内的主要溶剂,各种营养物质在体内的消化、吸收、运输及代谢等一系列生理活动都需要水。水对体温调节也有重要作用，尤其是在环境温度较高时，通过水的蒸发，保持体温恒定。水也参与维持机体细胞渗透压和体内各种生化反应。

羊的需水量受机体代谢水平、生理阶段、环境温度、体重、生产方向以及饲料组成等诸多因素的影响。羊的生产水平高时需水量大，妊娠和泌乳母羊需水量比空怀母羊的需水量大(约增加 1 倍)，环境温度升高需水量增加，采食量大时需水量也大。一般情况下，成年羊的需水量为采食干物质的 2～3 倍。由于水来源广泛，在生产中往往重视不够，常因饮水不足引起生产力下降。为达到最佳生产效果，天气温暖时，应给放牧羊每日至少饮水 2 次。

## 二、羊的饲养标准

羊的饲养标准又叫羊的营养需要量，是指羊维持生命活动和从事生产(奶、肉、毛、繁殖等)对能量和各种营养物质的最低需要量。饲养标准就是反映绵羊和山羊不同发育阶段、不同生理状况、不同生产方向和水平对能量、蛋白质、矿物质和维生素等的需要量。

### (一)绵羊的饲养标准

**1. 美国的绵羊饲养标准**　NRC(1985)修订的绵羊饲养标准(表 7-4)，具体规定了各类绵羊不同体重所需要的干物质、总消化养分、消化能、代谢能、粗蛋白质、钙、磷、有效维生素 A 和维生素 E 的需要量。

表 7-4 美国绵羊的饲养标准(NRC,1985)

| 体 重(千克) | 日增重(克) | 食入干物质(千克) | 总消化养分(千克) | 消化能(兆焦) | 代谢能(兆焦) | 粗蛋白质(克) | 钙(克) | 磷(克) | 有效维生素A(单位) | 有效维生素E(单位) |
|---|---|---|---|---|---|---|---|---|---|---|
| 母羊维持 | | | | | | | | | | |
| 50 | 10 | 1.0 | 0.55 | 10.05 | 8.37 | 95 | 2.0 | 1.8 | 2350 | 15 |
| 60 | 10 | 1.1 | 0.61 | 11.30 | 9.21 | 104 | 2.3 | 2.1 | 2820 | 16 |
| 70 | 10 | 1.2 | 0.66 | 12.14 | 10.05 | 113 | 2.5 | 2.4 | 3290 | 18 |
| 80 | 10 | 1.3 | 0.72 | 13.40 | 10.89 | 122 | 2.7 | 2.8 | 3760 | 20 |
| 90 | 10 | 1.4 | 0.78 | 14.24 | 11.72 | 131 | 2.9 | 3.1 | 4230 | 21 |
| 催情补饲(配种前2周和配种后3周) | | | | | | | | | | |
| 50 | 100 | 1.6 | 0.94 | 17.17 | 14.25 | 150 | 5.3 | 2.6 | 2350 | 24 |
| 60 | 100 | 1.7 | 1.00 | 18.42 | 15.07 | 157 | 5.5 | 2.9 | 2820 | 26 |
| 70 | 100 | 1.8 | 1.06 | 19.68 | 15.91 | 164 | 5.7 | 3.2 | 3290 | 27 |
| 80 | 100 | 1.9 | 1.12 | 20.52 | 16.75 | 171 | 5.9 | 3.6 | 3760 | 28 |
| 90 | 100 | 2.0 | 1.18 | 21.35 | 17.58 | 177 | 6.1 | 3.9 | 4230 | 30 |
| 非泌乳期(妊娠前15周) | | | | | | | | | | |
| 50 | 30 | 1.2 | 0.67 | 12.56 | 10.05 | 112 | 2.9 | 2.1 | 2350 | 18 |
| 60 | 30 | 1.3 | 0.72 | 13.40 | 10.89 | 121 | 3.2 | 2.5 | 2820 | 20 |
| 70 | 30 | 1.4 | 0.77 | 14.25 | 11.72 | 130 | 3.5 | 2.9 | 3290 | 21 |
| 80 | 30 | 1.5 | 0.82 | 15.07 | 12.56 | 139 | 3.8 | 3.3 | 3760 | 22 |
| 90 | 30 | 1.6 | 0.87 | 15.91 | 13.25 | 148 | 4.1 | 3.6 | 4230 | 24 |

续表 7-4

| 体 重(千克) | 日增重(克) | 食入干物质(千克) | 总消化养分(千克) | 消化能(兆焦) | 代谢能(兆焦) | 粗蛋白质(克) | 钙(克) | 磷(克) | 有效维生素 A(单位) | 有效维生素 E(单位) |
|---|---|---|---|---|---|---|---|---|---|---|
| 妊娠最后 4 周(预计产羔率为 130%～150%)或哺乳单羔的泌乳期后 4～6 周 | | | | | | | | | | |
| 50 | 180(45) | 1.6 | 0.94 | 18.42 | 14.25 | 175 | 5.9 | 4.8 | 4250 | 24 |
| 60 | 180(45) | 1.7 | 1.00 | 18.42 | 15.07 | 184 | 6.0 | 5.2 | 5100 | 26 |
| 70 | 180(45) | 1.8 | 1.06 | 19.68 | 15.91 | 193 | 6.2 | 5.6 | 5950 | 27 |
| 80 | 180(45) | 1.9 | 1.12 | 20.52 | 16.75 | 202 | 6.3 | 6.1 | 6800 | 28 |
| 90 | 180(45) | 2.0 | 1.18 | 21.35 | 17.58 | 212 | 6.4 | 6.5 | 7640 | 30 |
| 育成母羊 | | | | | | | | | | |
| 30 | 227 | 1.2 | 0.78 | 14.25 | 11.72 | 185 | 6.4 | 2.6 | 1410 | 18 |
| 40 | 182 | 1.4 | 0.91 | 16.75 | 13.82 | 176 | 5.9 | 2.6 | 1880 | 21 |
| 50 | 120 | 1.5 | 0.88 | 16.33 | 13.40 | 136 | 4.8 | 2.4 | 2350 | 22 |
| 60 | 100 | 1.5 | 0.88 | 16.33 | 13.40 | 134 | 4.5 | 2.5 | 2820 | 22 |
| 70 | 100 | 1.5 | 0.88 | 16.33 | 13.40 | 132 | 4.6 | 2.8 | 3290 | 22 |
| 育成公羊 | | | | | | | | | | |
| 40 | 330 | 1.8 | 1.10 | 20.93 | 21.35 | 243 | 7.8 | 3.7 | 1880 | 24 |
| 60 | 320 | 2.4 | 1.50 | 28.05 | 23.03 | 263 | 8.4 | 4.2 | 2820 | 26 |
| 80 | 290 | 2.8 | 1.80 | 32.66 | 26.80 | 268 | 8.5 | 4.6 | 3760 | 28 |
| 100 | 250 | 3.0 | 1.90 | 35.17 | 28.89 | 264 | 8.2 | 4.8 | 4700 | 30 |

续表 7-4

| 体 重（千克） | 日增重（克） | 食入干物质（千克） | 总消化养分（千克） | 消化能（兆焦） | 代谢能（兆焦） | 粗蛋白质（克） | 钙（克） | 磷（克） | 有效维生素 A（单位） | 有效维生素 E（单位） |
|---|---|---|---|---|---|---|---|---|---|---|
| 肥育幼羊 | | | | | | | | | | |
| 30 | 295 | 1.3 | 0.94 | 17.17 | 14.25 | 191 | 6.6 | 3.2 | 1410 | 20 |
| 40 | 275 | 1.6 | 1.22 | 22.61 | 18.42 | 185 | 6.6 | 3.3 | 1880 | 24 |
| 50 | 205 | 1.6 | 1.23 | 22.61 | 18.42 | 160 | 5.6 | 3.0 | 2350 | 24 |

**2. 中国美利奴羊的饲养标准** 运用析因法原理，采用消化代谢试验、比较屠宰试验和呼吸面具测热法等相结合的方法，制定出的中国美利奴羊不同生理阶段和生产情况下的饲养标准，见表 7-5 至表 7-13。其中矿物质（包括微量元素）和维生素等的饲养标准，均为借用国外资料。

表 7-5 中国美利奴妊娠母羊每天营养物质需要量

| 体 重（W） | 干物质 | 代谢能 | | 粗蛋白质 | 钙 | 磷 | 维生素 D | β-胡萝卜素 | 维生素 E |
|---|---|---|---|---|---|---|---|---|---|
| 千克 | 千克 | 兆卡 | 兆焦 | 克 | 克 | 克 | 单位 | 微克 | 单位 |
| 妊娠前期（妊娠 1～15 周） | | | | | | | | | |
| 40 | 1.2 | 2.1 | 8.8 | 122 | 5.3 | 2.8 | 222 | 276 | 18.0 |
| 45 | 1.3 | 2.3 | 9.6 | 134 | 5.7 | 3.0 | 250 | 311 | 19.5 |
| 50 | 1.4 | 2.5 | 10.5 | 145 | 6.2 | 3.2 | 278 | 345 | 21.0 |
| 55 | 1.5 | 2.7 | 11.3 | 156 | 6.6 | 3.5 | 305 | 380 | 22.5 |
| 60 | 1.6 | 2.8 | 11.7 | 166 | 7.0 | 3.7 | 333 | 414 | 24.0 |
| 65 | 1.7 | 3.0 | 12.6 | 176 | 7.5 | 3.9 | 361 | 449 | 25.5 |

续表 7-5

| 体重(W) | 干物质 | 代谢能 | | 粗蛋白质 | 钙 | 磷 | 维生素D | β-胡萝卜素 | 维生素E |
|---|---|---|---|---|---|---|---|---|---|
| 千克 | 千克 | 兆卡 | 兆焦 | 克 | 克 | 克 | 单位 | 微克 | 单位 |
| 妊娠后期(妊娠最后6周) | | | | | | | | | |
| 40 | 1.4 | 2.9 | 12.1 | 151 | 8.8 | 4.9 | 222 | 5000 | 21.0 |
| 45 | 1.5 | 3.2 | 13.4 | 165 | 9.5 | 5.3 | 250 | 5625 | 22.5 |
| 50 | 1.7 | 3.4 | 14.2 | 179 | 10.7 | 6.0 | 278 | 6250 | 25.5 |
| 55 | 1.8 | 3.7 | 15.5 | 201 | 11.3 | 6.3 | 305 | 6875 | 27.3 |
| 60 | 1.9 | 3.9 | 16.3 | 205 | 12.0 | 6.7 | 333 | 7500 | 28.5 |
| 65 | 2.0 | 4.2 | 17.6 | 217 | 12.6 | 7.0 | 361 | 8125 | 30.0 |

表 7-6　中国美利奴妊娠母羊矿物质需要量

| 常量元素 | 需要量(%,干物质) | 微量元素 | 需要量(毫克/千克,干物质) |
|---|---|---|---|
| 食　盐 | 精料的1或日粮的0.5 | 铁 | 30～50 |
| 钙 | 妊娠前15周,0.44 | 铜 | 7～11 |
| | 妊娠最后6周,0.63 | 钴 | 0.1～0.2 |
| 磷 | 妊娠前15周,0.23 | 锰 | 20～40 |
| | 妊娠最后6周,0.35 | 锌 | 20～33 |
| 硫 | 0.14～0.26 | 钼 | 0.5 |
| 镁 | 0.12～0.18 | 硒 | 0.1～0.2 |
| 钾 | 0.50～0.80 | 碘 | 0.1～0.8 |

**表 7-7　中国美利奴妊娠母羊维生素需要量**

| 维生素 | 妊娠 15 周 | 妊娠最后 6 周 |
|---|---|---|
| 有效维生素 A(单位/千克活重) | 47 | 85 |
| 胡萝卜素(微克/千克活重) | 69 | 125 |
| 维生素 D(单位/千克活重) | 5.55 | 5.55 |
| 有效维生素 A(单位/千克干物质) | 15 | 15 |

**表 7-8　中国美利奴泌乳前期母羊每天营养物质需要量**

| 体重(千克) | 泌乳量(千克) | 干物质(千克) | 代谢能 | | | | 粗蛋白质(克) | | 钙(克) | 磷(克) | 维生素D(单位) | β-胡萝卜素(微克) | 维生素E(单位) |
|---|---|---|---|---|---|---|---|---|---|---|---|---|---|
| | | | △W=0 | | △W=50 | | △W=0 | △W=50 | | | | | |
| | | | 兆卡 | 兆焦 | 兆卡 | 兆焦 | | | | | | | |
| 40 | 0.8 | 1.70 | 3.3 | 13.8 | 3.6 | 15.1 | 214 | 222 | 11.9 | 6.5 | 222 | 5000 | 26 |
| | 1.0 | 1.70 | 3.6 | 15.1 | 3.9 | 16.3 | 232 | 241 | 11.9 | 6.5 | 222 | 5000 | 26 |
| | 1.2 | 1.70 | 3.9 | 16.3 | 4.2 | 17.6 | 251 | 259 | 11.9 | 6.5 | 222 | 5000 | 26 |
| 45 | 0.8 | 1.80 | 3.5 | 14.6 | 3.8 | 15.9 | 225 | 235 | 12.6 | 6.8 | 250 | 5625 | 27 |
| | 1.0 | 1.80 | 3.8 | 15.9 | 4.1 | 17.2 | 244 | 253 | 12.6 | 6.8 | 250 | 5625 | 27 |
| | 1.2 | 1.80 | 4.1 | 17.2 | 4.4 | 18.4 | 263 | 272 | 12.6 | 6.8 | 250 | 5625 | 27 |
| 50 | 0.8 | 1.90 | 3.7 | 15.5 | 4.0 | 16.7 | 234 | 243 | 13.2 | 7.2 | 278 | 6250 | 29 |
| | 1.0 | 1.90 | 4.0 | 16.7 | 4.3 | 18.0 | 251 | 259 | 13.3 | 7.2 | 278 | 6250 | 29 |
| | 1.2 | 1.90 | 4.3 | 18.0 | 4.6 | 19.3 | 269 | 278 | 13.3 | 7.2 | 278 | 6250 | 29 |
| 55 | 0.8 | 2.00 | 3.8 | 15.9 | 4.1 | 17.2 | 242 | 251 | 14.0 | 7.6 | 305 | 6875 | 30 |
| | 1.0 | 2.00 | 4.1 | 17.2 | 4.4 | 18.4 | 261 | 270 | 14.0 | 7.6 | 305 | 6875 | 30 |
| | 1.2 | 2.00 | 4.5 | 18.8 | 4.6 | 20.1 | 280 | 289 | 14.0 | 7.6 | 305 | 6875 | 30 |

**续表 7-8**

| 体重（千克） | 泌乳量（千克） | 干物质（千克） | 代谢能 | | | | 粗蛋白质(克) | | 钙（克） | 磷（克） | 维生素D（单位） | β-胡萝卜素（微克） | 维生素E（单位） |
|---|---|---|---|---|---|---|---|---|---|---|---|---|---|
| | | | △W=0 | | △W=50 | | △W=0 | △W=50 | | | | | |
| | | | 兆卡 | 兆焦 | 兆卡 | 兆焦 | | | | | | | |
| 60 | 0.8 | 2.10 | 4.0 | 16.7 | 4.3 | 18.0 | 250 | 259 | 14.7 | 8.0 | 333 | 7500 | 32 |
| | 1.0 | 2.10 | 4.3 | 18.0 | 4.6 | 19.3 | 269 | 278 | 14.7 | 8.0 | 333 | 7500 | 32 |
| | 1.2 | 2.10 | 4.6 | 19.3 | 4.9 | 20.5 | 288 | 296 | 14.7 | 8.0 | 333 | 7500 | 32 |
| | 1.4 | 2.10 | 5.0 | 20.9 | 5.3 | 22.2 | 306 | 315 | 14.7 | 8.0 | 333 | 7500 | 32 |
| | 1.6 | 2.10 | 5.3 | 22.2 | 5.6 | 23.4 | 325 | 334 | 14.7 | 8.0 | 333 | 7500 | 32 |
| 65 | 0.8 | 2.20 | 4.2 | 17.6 | 4.5 | 18.8 | 259 | 268 | 15.4 | 8.4 | 361 | 8125 | 33 |
| | 1.0 | 2.20 | 4.5 | 18.8 | 4.8 | 20.1 | 278 | 287 | 15.4 | 8.4 | 361 | 8125 | 33 |
| | 1.2 | 2.20 | 4.8 | 20.1 | 5.1 | 21.3 | 297 | 305 | 15.4 | 8.4 | 361 | 8125 | 33 |
| | 1.4 | 2.20 | 5.1 | 21.3 | 5.4 | 22.6 | 315 | 324 | 15.4 | 8.4 | 361 | 8125 | 33 |
| | 1.6 | 2.20 | 5.4 | 22.6 | 5.7 | 24.8 | 334 | 343 | 15.4 | 8.4 | 361 | 8125 | 33 |

注：△W＝日体增重（克）。

**表 7-9 中国美利奴育成母羊每天营养需要量[*]**

| 体重（千克） | 日增重（克） | 干物质（千克） | 代谢能 | | 粗蛋白质（克） | 钙（克） | 磷（克） | 维生素D（单位） | β-胡萝卜素（微克） | 维生素E（单位） |
|---|---|---|---|---|---|---|---|---|---|---|
| | | | 兆焦 | 兆卡 | | | | | | |
| 20 | 50 | 0.8 | 6.4 | 1.5 | 65 | 2.4 | 1.1 | 111 | 1380 | 12 |
| | 100 | 0.7 | 7.7 | 1.8 | 80 | 3.3 | 1.5 | 111 | 1380 | 11 |
| | 150 | 0.9 | 9.7 | 2.3 | 94 | 4.3 | 2.0 | 111 | 1380 | 14 |

**续表 7-9**

| 体重（千克） | 日增重（克） | 干物质（千克） | 代谢能 | | 粗蛋白质（克） | 钙（克） | 磷（克） | 维生素D（单位） | β-胡萝卜素（微克） | 维生素E（单位） |
|---|---|---|---|---|---|---|---|---|---|---|
| | | | 兆焦 | 兆卡 | | | | | | |
| 25 | 50 | 0.9 | 7.2 | 1.7 | 72 | 2.8 | 1.3 | 139 | 1725 | 14 |
| | 100 | 0.8 | 8.7 | 2.1 | 86 | 3.7 | 1.7 | 139 | 1725 | 12 |
| | 150 | 1.0 | 10.8 | 2.6 | 101 | 4.6 | 2.1 | 139 | 1725 | 15 |
| 30 | 50 | 1.0 | 8.1 | 1.9 | 77 | 3.2 | 1.4 | 167 | 2070 | 15 |
| | 100 | 0.9 | 9.6 | 2.3 | 92 | 4.1 | 1.9 | 167 | 2070 | 14 |
| | 150 | 1.1 | 11.8 | 2.8 | 106 | 5.0 | 2.3 | 167 | 2070 | 17 |
| 35 | 50 | 1.1 | 8.9 | 2.1 | 83 | 3.5 | 1.6 | 194 | 2415 | 17 |
| | 100 | 1.0 | 10.5 | 2.5 | 98 | 4.5 | 2.0 | 194 | 2415 | 15 |
| | 150 | 1.2 | 12.7 | 3.0 | 112 | 5.4 | 2.5 | 194 | 2415 | 18 |
| 40 | 50 | 1.2 | 9.7 | 2.3 | 88 | 3.9 | 1.8 | 222 | 2760 | 18 |
| | 100 | 1.1 | 11.3 | 2.7 | 103 | 4.8 | 2.2 | 222 | 2760 | 16 |
| | 150 | 1.3 | 13.7 | 3.3 | 117 | 5.7 | 2.6 | 222 | 2760 | 20 |
| 45 | 50 | 1.3 | 10.5 | 2.5 | 94 | 4.3 | 1.9 | 250 | 3105 | 20 |
| | 100 | 1.2 | 12.2 | 2.9 | 108 | 5.2 | 2.4 | 250 | 3105 | 17 |
| | 150 | 1.4 | 14.7 | 3.5 | 129 | 6.1 | 2.9 | 250 | 3105 | 21 |
| 50 | 50 | 1.4 | 11.3 | 2.7 | 99 | 4.7 | 2.1 | 278 | 3450 | 21 |
| | 100 | 1.2 | 13.1 | 3.1 | 113 | 5.6 | 2.5 | 278 | 3450 | 19 |
| | 150 | 1.5 | 15.7 | 3.7 | 128 | 6.5 | 3.0 | 278 | 3450 | 22 |

注：维生素 E 按食入每千克干物质 15 个单位计算，与 NRC(1985)的数据稍有出入。

**表 7-10 中国美利奴育成公羊每天营养需要量**

| 体重(千克) | 日增重(克) | 干物质(千克) | 代谢能 | | 粗蛋白质(克) | 钙(克) | 磷(克) | 维生素D(单位) | β-胡萝卜素(微克) | 维生素E(单位) |
|---|---|---|---|---|---|---|---|---|---|---|
| | | | 兆焦 | 兆卡 | | | | | | |
| 20 | 50 | 0.9 | 6.7 | 1.6 | 95 | 2.4 | 1.1 | 111 | 1380 | 33 |
| | 100 | 0.8 | 8.0 | 1.9 | 114 | 3.3 | 1.5 | 111 | 1380 | 12 |
| | 150 | 1.0 | 10.0 | 2.4 | 132 | 4.3 | 2.0 | 111 | 1380 | 14 |
| 25 | 50 | 0.9 | 7.2 | 1.7 | 105 | 2.8 | 1.3 | 139 | 1725 | 14 |
| | 100 | 0.9 | 9.0 | 2.2 | 123 | 3.7 | 1.7 | 139 | 1725 | 13 |
| | 150 | 1.1 | 11.1 | 2.7 | 142 | 4.6 | 2.1 | 139 | 1725 | 16 |
| 30 | 50 | 1.1 | 8.5 | 2.0 | 114 | 3.2 | 1.4 | 167 | 2070 | 16 |
| | 100 | 1.0 | 10.0 | 2.4 | 132 | 4.1 | 1.9 | 167 | 2070 | 14 |
| | 150 | 1.2 | 12.1 | 2.9 | 150 | 5.0 | 2.3 | 167 | 2070 | 17 |
| 35 | 50 | 1.2 | 9.3 | 2.2 | 122 | 3.5 | 1.6 | 194 | 2415 | 18 |
| | 100 | 1.0 | 10.9 | 2.6 | 140 | 4.5 | 2.0 | 194 | 2415 | 16 |
| | 150 | 1.3 | 13.2 | 3.2 | 159 | 5.4 | 2.5 | 194 | 2415 | 19 |
| 40 | 50 | 1.3 | 10.2 | 2.4 | 130 | 3.9 | 1.8 | 222 | 2760 | 19 |
| | 100 | 1.1 | 11.8 | 2.8 | 149 | 4.8 | 2.2 | 222 | 2760 | 17 |
| | 150 | 1.4 | 14.2 | 3.4 | 167 | 5.8 | 2.6 | 222 | 2760 | 20 |
| 45 | 50 | 1.4 | 11.1 | 2.7 | 138 | 4.3 | 1.9 | 250 | 3105 | 21 |
| | 100 | 1.2 | 12.7 | 3.0 | 156 | 5.2 | 2.9 | 250 | 3105 | 18 |
| | 150 | 1.5 | 15.3 | 3.7 | 175 | 6.1 | 2.8 | 250 | 3105 | 22 |

**续表 7-10**

| 体重（千克） | 日增重（克） | 干物质（千克） | 代谢能 | | 粗蛋白质（克） | 钙（克） | 磷（克） | 维生素D（单位） | β-胡萝卜素（微克） | 维生素E（单位） |
|---|---|---|---|---|---|---|---|---|---|---|
| | | | 兆焦 | 兆卡 | | | | | | |
| 50 | 50 | 1.5 | 11.8 | 2.8 | 146 | 4.7 | 2.1 | 278 | 3450 | 22 |
| | 100 | 1.3 | 13.6 | 3.25 | 165 | 5.6 | 2.5 | 278 | 3450 | 20 |
| | 150 | 1.6 | 16.2 | 3.9 | 182 | 6.5 | 3.0 | 278 | 3450 | 23 |
| 55 | 50 | 1.6 | 12.6 | 3.0 | 153 | 5.0 | 2.3 | 305 | 3795 | 23 |
| | 100 | 1.4 | 14.5 | 3.5 | 172 | 6.0 | 2.7 | 305 | 3795 | 21 |
| | 150 | 1.6 | 17.2 | 4.1 | 190 | 6.9 | 3.1 | 305 | 3795 | 25 |
| 60 | 50 | 1.7 | 13.4 | 3.2 | 161 | 5.4 | 2.4 | 333 | 4140 | 25 |
| | 100 | 1.5 | 15.4 | 3.7 | 179 | 6.3 | 2.9 | 333 | 4140 | 22 |
| | 150 | 1.7 | 18.2 | 4.4 | 198 | 7.3 | 3.3 | 333 | 4140 | 26 |
| 65 | 50 | 1.7 | 14.2 | 3.3 | 168 | 5.7 | 2.6 | 361 | 4485 | 25 |
| | 100 | 1.6 | 16.3 | 3.9 | 187 | 6.7 | 3.0 | 361 | 4485 | 23 |
| | 150 | 1.8 | 19.3 | 4.6 | 205 | 7.6 | 3.4 | 361 | 4485 | 28 |
| 70 | 50 | 1.9 | 15.0 | 3.6 | 175 | 6.2 | 2.8 | 389 | 4830 | 28 |
| | 100 | 1.6 | 17.1 | 4.1 | 194 | 7.1 | 3.2 | 389 | 4830 | 25 |
| | 150 | 1.9 | 20.3 | 4.9 | 212 | 8.0 | 3.6 | 389 | 4830 | 29 |

表 7-11　中国美利奴种公羊每天营养需要量

| 体 重（千克） | 干物质（千克） | 代谢能 | | 粗蛋白质（克） | 钙（克） | 磷（克） | 食盐（克） | 维生素D（单位） | β-胡萝卜素（微克） | 维生素E（单位） |
|---|---|---|---|---|---|---|---|---|---|---|
| | | 兆 焦 | 兆 卡 | | | | | | | |
| 非配种期 | | | | | | | | | | |
| 70 | 1.7 | 15.5 | 3.7 | 225 | 9.5 | 6.0 | 10 | 500 | 17 | 51 |
| 80 | 1.9 | 17.2 | 4.1 | 249 | 10.0 | 6.4 | 11 | 540 | 19 | 54 |
| 90 | 2.0 | 18.8 | 4.5 | 272 | 11.0 | 6.8 | 12 | 580 | 21 | 57 |
| 100 | 2.2 | 20.1 | 4.8 | 294 | 11.5 | 7.2 | 13 | 615 | 23 | 60 |
| 110 | 2.4 | 21.8 | 5.2 | 316 | 11.5 | 7.6 | 14 | 650 | 25 | 63 |
| 120 | 2.5 | 23.4 | 5.6 | 337 | 12.0 | 8.0 | 15 | 680 | 27 | 66 |
| 配种期 | | | | | | | | | | |
| 70 | 1.8 | 18.4 | 4.4 | 339 | 12.1 | 9.0 | 15 | 780 | 17 | 63 |
| 80 | 2.0 | 20.1 | 4.8 | 375 | 12.6 | 9.5 | 16 | 820 | 32 | 66 |
| 90 | 2.2 | 22.2 | 5.3 | 409 | 13.2 | 9.9 | 17 | 860 | 37 | 72 |
| 100 | 2.4 | 23.8 | 5.7 | 443 | 13.8 | 10.5 | 18 | 900 | 42 | 75 |
| 110 | 2.6 | 25.9 | 6.2 | 476 | 14.4 | 10.8 | 19 | 940 | 47 | 78 |
| 120 | 2.7 | 27.6 | 6.6 | 508 | 15.0 | 11.3 | 20 | 980 | 52 | 81 |

表 7-12　中国美利奴种公羊每天微量元素需要量

| 体 重（千克） | 硫（毫克） | 铜（毫克） | 锌（毫克） | 钴（毫克） | 锰（毫克） | 碘（毫克） | 硒（毫克） |
|---|---|---|---|---|---|---|---|
| 非配种期 | | | | | | | |
| 70 | 5.25 | 12 | 49 | 0.6 | 65 | 0.5 | 0.28 |

续表 7-12

| 体重（千克） | 硫（毫克） | 铜（毫克） | 锌（毫克） | 钴（毫克） | 锰（毫克） | 碘（毫克） | 硒（毫克） |
|---|---|---|---|---|---|---|---|
| 非配种期 | | | | | | | |
| 80 | 5.55 | 13 | 54 | 0.7 | 70 | 0.5 | 0.30 |
| 90 | 5.85 | 14 | 57 | 0.7 | 74 | 0.6 | 0.32 |
| 100 | 6.15 | 14 | 60 | 0.7 | 78 | 0.6 | 0.34 |
| 110 | 6.45 | 15 | 64 | 0.8 | 84 | 0.7 | 0.35 |
| 120 | 6.75 | 16 | 67 | 0.8 | 87 | 0.7 | 0.36 |
| 配种期 | | | | | | | |
| 70 | 7.1 | 15 | 64 | 0.8 | 84 | 0.7 | 0.30 |
| 80 | 7.4 | 16 | 67 | 0.8 | 84 | 0.7 | 0.34 |
| 90 | 7.8 | 17 | 70 | 0.8 | 91 | 0.7 | 0.36 |
| 100 | 8.2 | 18 | 73 | 0.9 | 95 | 0.8 | 0.41 |
| 110 | 8.5 | 19 | 75 | 0.9 | 95 | 0.8 | 0.45 |
| 120 | 8.8 | 20 | 80 | 1.0 | 105 | 0.8 | 0.48 |

表 7-13 中国美利奴种公羊每天维生素需要量

| 体重（千克） | 胡萝卜素（毫克） | 维生素D（单位） | 维生素E（单位） | 体重（千克） | 胡萝卜素（毫克） | 维生素D（单位） | 维生素E（单位） |
|---|---|---|---|---|---|---|---|
| 非配种期 | | | | 配种期 | | | |
| 70 | 17 | 500 | 51 | 70 | 27 | 780 | 63 |
| 80 | 19 | 540 | 54 | 80 | 32 | 820 | 66 |
| 90 | 21 | 580 | 57 | 90 | 37 | 860 | 72 |

续表 7-13

| 体 重（千克） | 胡萝卜素（毫克） | 维生素 D（单位） | 维生素 E（单位） | 体 重（千克） | 胡萝卜素（毫克） | 维生素 D（单位） | 维生素 E（单位） |
|---|---|---|---|---|---|---|---|
| 非配种期 | | | | 配种期 | | | |
| 100 | 23 | 615 | 60 | 100 | 42 | 900 | 75 |
| 110 | 25 | 650 | 63 | 110 | 47 | 940 | 78 |
| 120 | 27 | 680 | 66 | 120 | 52 | 980 | 81 |

**3. 内蒙古细毛羊饲养标准**　内蒙古农牧学院（1990）建议的内蒙古细毛羊见表 7-14 至表 7-30。

**表 7-14　内蒙古细毛羊母羊妊娠前期(1～3 个月)每天营养需要量**

| 指　标 | 体重（千克） | | | |
|---|---|---|---|---|
| | 40 | 50 | 60 | 70 |
| 风干饲料（千克） | 1.6 | 1.8 | 2.0 | 2.2 |
| 消化能（兆焦） | 12.55 | 15.06 | 15.90 | 16.74 |
| 代谢能（兆焦） | 10.46 | 12.55 | 13.39 | 14.23 |
| 粗蛋白质（克） | 116 | 124 | 132 | 141 |
| 可消化粗蛋白质（克） | 70 | 75 | 80 | 85 |
| 钙（克） | 3.0 | 3.2 | 4.0 | 4.5 |
| 磷（克） | 2.0 | 2.5 | 3.0 | 3.5 |
| 硫（克） | 2.0 | 2.3 | 2.5 | 2.8 |
| 食盐（克） | 6.6 | 7.5 | 8.3 | 9.1 |
| 铁（毫克） | 58 | 65 | 72 | 79 |
| 铜[a]（毫克） | 14 | 16 | 18 | 20 |

**续表 7-14**

| 指　标 | 体重(千克) | | | |
|---|---|---|---|---|
| | 40 | 50 | 60 | 70 |
| 锰(毫克) | 29 | 32 | 36 | 40 |
| 锌(毫克) | 48 | 53 | 59 | 65 |
| 钴(毫克) | 0.24 | 0.27 | 0.30 | 0.33 |
| 碘(毫克) | 1.2 | 1.3 | 1.4 | 1.6 |
| 钼(毫克) | 0.72 | 0.81 | 0.90 | 1.0 |
| 硒(毫克) | 0.21 | 0.24 | 0.27 | 0.30 |
| 胡萝卜素(毫克) | 9.0 | 9.0 | 9.0 | 9.0 |

a:当日粮中钼的含量大于 3 毫克/千克时,铜的需要量需在此基础上增加 1 倍。

**表 7-15　内蒙古细毛羊母羊妊娠后期(4～5 个月)每天营养需要量(单胎)**

| 指　标 | 体重(千克) | | | | | | |
|---|---|---|---|---|---|---|---|
| | 40 | 45 | 50 | 55 | 60 | 65 | 70 |
| | 日增重(克) | | | | | | |
| | 172 | 172 | 172 | 172 | 172 | 172 | 172 |
| 风干饲料(千克) | 1.8 | 1.9 | 2.0 | 2.1 | 2.2 | 2.3 | 2.4 |
| 消化能(兆焦) | 15.06 | 15.90 | 16.74 | 17.99 | 18.83 | 19.66 | 20.92 |
| 代谢能(兆焦) | 12.55 | 13.39 | 14.23 | 15.06 | 15.90 | 16.74 | 17.57 |
| 粗蛋白质(克) | 146 | 152 | 159 | 165 | 172 | 180 | 187 |
| 可消化粗蛋白质(克) | 88 | 92 | 96 | 99 | 104 | 108 | 113 |

续表 7-15

| 指 标 | 体重(千克) | | | | | | |
|---|---|---|---|---|---|---|---|
| | 40 | 45 | 50 | 55 | 60 | 65 | 70 |
| | 日增重(克) | | | | | | |
| | 172 | 172 | 172 | 172 | 172 | 172 | 172 |
| 钙(克) | 6.0 | 6.5 | 7.0 | 7.5 | 8.0 | 8.5 | 9.0 |
| 磷(克) | 3.5 | 3.7 | 3.9 | 4.1 | 4.3 | 4.5 | 4.7 |
| 硫(克) | 2.3 | 2.4 | 2.5 | 2.6 | 2.8 | 2.9 | 3.0 |
| 食盐(克) | 7.5 | 7.9 | 8.3 | 8.7 | 9.1 | 9.5 | 9.9 |
| 铁(毫克) | 65 | 68 | 72 | 76 | 79 | 83 | 86 |
| 铜[a](毫克) | 16 | 17 | 18 | 19 | 20 | 21 | 22 |
| 锰(毫克) | 32 | 34 | 36 | 38 | 40 | 42 | 44 |
| 锌(毫克) | 53 | 56 | 59 | 62 | 65 | 68 | 71 |
| 钴(毫克) | 0.27 | 0.29 | 0.30 | 0.32 | 0.33 | 0.35 | 0.36 |
| 碘(毫克) | 1.3 | 1.4 | 1.4 | 1.5 | 1.6 | 1.7 | 1.7 |
| 钼(毫克) | 0.81 | 0.86 | 0.90 | 0.95 | 0.99 | 1.00 | 1.10 |
| 硒(毫克) | 0.24 | 0.26 | 0.27 | 0.28 | 0.30 | 0.31 | 0.32 |
| 胡萝卜素(毫克) | 9.0 | 9.0 | 9.0 | 9.0 | 9.0 | 9.0 | 9.0 |

a:当日粮中钼的含量大于 3 毫克/千克时,铜的需要量需在此基础上增加 1 倍。

**表 7-16 内蒙古细毛羊母羊妊娠后期(4～5 个月)每天营养需要量(双胎)**

| 指 标 | 体 重(千克) | | | | | | |
|---|---|---|---|---|---|---|---|
| | 40 | 45 | 50 | 55 | 60 | 65 | 70 |
| | 日增重(克) | | | | | | |
| | 172 | 172 | 172 | 172 | 172 | 172 | 172 |
| 风干饲料(千克) | 1.8 | 1.9 | 2.0 | 2.1 | 2.2 | 2.3 | 2.4 |
| 消化能(兆焦) | 16.74 | 17.99 | 19.25 | 20.50 | 21.76 | 22.59 | 24.27 |
| 代谢能(兆焦) | 14.23 | 15.06 | 16.32 | 17.15 | 18.41 | 19.25 | 20.50 |
| 粗蛋白质(克) | 167 | 176 | 184 | 193 | 203 | 214 | 226 |
| 可消化粗蛋白质(克) | 101 | 106 | 111 | 116 | 122 | 129 | 136 |
| 钙(克) | 7.0 | 7.5 | 8.0 | 8.5 | 9.0 | 9.5 | 10.0 |
| 磷(克) | 4.0 | 4.3 | 4.6 | 5.0 | 5.3 | 5.4 | 5.6 |
| 硫(克) | 2.3 | 2.4 | 2.5 | 2.6 | 2.8 | 2.9 | 3.0 |
| 食盐(克) | 7.9 | 8.3 | 8.7 | 9.1 | 9.5 | 9.9 | 11.0 |
| 铁(毫克) | 65 | 68 | 72 | 76 | 79 | 83 | 86 |
| 铜[a](毫克) | 16 | 17 | 18 | 19 | 20 | 21 | 22 |
| 锰(毫克) | 32 | 34 | 36 | 38 | 40 | 42 | 44 |
| 锌(毫克) | 53 | 56 | 59 | 62 | 65 | 68 | 71 |
| 钴(毫克) | 0.27 | 0.29 | 0.30 | 0.32 | 0.33 | 0.35 | 0.36 |
| 碘(毫克) | 1.3 | 1.4 | 1.4 | 1.5 | 1.6 | 1.7 | 1.7 |
| 钼(毫克) | 0.81 | 0.86 | 0.90 | 0.95 | 0.99 | 1.00 | 1.10 |
| 硒(毫克) | 0.24 | 0.26 | 0.27 | 0.28 | 0.30 | 0.31 | 0.32 |
| 胡萝卜素(毫克) | 9.0 | 9.0 | 9.0 | 9.0 | 9.0 | 9.0 | 9.0 |

a:当日粮中钼的含量大于 3 毫克/千克时,铜的需要量需在此基础上增加 1 倍。

表 7-17 内蒙古细毛羊母羊泌乳前期(前 2 个月)每天能量、粗蛋白质需要量

| 体重（千克） | 泌乳量（千克） | 风干料（千克） | 消化能（兆焦） | 代谢能（兆焦） | 粗蛋白质（克） | 可消化粗蛋白质（克） |
|---|---|---|---|---|---|---|
| 40 | 0 | 2.0 | 10.46 | 8.37 | 99 | 60 |
| | 0.2 | 2.0 | 12.97 | 10.46 | 119 | 72 |
| | 0.4 | 2.0 | 15.48 | 12.55 | 139 | 84 |
| | 0.6 | 2.0 | 17.99 | 14.64 | 157 | 95 |
| | 0.8 | 2.0 | 20.50 | 16.74 | 176 | 107 |
| | 1.0 | 2.0 | 23.01 | 18.83 | 196 | 119 |
| | 1.2 | 2.0 | 25.94 | 20.92 | 216 | 131 |
| | 1.4 | 2.0 | 28.45 | 23.01 | 236 | 143 |
| | 1.6 | 2.0 | 30.96 | 25.10 | 254 | 154 |
| | 1.8 | 2.0 | 33.47 | 27.20 | 274 | 166 |
| 50 | 0 | 2.2 | 11.72 | 9.62 | 102 | 62 |
| | 0.2 | 2.2 | 15.06 | 12.13 | 122 | 74 |
| | 0.4 | 2.2 | 17.57 | 14.23 | 142 | 86 |
| | 0.6 | 2.2 | 20.08 | 16.32 | 162 | 98 |
| | 0.8 | 2.2 | 22.59 | 18.41 | 180 | 109 |
| | 1.0 | 2.2 | 25.10 | 20.50 | 200 | 121 |
| | 1.2 | 2.2 | 28.03 | 22.59 | 219 | 133 |
| | 1.4 | 2.2 | 30.54 | 24.69 | 239 | 145 |
| | 1.6 | 2.2 | 33.05 | 26.78 | 257 | 156 |
| | 1.8 | 2.2 | 35.56 | 28.87 | 277 | 168 |

续表 7-17

| 体重（千克） | 泌乳量（千克） | 风干料（千克） | 消化能（兆焦） | 代谢能（兆焦） | 粗蛋白质（克） | 可消化粗蛋白质（克） |
|---|---|---|---|---|---|---|
| 60 | 0 | 2.4 | 13.81 | 11.30 | 106 | 64 |
| | 0.2 | 2.4 | 16.32 | 13.39 | 125 | 76 |
| | 0.4 | 2.4 | 19.25 | 15.48 | 145 | 88 |
| | 0.6 | 2.4 | 21.76 | 17.57 | 165 | 100 |
| | 0.8 | 2.4 | 24.27 | 19.66 | 183 | 111 |
| | 1.0 | 2.4 | 26.78 | 21.76 | 203 | 123 |
| | 1.2 | 2.4 | 29.29 | 23.85 | 223 | 135 |
| | 1.4 | 2.4 | 31.80 | 25.94 | 241 | 146 |
| | 1.6 | 2.4 | 34.73 | 28.03 | 261 | 158 |
| | 1.8 | 2.4 | 37.24 | 30.12 | 275 | 167 |
| 70 | 0 | 2.6 | 15.48 | 12.55 | 109 | 66 |
| | 0.2 | 2.6 | 17.99 | 14.64 | 129 | 78 |
| | 0.4 | 2.6 | 20.50 | 16.74 | 148 | 90 |
| | 0.6 | 2.6 | 23.01 | 18.83 | 166 | 101 |
| | 0.8 | 2.6 | 25.94 | 20.92 | 186 | 113 |
| | 1.0 | 2.6 | 28.45 | 23.01 | 206 | 125 |
| | 1.2 | 2.6 | 30.96 | 25.10 | 226 | 137 |
| | 1.4 | 2.6 | 33.89 | 27.61 | 244 | 148 |
| | 1.6 | 2.6 | 36.40 | 29.71 | 264 | 160 |
| | 1.8 | 2.6 | 39.33 | 31.80 | 284 | 172 |

注：对双羔泌乳母羊而言，风干物、能量、蛋白质应在此基础上增加 20%。

**表 7-18 内蒙古细毛羊母羊泌乳前期(前 2 个月)**
**每天矿物质常量、微量元素和维生素需要量**

| 指 标 | 体重(千克) | | | |
|---|---|---|---|---|
| | 40 | 50 | 60 | 70 |
| 钙(克) | 7.0 | 7.5 | 8.0 | 8.5 |
| 磷(克) | 4.3 | 4.7 | 5.1 | 5.6 |
| 硫(克) | 2.5 | 2.8 | 3.5 | 3.7 |
| 食盐(克) | 8.3 | 9.1 | 9.9 | 11 |
| 铁(毫克) | 72 | 79 | 86 | 94 |
| 铜[a](毫克) | 13.5 | 14.9 | 16 | 18 |
| 锰(毫克) | 36 | 40 | 43 | 47 |
| 锌(毫克) | 59 | 65 | 71 | 77 |
| 钴(毫克) | 0.3 | 0.33 | 0.36 | 0.39 |
| 碘(毫克) | 1.4 | 1.6 | 1.7 | 1.9 |
| 钼(毫克) | 0.9 | 1.0 | 1.1 | 1.2 |
| 硒(毫克) | 0.27 | 0.30 | 0.32 | 0.35 |
| 胡萝卜素(毫克) | 9.0 | 9.0 | 10.0 | 12.0 |

a:当日粮中钼的含量大于 3.0 毫克/千克时,铜的需要量需在此基础上增加 1 倍。

注:对双羔泌乳母羊而言,常量矿物质应在此基础上增加 20%,微量元素在日粮中的含量与此相同。

**表 7-19　内蒙古细毛羊哺乳前期(出生至 90 日龄)每天能量、粗蛋白质需要量**

| 体 重（千克） | 日增重（千克） | 风干料（千克） | 消化能（兆焦） | 代谢能（兆焦） | 粗蛋白质（克） | 可消化粗蛋白质(克) |
|---|---|---|---|---|---|---|
| 4 | 0 | 0.12 | 1.13 | 1.09 | 8.3 | 8.0 |
| | 0.10 | 0.12 | 1.92 | 1.88 | 35 | 34 |
| | 0.20 | 0.12 | 2.80 | 2.72 | 62 | 60 |
| | 0.30 | 0.12 | 3.68 | 3.56 | 90 | 86 |
| 6 | 0 | 0.13 | 1.63 | 1.59 | 9.4 | 9.0 |
| | 0.10 | 0.13 | 2.55 | 2.47 | 36 | 35 |
| | 0.20 | 0.13 | 3.43 | 3.36 | 62 | 60 |
| | 0.30 | 0.13 | 4.18 | 3.77 | 88 | 85 |
| 8 | 0 | 0.16 | 2.13 | 2.05 | 10 | 10 |
| | 0.10 | 0.16 | 3.10 | 3.01 | 36 | 35 |
| | 0.20 | 0.16 | 4.06 | 3.93 | 62 | 60 |
| | 0.30 | 0.16 | 5.02 | 4.60 | 88 | 85 |
| 10 | 0 | 0.24 | 2.80 | 2.55 | 22 | 17 |
| | 0.10 | 0.24 | 3.97 | 3.60 | 54 | 42 |
| | 0.20 | 0.24 | 5.02 | 4.60 | 87 | 68 |
| | 0.30 | 0.24 | 8.28 | 5.86 | 121 | 94 |
| 12 | 0 | 0.32 | 3.39 | 3.05 | 24 | 19 |
| | 0.10 | 0.32 | 4.60 | 4.14 | 56 | 44 |
| | 0.20 | 0.32 | 5.44 | 5.02 | 90 | 70 |
| | 0.30 | 0.32 | 7.11 | 8.28 | 122 | 95 |

续表 7-19

| 体 重（千克） | 日增重（千克） | 风干料（千克） | 消化能（兆焦） | 代谢能（兆焦） | 粗蛋白质（克） | 可消化粗蛋白质（克） |
|---|---|---|---|---|---|---|
| 14 | 0 | 0.4 | 3.93 | 3.56 | 27 | 21 |
| | 0.10 | 0.4 | 5.02 | 4.60 | 59 | 46 |
| | 0.20 | 0.4 | 8.28 | 5.86 | 91 | 71 |
| | 0.30 | 0.4 | 7.53 | 6.69 | 123 | 96 |
| 16 | 0 | 0.48 | 4.60 | 4.06 | 28 | 22 |
| | 0.10 | 0.48 | 5.44 | 5.02 | 60 | 47 |
| | 0.20 | 0.48 | 7.11 | 6.28 | 92 | 72 |
| | 0.30 | 0.48 | 8.37 | 7.53 | 124 | 97 |
| 18 | 0 | 0.56 | 5.02 | 4.60 | 31 | 24 |
| | 0.10 | 0.56 | 6.28 | 5.86 | 63 | 49 |
| | 0.20 | 0.56 | 7.95 | 7.11 | 95 | 74 |
| | 0.30 | 0.56 | 8.79 | 7.95 | 127 | 99 |
| 20 | 0 | 0.64 | 5.44 | 5.02 | 33 | 26 |
| | 0.10 | 0.64 | 7.11 | 8.28 | 65 | 51 |
| | 0.20 | 0.64 | 8.37 | 7.53 | 96 | 75 |
| | 0.30 | 0.64 | 9.62 | 8.79 | 128 | 100 |

表 7-20　内蒙古细毛羊哺乳前期(出生至 90 日龄)
每天矿物质常量、微量元素和维生素需要量

| 指　标 | 体重(千克) | | | | | | | | |
|---|---|---|---|---|---|---|---|---|---|
| | 4 | 6 | 8 | 10 | 12 | 14 | 16 | 18 | 20 |
| 钙(克) | 0.96 | 1.0 | 1.3 | 1.4 | 1.5 | 1.8 | 2.2 | 2.5 | 2.9 |
| 磷(克) | 0.50 | 0.50 | 0.70 | 0.75 | 0.80 | 1.2 | 1.5 | 1.7 | 1.9 |
| 硫(克) | 0.24 | 0.26 | 0.32 | 0.48 | 0.58 | 0.72 | 0.86 | 1.0 | 1.2 |
| 食盐(克) | 0.60 | 0.60 | 0.70 | 1.1 | 1.3 | 1.7 | 2.0 | 2.3 | 2.6 |
| 铁(毫克) | 4.3 | 4.7 | 5.8 | 8.6 | 12.0 | 14 | 17 | 20 | 23 |
| 铜[a](毫克) | 0.97 | 1.1 | 1.3 | 1.9 | 2.6 | 3.2 | 3.9 | 4.5 | 5.2 |
| 锰(毫克) | 2.2 | 2.3 | 2.9 | 4.3 | 5.8 | 7.2 | 8.6 | 10 | 12 |
| 锌(毫克) | 2.7 | 2.9 | 3.6 | 5.4 | 7.2 | 9.0 | 11 | 13 | 14 |
| 钴(毫克) | 0.018 | 0.02 | 0.024 | 0.036 | 0.044 | 0.060 | 0.072 | 0.084 | 0.096 |
| 碘(毫克) | 0.086 | 0.094 | 0.12 | 0.17 | 0.23 | 0.29 | 0.35 | 0.41 | 0.46 |
| 钼(毫克) | 0.054 | 0.059 | 0.072 | 0.11 | 0.14 | 0.18 | 0.22 | 0.25 | 0.29 |
| 硒(毫克) | 0.016 | 0.018 | 0.022 | 0.032 | 0.043 | 0.054 | 0.065 | 0.076 | 0.086 |
| 胡萝卜素(毫克) | 0.50 | 0.75 | 1.0 | 1.3 | 1.5 | 1.8 | 2.0 | 2.3 | 2.5 |

a:当日粮中钼的含量大于 3.0 毫克/千克时,铜的需要量需在此基础上增加 1 倍。

表 7-21　内蒙古细毛羊育成母羊(4～18 个月)
每天能量、粗蛋白质需要量

| 体 重（千克） | 日增重（千克） | 风干料（千克） | 消化能（兆焦） | 代谢能（兆焦） | 粗蛋白质（克） | 可消化粗蛋白质（克） |
|---|---|---|---|---|---|---|
| 25 | 0 | 0.80 | 5.86 | 4.60 | 47 | 29 |
| | 0.03 | 0.80 | 6.70 | 5.44 | 69 | 42 |
| | 0.06 | 0.80 | 7.11 | 5.86 | 90 | 55 |
| | 0.09 | 0.80 | 8.37 | 6.69 | 112 | 68 |
| 30 | 0 | 1.0 | 6.70 | 5.44 | 54 | 33 |
| | 0.03 | 1.0 | 7.95 | 6.28 | 75 | 46 |
| | 0.06 | 1.0 | 8.79 | 7.11 | 96 | 58 |
| | 0.09 | 1.0 | 9.20 | 7.53 | 117 | 71 |
| 35 | 0 | 1.2 | 7.95 | 6.28 | 61 | 37 |
| | 0.03 | 1.2 | 8.79 | 7.11 | 82 | 50 |
| | 0.06 | 1.2 | 9.62 | 7.95 | 103 | 63 |
| | 0.09 | 1.2 | 10.88 | 8.79 | 123 | 75 |
| 40 | 0 | 1.4 | 8.37 | 6.69 | 67 | 41 |
| | 0.03 | 1.4 | 9.62 | 7.95 | 88 | 53 |
| | 0.06 | 1.4 | 10.88 | 8.79 | 108 | 66 |
| | 0.09 | 1.4 | 12.55 | 10.04 | 129 | 78 |
| 45 | 0 | 1.5 | 9.20 | 7.59 | 73 | 45 |
| | 0.03 | 1.5 | 10.88 | 8.98 | 94 | 57 |
| | 0.06 | 1.5 | 11.71 | 9.67 | 114 | 69 |
| | 0.09 | 1.5 | 13.39 | 11.06 | 135 | 82 |

续表 7-21

| 体 重（千克） | 日增重（千克） | 风干料（千克） | 消化能（兆焦） | 代谢能（兆焦） | 粗蛋白质（克） | 可消化粗蛋白质（克） |
|---|---|---|---|---|---|---|
| 50 | 0 | 1.6 | 9.62 | 7.95 | 80 | 49 |
| | 0.03 | 1.6 | 11.30 | 9.20 | 100 | 61 |
| | 0.06 | 1.6 | 13.39 | 10.88 | 120 | 73 |
| | 0.09 | 1.6 | 15.06 | 12.13 | 140 | 85 |

表 7-22 内蒙古细毛羊育成母羊(4～18 个月)每天矿物质常量、微量元素和维生素需要量

| 指 标 | 体重（千克） | | | | | |
|---|---|---|---|---|---|---|
| | 25 | 30 | 35 | 40 | 45 | 50 |
| 钙（克） | 3.6 | 4.0 | 4.5 | 4.5 | 5.0 | 5.0 |
| 磷（克） | 1.8 | 2.0 | 2.3 | 2.3 | 2.5 | 2.5 |
| 硫（克） | 1.4 | 1.8 | 2.2 | 2.5 | 2.7 | 2.9 |
| 食盐（克） | 3.3 | 4.1 | 5.0 | 5.8 | 6.2 | 6.6 |
| 铁（毫克） | 29 | 36 | 43 | 50 | 54 | 58 |
| 铜[a]（毫克） | 6.5 | 8.1 | 9.7 | 11 | 12 | 13 |
| 锰（毫克） | 14 | 18 | 22 | 25 | 27 | 29 |
| 锌（毫克） | 18 | 23 | 27 | 32 | 34 | 36 |
| 钴（毫克） | 0.12 | 0.15 | 0.18 | 0.21 | 0.23 | 0.24 |
| 碘（毫克） | 0.58 | 0.72 | 0.86 | 1.0 | 1.1 | 1.2 |
| 钼（毫克） | 0.36 | 0.45 | 0.54 | 0.63 | 0.68 | 0.72 |
| 硒（毫克） | 0.11 | 0.14 | 0.16 | 0.19 | 0.20 | 0.22 |
| 胡萝卜素（毫克） | 3.1 | 3.8 | 4.4 | 5.0 | 5.6 | 6.3 |

a：当日粮中钼的含量大于 3.0 毫克/千克时，铜的需要量需在此基础上增加 1 倍。

表 7-23　内蒙古细毛羊育肥羔羊每天能量、粗蛋白质需要量

| 月龄 | 体重（千克） | 日增重（千克） | 风干料（千克） | 消化能（兆焦） | 代谢能（兆焦） | 粗蛋白质（克） | 可消化粗蛋白质（克） |
|---|---|---|---|---|---|---|---|
| 3 | 25 | 0.12 | 1.2 | 10.46 | 8.37 | 133 | 80 |
| | | 0.18 | 1.2 | 14.64 | 11.72 | 167 | 100 |
| 4 | 30 | 0.12 | 1.4 | 14.64 | 11.72 | 150 | 90 |
| | | 0.18 | 1.4 | 16.74 | 13.39 | 217 | 130 |
| 5 | 40 | 0.12 | 1.7 | 16.74 | 13.39 | 150 | 90 |
| | | 0.18 | 1.7 | 18.83 | 15.06 | 233 | 140 |
| 6 | 45 | 0.12 | 1.8 | 18.83 | 15.06 | 150 | 90 |
| | | 0.18 | 1.8 | 20.92 | 17.15 | 250 | 150 |

表 7-24　内蒙古细毛羊育肥羔羊每天矿物质常量、微量元素和维生素需要量

| 指标 | 月龄 | | | |
|---|---|---|---|---|
| | 3 | 4 | 5 | 6 |
| | 体重（千克） | | | |
| | 25 | 30 | 35 | 40 |
| 钙（克） | 2.0 | 3.0 | 4.0 | 5.0 |
| 磷（克） | 1.0 | 2.0 | 3.0 | 4.0 |
| 硫（克） | 2.2 | 2.5 | 3.1 | 3.2 |
| 食盐（克） | 5.0 | 5.8 | 7.0 | 7.5 |
| 铁（毫克） | 43 | 50 | 61 | 65 |
| 铜[a]（毫克） | 9.7 | 11 | 14 | 15 |

续表 7-24

| 指 标 | 月 龄 | | | |
|---|---|---|---|---|
| | 3 | 4 | 5 | 6 |
| | 体重(千克) | | | |
| | 25 | 30 | 35 | 40 |
| 锰(毫克) | 22 | 25 | 31 | 32 |
| 锌(毫克) | 27 | 32 | 38 | 41 |
| 钴(毫克) | 0.18 | 0.21 | 0.26 | 0.27 |
| 碘(毫克) | 0.86 | 1.0 | 1.2 | 1.3 |
| 钼(毫克) | 0.54 | 0.63 | 0.77 | 0.81 |
| 硒(毫克) | 0.16 | 0.19 | 0.23 | 0.24 |
| 胡萝卜素(毫克) | 4.0 | 5.0 | 6.0 | 8.0 |

a:当日粮中钼的含量大于3.0毫克/千克时,铜的需要量需在此基础上增加1倍。

表 7-25　内蒙古细毛羊育成育肥羊每天营养需要量

| 指 标 | 体重(千克) | | | | |
|---|---|---|---|---|---|
| | 40 | 50 | 60 | 70 | 80 |
| 风干饲料(千克) | 1.5 | 1.8 | 2.0 | 2.2 | 2.4 |
| 消化能(兆焦) | 15.90~16.74 | 16.74~23.01 | 20.92~27.20 | 23.01~29.29 | 27.20~33.47 |
| 代谢能(兆焦) | 12.97~13.39 | 13.39~17.15 | 17.15~21.76 | 18.83~23.85 | 27.76~27.20 |
| 粗蛋白质(克) | 150~167 | 167~200 | 183~217 | 200~233 | 217~267 |
| 可消化粗蛋白质(克) | 90~100 | 100~120 | 110~130 | 120~140 | 130~160 |
| 钙(克) | 4.0 | 5.0 | 6.0 | 7.0 | 8.0 |
| 磷(克) | 2.0 | 3.0 | 4.0 | 5.0 | 6.0 |

续表 7-25

| 指 标 | 体重(千克) | | | | |
|---|---|---|---|---|---|
| | 40 | 50 | 60 | 70 | 80 |
| 硫(克) | 2.7 | 3.2 | 3.6 | 4.0 | 4.3 |
| 食盐(克) | 6.2 | 7.5 | 8.3 | 9.1 | 10 |
| 铁(毫克) | 54 | 65 | 72 | 79 | 86 |
| 铜[a](毫克) | 12 | 15 | 16 | 18 | 19 |
| 锰(毫克) | 27 | 32 | 36 | 40 | 43 |
| 锌(毫克) | 34 | 41 | 45 | 50 | 54 |
| 钴(毫克) | 0.23 | 0.27 | 0.30 | 0.33 | 0.36 |
| 碘(毫克) | 1.1 | 1.3 | 1.4 | 1.6 | 1.7 |
| 钼(毫克) | 0.68 | 0.81 | 0.9 | 1.00 | 1.1 |
| 硒(毫克) | 0.20 | 0.24 | 0.27 | 0.30 | 0.32 |
| 胡萝卜素(毫克) | 6.0 | 7.0 | 8.0 | 9.0 | 10 |

a:当日粮中钼的含量大于3.0毫克/千克时,铜的需要量需在此基础上增加1倍。

表 7-26 内蒙古毛用羯羊的营养需要量

| 指 标 | 体重(千克) | | | | |
|---|---|---|---|---|---|
| | 40 | 50 | 60 | 70 | 80 |
| 风干饲料(千克) | 1.3 | 1.5 | 1.9 | 2.1 | 2.3 |
| 消化能(兆焦) | 10.46～12.97 | 11.72～14.23 | 12.97～15.06 | 14.64～16.74 | 15.06～18.83 |
| 代谢能(兆焦) | 8.37～10.46 | 9.62～11.72 | 10.46～12.13 | 11.72～13.39 | 12.13～15.06 |
| 粗蛋白质(克) | 83～133 | 100～142 | 108～142 | 108～150 | 117～167 |
| 可消化粗蛋白质(克) | 50～80 | 60～85 | 65～85 | 65～90 | 70～100 |

续表 7-26

| 指 标 | 体重(千克) | | | | |
|---|---|---|---|---|---|
| | 40 | 50 | 60 | 70 | 80 |
| 钙(克) | 2.5 | 2.6 | 2.7 | 2.8 | 3.6 |
| 磷(克) | 2.0 | 2.1 | 2.1 | 2.5 | 2.7 |
| 硫(克) | 1.6 | 1.9 | 2.4 | 2.6 | 2.9 |
| 食盐(克) | 5.4 | 6.2 | 7.9 | 8.7 | 9.5 |
| 铁(毫克) | 47 | 54 | 68 | 76 | 83 |
| 铜[a](毫克) | 11 | 12 | 15 | 17 | 19 |
| 锰(毫克) | 23 | 27 | 34 | 38 | 41 |
| 锌(毫克) | 29 | 34 | 43 | 47 | 52 |
| 钴(毫克) | 0.20 | 0.23 | 0.29 | 0.32 | 0.35 |
| 碘(毫克) | 0.94 | 1.1 | 1.4 | 1.5 | 1.7 |
| 钼(毫克) | 0.59 | 0.68 | 0.86 | 0.95 | 1.0 |
| 硒(毫克) | 0.18 | 0.20 | 0.26 | 0.28 | 0.31 |
| 胡萝卜素(毫克) | 6.0 | 7.0 | 8.0 | 9.0 | 10 |

a:当日粮中钼的含量大于 3 毫克/千克时，铜的需要量需在此基础上增加 1 倍。

表 7-27 内蒙古细毛羊育成公羊每天营养需要量

| 指 标 | 月 龄 | | | | |
|---|---|---|---|---|---|
| | 4～6 | 6～8 | 8～10 | 10～12 | 12～18 |
| | 体重(千克) | | | | |
| | 30～37 | 37～42 | 42～48 | 48～53 | 53～70 |
| 风干饲料(千克) | 1.4 | 1.6 | 1.8 | 2.0 | 2.2 |
| 消化能(兆焦) | 14.64～16.74 | 16.74～18.83 | 18.83～20.92 | 20.08～23.01 | 20.08～23.43 |

续表 7-27

| 指 标 | 月 龄 | | | | |
|---|---|---|---|---|---|
| | 4～6 | 6～8 | 8～10 | 10～12 | 12～18 |
| | 体重(千克) | | | | |
| | 30～37 | 37～42 | 42～48 | 48～53 | 53～70 |
| 代谢能(兆焦) | 11.72～13.39 | 13.39～15.06 | 15.06～17.15 | 16.32～18.83 | 16.32～18.83 |
| 粗蛋白质(克) | 150～167 | 158～192 | 167～208 | 183～225 | 200～233 |
| 可消化粗蛋白质(克) | 90～100 | 95～115 | 100～125 | 110～135 | 120～140 |
| 钙(克) | 4.0 | 5.0 | 5.5 | 6.0 | 6.5 |
| 磷(克) | 2.5 | 3.0 | 3.5 | 3.8 | 4.2 |
| 硫(克) | 2.6 | 3.0 | 3.4 | 3.8 | 4.5 |
| 食盐(克) | 7.6 | 8.6 | 9.7 | 11 | 12 |
| 铁(毫克) | 50 | 58 | 65 | 72 | 79 |
| 铜[a](毫克) | 11 | 13 | 15 | 16 | 18 |
| 锰(毫克) | 25 | 29 | 32 | 36 | 40 |
| 锌(毫克) | 50 | 58 | 65 | 72 | 79 |
| 钴(毫克) | 0.21 | 0.24 | 0.27 | 0.3 | 0.33 |
| 碘(毫克) | 1.0 | 1.2 | 1.3 | 1.4 | 1.6 |
| 钼(毫克) | 0.63 | 0.72 | 0.81 | 0.9 | 0.99 |
| 硒(毫克) | 0.19 | 0.22 | 0.24 | 0.27 | 0.30 |
| 胡萝卜素(毫克) | 6.5 | 7.5 | 8.5 | 9.5 | 11 |

a:当日粮中钼的含量大于 3 毫克/千克时,铜的需要量需在此基础上增加 1 倍。

表 7-28　内蒙古细毛羊种公羊非配种期每天能量、粗蛋白质需要量

| 体 重（千克） | 日增重（克） | 风干料（千克） | 消化能（兆焦） | 代谢能（兆焦） | 粗蛋白质（克） | 可消化粗蛋白质（克） |
|---|---|---|---|---|---|---|
| 60 | 0 | 2.0 | 15.48 | 12.55 | 188 | 113 |
| | 10 | 2.0 | 15.90 | 12.97 | 212 | 127 |
| | 50 | 2.0 | 18.41 | 15.06 | 221 | 133 |
| | 100 | 2.0 | 21.76 | 17.57 | 233 | 140 |
| | 150 | 2.0 | 24.69 | 20.08 | 245 | 147 |
| | 200 | 2.0 | 27.19 | 22.18 | 256 | 154 |
| 70 | 0 | 2.1 | 17.15 | 13.81 | 211 | 127 |
| | 10 | 2.1 | 17.99 | 14.64 | 235 | 141 |
| | 50 | 2.1 | 20.08 | 16.32 | 244 | 146 |
| | 100 | 2.1 | 23.43 | 18.83 | 256 | 154 |
| | 150 | 2.1 | 26.36 | 21.34 | 268 | 161 |
| | 200 | 2.1 | 29.29 | 23.85 | 279 | 167 |
| 80 | 0 | 2.2 | 19.25 | 15.48 | 233 | 140 |
| | 10 | 2.2 | 19.66 | 15.90 | 257 | 154 |
| | 50 | 2.2 | 22.18 | 17.99 | 266 | 160 |
| | 100 | 2.2 | 25.10 | 20.51 | 278 | 167 |
| | 150 | 2.2 | 28.45 | 23.01 | 290 | 174 |
| | 200 | 2.2 | 31.38 | 25.52 | 301 | 181 |

续表 7-28

| 体 重（千克） | 日增重（克） | 风干料（千克） | 消化能（兆焦） | 代谢能（兆焦） | 粗蛋白质（克） | 可消化粗蛋白质（克） |
|---|---|---|---|---|---|---|
| 90 | 0 | 2.4 | 20.50 | 16.74 | 255 | 153 |
| | 10 | 2.4 | 21.76 | 17.57 | 279 | 167 |
| | 50 | 2.4 | 23.85 | 19.25 | 288 | 173 |
| | 100 | 2.4 | 26.78 | 21.76 | 300 | 180 |
| | 150 | 2.4 | 30.12 | 24.27 | 312 | 187 |
| | 200 | 2.4 | 33.05 | 26.78 | 323 | 194 |
| 100 | 0 | 2.5 | 22.59 | 18.41 | 276 | 166 |
| | 10 | 2.5 | 23.43 | 18.83 | 300 | 180 |
| | 50 | 2.5 | 25.94 | 20.92 | 309 | 185 |
| | 100 | 2.5 | 28.87 | 23.43 | 321 | 193 |
| | 150 | 2.5 | 31.38 | 25.52 | 333 | 200 |
| | 200 | 2.5 | 34.72 | 28.03 | 344 | 206 |

**表 7-29 内蒙古细毛羊种公羊非配种期每天矿物质常量、微量元素和维生素需要量**

| 指 标 | 体重（千克） | | | | |
|---|---|---|---|---|---|
| | 60 | 70 | 80 | 90 | 100 |
| 钙（克） | 6.0 | 7.0 | 8.0 | 9.0 | 10 |
| 磷（克） | 3.2 | 3.6 | 4.1 | 4.6 | 5.2 |
| 硫（克） | 3.1 | 3.2 | 3.4 | 3.7 | 3.8 |
| 食盐（克） | 9.0 | 9.5 | 10 | 11 | 12 |

续表 7-29

| 指　标 | 体重(千克) | | | | |
|---|---|---|---|---|---|
| | 60 | 70 | 80 | 90 | 100 |
| 铁(毫克) | 72 | 76 | 79 | 86 | 90 |
| 铜[a](毫克) | 18 | 19 | 20 | 22 | 23 |
| 锰(毫克) | 36 | 38 | 40 | 44 | 46 |
| 锌(毫克) | 90 | 95 | 99 | 108 | 113 |
| 钴(毫克) | 0.3 | 0.32 | 0.33 | 0.36 | 0.38 |
| 碘(毫克) | 1.4 | 1.5 | 1.6 | 1.7 | 1.8 |
| 钼(毫克) | 0.9 | 0.9 | 1.0 | 1.1 | 1.1 |
| 硒(毫克) | 0.27 | 0.28 | 0.30 | 0.32 | 0.34 |
| 胡萝卜素(毫克) | 9.0 | 11.0 | 13.0 | 15.0 | 17.0 |

a:当日粮中钼的含量大于3.0毫克/千克时,铜的需要量需在此基础上增加1倍。

## 表 7-30　内蒙古细毛羊种公羊配种期每天营养需要量

| 指　标 | 体重(千克) | | | | |
|---|---|---|---|---|---|
| | 60 | 70 | 80 | 90 | 100 |
| 风干饲料(千克) | 2.2 | 2.5 | 2.7 | 3.0 | 3.3 |
| 消化能(兆焦) | 15.06 | 26.78 | 40.58 | 32.64 | 35.15 |
| 代谢能(兆焦) | 18.83 | 21.76 | 24.27 | 26.35 | 28.45 |
| 粗蛋白质(克) | 339 | 378 | 414 | 450 | 486 |
| 可消化粗蛋白质(克) | 203 | 227 | 248 | 270 | 292 |

**续表 7-30**

| 指　标 | 体重(千克) | | | | |
|---|---|---|---|---|---|
| | 60 | 70 | 80 | 90 | 100 |
| 钙(克) | 14 | 15 | 16 | 17 | 17 |
| 磷(克) | 9 | 10 | 11 | 12 | 12 |
| 硫(克) | 5.4 | 6.1 | 6.6 | 7.3 | 8.0 |
| 食盐(克) | 14 | 16 | 18 | 20 | 20 |
| 铁(毫克) | 79 | 90 | 97 | 108 | 120 |
| 铜[a](毫克) | 20 | 23 | 24 | 27 | 30 |
| 锰(毫克) | 40 | 46 | 48 | 54 | 60 |
| 锌(毫克) | 120 | 135 | 146 | 162 | 178 |
| 钴(毫克) | 0.33 | 0.38 | 0.41 | 0.45 | 0.50 |
| 碘(毫克) | 1.6 | 1.8 | 1.9 | 2.2 | 2.4 |
| 钼(毫克) | 1.0 | 1.1 | 1.2 | 1.4 | 1.5 |
| 硒(毫克) | 0.30 | 0.34 | 0.36 | 0.41 | 0.45 |
| 胡萝卜素(毫克) | 25 | 28 | 31 | 34 | 37 |

a:当日粮中钼的含量大于 3.0 毫克/千克时,铜的需要量需在此基础上增加 1 倍。

**4. 新疆细毛羔羊舍饲饲养标准**　新疆细毛羔羊舍饲肥育的营养需要量见表 7-31 至表 7-37。

表 7-31　新疆细毛羔羊舍饲育肥代谢能(ME)需要量　(兆焦/日·只)

| 日增重(克) | 体重(千克) | | | | | | |
|---|---|---|---|---|---|---|---|
| | 20 | 25 | 30 | 35 | 40 | 45 | 50 |
| 50 | 6.49 | 7.53 | 8.59 | 9.63 | 10.68 | 11.73 | 12.78 |
| 100 | 7.43 | 8.63 | 9.83 | 11.06 | 12.24 | 13.44 | 14.63 |
| 150 | 8.38 | 9.73 | 11.08 | 12.44 | 13.79 | 15.14 | 16.50 |
| 200 | 9.32 | 10.82 | 12.33 | 13.83 | 15.34 | 16.85 | 18.50 |
| 250 | 10.26 | 11.92 | 13.58 | 15.24 | 16.90 | 18.56 | 20.21 |
| 300 | 11.21 | 13.02 | 14.83 | 16.64 | 18.45 | 20.26 | 22.07 |

表 7-32　新疆细毛羔羊舍饲育肥消化能(DE)需要量　(兆焦/日·只)

| 日增重(克) | 体重(千克) | | | | | | |
|---|---|---|---|---|---|---|---|
| | 20 | 25 | 30 | 35 | 40 | 45 | 50 |
| 50 | 7.87 | 9.18 | 10.47 | 11.75 | 13.04 | 14.32 | 15.61 |
| 100 | 9.04 | 10.52 | 12.00 | 13.47 | 14.95 | 16.42 | 17.90 |
| 150 | 10.24 | 11.85 | 13.52 | 15.19 | 16.86 | 18.52 | 20.19 |
| 200 | 11.32 | 13.19 | 15.04 | 16.90 | 18.77 | 20.62 | 22.48 |
| 250 | 12.47 | 14.52 | 16.58 | 18.62 | 20.67 | 22.72 | 24.78 |
| 300 | 13.60 | 15.83 | 18.09 | 20.33 | 22.58 | 24.82 | 27.20 |

表 7-33 新疆细毛羔羊舍饲育肥可消化蛋白质(DCP)需要量 (克/日·只)

| 日增重（克） | 体重(千克) | | | | | | |
|---|---|---|---|---|---|---|---|
| | 20 | 25 | 30 | 35 | 40 | 45 | 50 |
| 50 | 47 | 52 | 57 | 62 | 64 | 70 | 78 |
| 100 | 63 | 68 | 73 | 78 | 80 | 85 | 89 |
| 150 | 79 | 84 | 90 | 95 | 95 | 100 | 104 |
| 200 | 95 | 101 | 107 | 112 | 110 | 115 | 119 |
| 250 | 111 | 117 | 123 | 129 | 125 | 129 | 134 |
| 300 | 128 | 134 | 140 | 145 | 140 | 144 | 148 |

表 7-34 新疆细毛羔羊舍饲育肥粗蛋白质(CP)需要量 (克/日·只)

| 日增重（克） | 体重(千克) | | | | | | |
|---|---|---|---|---|---|---|---|
| | 20 | 25 | 30 | 35 | 40 | 45 | 50 |
| 50 | 84 | 93 | 102 | 111 | 114 | 125 | 139 |
| 100 | 111 | 121 | 132 | 141 | 143 | 152 | 159 |
| 150 | 141 | 150 | 161 | 171 | 170 | 179 | 186 |
| 200 | 158 | 168 | 178 | 187 | 183 | 192 | 198 |
| 250 | 171 | 180 | 189 | 198 | 192 | 198 | 206 |
| 300 | 183 | 191 | 200 | 207 | 204 | 210 | 215 |

表 7-35 新疆细毛羔羊舍饲育肥钙需要量 （克/日·只）

| 日增重（克） | 体重(千克) | | | | | | |
|---|---|---|---|---|---|---|---|
| | 20 | 25 | 30 | 35 | 40 | 45 | 50 |
| 50 | 1.4 | 1.6 | 1.9 | 2.1 | 2.4 | 2.7 | 2.9 |
| 100 | 1.9 | 2.2 | 2.5 | 2.8 | 3.1 | 3.4 | 3.7 |
| 150 | 2.4 | 2.7 | 3.0 | 3.4 | 3.7 | 4.1 | 4.4 |
| 200 | 2.8 | 3.2 | 3.6 | 4.0 | 4.4 | 4.8 | 5.2 |
| 250 | 3.3 | 3.8 | 4.2 | 4.6 | 5.1 | 5.5 | 5.9 |
| 300 | 3.8 | 4.3 | 4.8 | 5.2 | 5.7 | 6.2 | 6.7 |

表 7-36 新疆细毛羔羊舍饲育肥磷需要量 （克/日·只）

| 日增重（克） | 体重(千克) | | | | | | |
|---|---|---|---|---|---|---|---|
| | 20 | 25 | 30 | 35 | 40 | 45 | 50 |
| 50 | 1.4 | 1.6 | 1.8 | 2.1 | 2.3 | 2.5 | 2.7 |
| 100 | 1.8 | 2.0 | 2.2 | 2.5 | 2.7 | 2.9 | 3.2 |
| 150 | 2.1 | 2.4 | 2.6 | 2.9 | 3.2 | 3.4 | 3.7 |
| 200 | 2.4 | 2.7 | 3.0 | 3.3 | 3.6 | 3.9 | 4.2 |
| 250 | 2.8 | 3.1 | 3.4 | 3.7 | 4.1 | 4.4 | 4.7 |
| 300 | 3.1 | 3.4 | 3.8 | 4.1 | 4.5 | 4.9 | 5.2 |

表 7-37 新疆细毛羔羊舍饲育肥食盐需要量

| 食　盐 | 体重(千克) | | | | | | |
|---|---|---|---|---|---|---|---|
| | 20 | 25 | 30 | 35 | 40 | 45 | 50 |
| 需要量(克) | 6 | 7 | 8 | 9 | 10 | 11 | 12 |

## (二)山羊的饲养标准

**1. 美国NRC山羊的饲养标准**　美国山羊营养需要量见表7-38。

**表7-38　美国NRC(1981)山羊营养需要量**

| 体重(千克) | 能量 | | | | 粗蛋白质 | | 矿物质 | | 维生素 | |
|---|---|---|---|---|---|---|---|---|---|---|
| | 总可消化养分(克) | 消化能(兆焦) | 代谢能(兆焦) | 净能(兆焦) | 总蛋白质(克) | 可消化蛋白质(克) | 钙(克) | 磷(克) | 维生素A(单位) | 维生素D(单位) |
| 维持(最低限度的活动和妊娠早期) | | | | | | | | | | |
| 10 | 159 | 2.93 | 2.38 | 1.34 | 22 | 15 | 1 | 0.7 | 0.4 | 0.084 |
| 20 | 267 | 4.94 | 4.02 | 2.26 | 38 | 26 | 1 | 0.7 | 0.7 | 0.144 |
| 30 | 362 | 6.65 | 5.44 | 3.05 | 51 | 35 | 2 | 1.4 | 0.9 | 0.195 |
| 40 | 448 | 8.28 | 6.74 | 3.81 | 63 | 43 | 2 | 1.4 | 1.2 | 0.243 |
| 50 | 530 | 9.79 | 7.99 | 4.52 | 75 | 51 | 3 | 2.1 | 1.4 | 0.285 |
| 60 | 608 | 11.21 | 9.16 | 5.15 | 86 | 59 | 3 | 2.1 | 1.6 | 0.327 |
| 70 | 682 | 12.59 | 10.25 | 5.77 | 96 | 66 | 4 | 2.8 | 1.8 | 0.369 |
| 80 | 754 | 13.89 | 11.34 | 6.40 | 106 | 73 | 4 | 2.8 | 2.0 | 0.408 |
| 90 | 824 | 15.19 | 12.38 | 6.99 | 116 | 80 | 4 | 2.8 | 2.2 | 0.444 |
| 100 | 891 | 16.44 | 13.43 | 7.57 | 126 | 86 | 5 | 3.5 | 2.4 | 0.480 |
| 供维持和低度活动(25%增加量,集约式饲养,热带地区和妊娠早期) | | | | | | | | | | |
| 10 | 199 | 3.64 | 2.97 | 1.67 | 27 | 19 | 1 | 0.7 | 0.5 | 0.108 |
| 20 | 334 | 6.15 | 5.02 | 2.85 | 46 | 32 | 2 | 1.4 | 0.9 | 0.180 |
| 30 | 452 | 8.33 | 6.78 | 3.85 | 62 | 43 | 2 | 1.4 | 1.2 | 0.243 |
| 40 | 560 | 10.33 | 8.45 | 4.77 | 77 | 54 | 3 | 2.1 | 1.5 | 0.303 |

续表 7-38

| 体重（千克） | 能量 | | | | 粗蛋白质 | | 矿物质 | | 维生素 | |
|---|---|---|---|---|---|---|---|---|---|---|
| | 总可消化养分（克） | 消化能（兆焦） | 代谢能（兆焦） | 净能（兆焦） | 总蛋白质（克） | 可消化蛋白质（克） | 钙（克） | 磷（克） | 维生素A（单位） | 维生素D（单位） |
| 供维持和低度活动(25%增加量,集约式饲养,热带地区和妊娠早期) | | | | | | | | | | |
| 50 | 662 | 12.22 | 9.96 | 5.61 | 91 | 63 | 4 | 2.8 | 1.8 | 0.357 |
| 60 | 760 | 13.60 | 11.42 | 6.44 | 105 | 73 | 4 | 2.8 | 2.0 | 0.408 |
| 70 | 852 | 15.73 | 12.84 | 7.24 | 118 | 82 | 5 | 3.5 | 2.3 | 0.462 |
| 80 | 942 | 17.41 | 14.18 | 7.99 | 130 | 90 | 5 | 3.5 | 2.6 | 0.510 |
| 90 | 1030 | 18.99 | 15.48 | 8.74 | 142 | 99 | 6 | 4.2 | 2.8 | 0.555 |
| 100 | 1114 | 20.54 | 16.78 | 9.46 | 153 | 107 | 6 | 4.2 | 3.0 | 0.600 |
| 供维持和中度活动(50%增加量,半干燥丘陵地牧区和妊娠早期) | | | | | | | | | | |
| 10 | 239 | 4.39 | 3.6 | 2.01 | 33 | 23 | 1 | 0.7 | 0.6 | 0.129 |
| 20 | 400 | 7.41 | 6.02 | 3.39 | 55 | 38 | 2 | 1.4 | 1.1 | 0.216 |
| 30 | 543 | 9.96 | 8.16 | 4.6 | 74 | 52 | 3 | 2.1 | 1.5 | 0.294 |
| 40 | 672 | 12.43 | 10.13 | 5.69 | 93 | 64 | 4 | 2.8 | 1.8 | 0.363 |
| 50 | 795 | 14.69 | 11.97 | 6.78 | 110 | 76 | 4 | 2.8 | 2.1 | 0.429 |
| 60 | 912 | 16.82 | 13.72 | 7.7 | 126 | 87 | 5 | 3.5 | 2.5 | 0.429 |
| 70 | 1023 | 18.91 | 15.4 | 8.66 | 141 | 98 | 6 | 4.2 | 2.8 | 0.552 |
| 80 | 1131 | 20.84 | 16.99 | 9.62 | 156 | 108 | 6 | 4.2 | 3 | 0.609 |
| 90 | 1236 | 22.76 | 18.58 | 10.46 | 170 | 118 | 7 | 4.9 | 3.3 | 0.666 |
| 100 | 1336 | 24.69 | 20.17 | 11.38 | 184 | 128 | 7 | 4.9 | 3.6 | 0.732 |

**续表 7-38**

| 体重（千克） | 能量 | | | | 粗蛋白质 | | 矿物质 | | 维生素 | |
|---|---|---|---|---|---|---|---|---|---|---|
| | 总可消化养分（克） | 消化能（兆焦） | 代谢能（兆焦） | 净能（兆焦） | 总蛋白质（克） | 可消化蛋白质（克） | 钙（克） | 磷（克） | 维生素A（单位） | 维生素D（单位） |
| 供维持和高度活动(75%增加量，干燥、植物稀少的高山牧区和妊娠早期) | | | | | | | | | | |
| 10 | 278 | 5.10 | 4.18 | 2.43 | 38 | 26 | 2 | 1.4 | 0.8 | 0.150 |
| 20 | 467 | 8.62 | 7.03 | 3.93 | 64 | 45 | 2 | 1.4 | 1.3 | 0.252 |
| 30 | 634 | 11.63 | 9.54 | 5.36 | 87 | 60 | 3 | 2.1 | 1.7 | 0.342 |
| 40 | 784 | 14.48 | 11.80 | 6.65 | 108 | 75 | 4 | 2.8 | 2.1 | 0.423 |
| 50 | 928 | 17.15 | 13.97 | 7.91 | 128 | 89 | 5 | 3.5 | 2.5 | 0.501 |
| 60 | 1064 | 19.62 | 16.02 | 8.99 | 146 | 102 | 6 | 4.2 | 2.9 | 0.576 |
| 70 | 1194 | 22.04 | 17.95 | 10.13 | 165 | 114 | 6 | 4.2 | 3.2 | 0.642 |
| 80 | 1320 | 24.31 | 19.83 | 11.21 | 182 | 126 | 7 | 4.9 | 3.6 | 0.711 |
| 90 | 1442 | 26.57 | 21.17 | 12.22 | 198 | 138 | 8 | 5.6 | 3.9 | 0.777 |
| 100 | 1559 | 28.79 | 23.51 | 13.26 | 215 | 150 | 8 | 5.6 | 4.2 | 0.843 |
| 妊娠末期额外的营养需要量 | | | | | | | | | | |
| | 397 | 7.28 | 5.94 | 3.45 | 82 | 57 | 2 | 1.4 | 1.1 | 0.213 |
| 每日增重50克的营养需要量 | | | | | | | | | | |
| | 100 | 1.84 | 1.51 | 0.84 | 14 | 10 | 1 | 0.7 | 0.3 | 0.054 |
| 每日增重100克的营养需要量 | | | | | | | | | | |
| | 200 | 3.68 | 3.01 | 1.67 | 28 | 20 | 1 | 0.7 | 0.5 | 0.108 |
| 每日增重150克的营养需要量 | | | | | | | | | | |
| | 300 | 5.52 | 4.52 | 2.51 | 42 | 30 | 2 | 1.4 | 0.8 | 0.162 |

续表 7-38

| 体　重（千克） | 能　量 | | | | 粗蛋白质 | | 矿物质 | | 维生素 | |
|---|---|---|---|---|---|---|---|---|---|---|
| | 总可消化养分（克） | 消化能（兆焦） | 代谢能（兆焦） | 净能（兆焦） | 总蛋白质（克） | 可消化蛋白质（克） | 钙（克） | 磷（克） | 维生素A（单位） | 维生素D（单位） |
| 不同乳脂率(%)，每千克产奶额外的营养需要量 | | | | | | | | | | |
| 2.5 | 333 | 6.15 | 5.02 | 2.85 | 59 | 42 | 2 | 1.4 | 3.8 | 0.760 |
| 3.0 | 337 | 6.23 | 5.06 | 2.85 | 64 | 45 | 2 | 1.4 | 3.8 | 0.760 |
| 3.5 | 342 | 6.32 | 5.15 | 2.89 | 68 | 48 | 2 | 1.4 | 3.8 | 0.760 |
| 4.0 | 346 | 3.40 | 5.23 | 2.93 | 72 | 51 | 3 | 2.1 | 3.8 | 0.760 |
| 4.5 | 351 | 6.49 | 5.27 | 2.97 | 77 | 54 | 3 | 2.1 | 3.8 | 0.760 |
| 5.0 | 356 | 6.57 | 5.36 | 3.01 | 82 | 57 | 3 | 2.1 | 3.8 | 0.760 |
| 5.5 | 360 | 6.65 | 5.4 | 3.05 | 86 | 60 | 3 | 2.1 | 3.8 | 0.760 |
| 6.0 | 365 | 6.74 | 5.48 | 3.1 | 90 | 63 | 3.0 | 2.1 | 3.8 | 0.760 |
| 安哥拉山羊依每年羊毛产量(千克)，每日的额外营养需要量 | | | | | | | | | | |
| 2 | 16 | 0.29 | 0.25 | 0.13 | 9 | 6 | — | — | — | — |
| 4 | 34 | 0.63 | 0.50 | 0.29 | 17 | 12 | — | — | — | — |
| 6 | 50 | 0.92 | 0.75 | 0.42 | 26 | 18 | — | — | — | — |
| 8 | 66 | 1.21 | 1.00 | 0.59 | 34 | 24 | — | — | — | — |

**2. 青山羊饲养标准**　山东农业大学建议的青山羊的营养需要量见表 7-39 至表 7-46。

表 7-39 妊娠期青山羊母羊的代谢能及蛋白质需要量

| 母羊体重（千克） | 养分 | 妊娠阶段（日） | | | |
|---|---|---|---|---|---|
| | | 维持 | 1～90 | 91～120 | 120 以上 |
| 10 | 代谢能（兆焦/日） | 2.76 | 3.94 | 4.47 | 5.22 |
| | 粗蛋白质（克/日） | 34 | 55 | 88 | 115 |
| 15 | 代谢能（兆焦/日） | 3.72 | 5.59 | 6.19 | 7.00 |
| | 粗蛋白质（克/日） | 43 | 65 | 97 | 124 |
| 20 | 代谢能（兆焦/日） | 4.61 | 7.15 | 7.80 | 8.64 |
| | 粗蛋白质（克/日） | 52 | 73 | 105 | 132 |
| 25 | 代谢能（兆焦/日） | 5.44 | 8.66 | 9.34 | 10.19 |
| | 粗蛋白质（克/日） | 60 | 81 | 113 | 140 |
| 30 | 代谢能（兆焦/日） | 6.22 | 10.12 | 10.82 | 11.70 |
| | 粗蛋白质（克/日） | 67 | 89 | 121 | 148 |

表 7-40 泌乳前期青山羊母羊的代谢能及蛋白质需要量

| 体重（千克） | 养分 | 泌乳量（千克） | | | | | |
|---|---|---|---|---|---|---|---|
| | | 0.00 | 0.50 | 0.75 | 1.00 | 1.25 | 1.50 |
| 5 | 代谢能（兆焦/日） | 1.53 | 2.25 | 4.73 | 5.80 | 6.87 | 7.94 |
| | 粗蛋白质（克/日） | 25 | 63 | 87 | 112 | 137 | 161 |
| 10 | 代谢能（兆焦/日） | 2.56 | 4.70 | 5.77 | 6.84 | 7.91 | 8.89 |
| | 粗蛋白质（克/日） | 24 | 73 | 97 | 122 | 146 | 170 |
| 15 | 代谢能（兆焦/日） | 3.48 | 5.61 | 6.68 | 7.75 | 8.82 | 9.89 |
| | 粗蛋白质（克/日） | 33 | 81 | 106 | 130 | 154 | 179 |

续表 7-40

| 体重（千克） | 养分 | 泌乳量（千克） | | | | | |
|---|---|---|---|---|---|---|---|
| | | 0.00 | 0.50 | 0.75 | 1.00 | 1.25 | 1.50 |
| 20 | 代谢能（兆焦/日） | 4.31 | 6.45 | 7.52 | 8.59 | 9.66 | 10.73 |
| | 粗蛋白质（克/日） | 40 | 89 | 114 | 138 | 102 | 187 |
| 25 | 代谢能（兆焦/日） | 5.10 | 7.24 | 8.31 | 9.38 | 10.44 | 11.51 |
| | 粗蛋白质（克/日） | 48 | 97 | 121 | 145 | 170 | 194 |
| 30 | 代谢能（兆焦/日） | 5.49 | 7.98 | 9.05 | 10.12 | 11.19 | 12.26 |
| | 粗蛋白质（克/日） | 55 | 104 | 128 | 152 | 177 | 201 |

表 7-41　泌乳后期青山羊母羊的代谢能及蛋白质需要量

| 体重（千克） | 养分 | 泌乳量（千克） | | | | | |
|---|---|---|---|---|---|---|---|
| | | 0.00 | 0.15 | 0.25 | 0.50 | 0.75 | 1.00 |
| 5 | 代谢能（兆焦/日） | 1.81 | 2.60 | 3.12 | 4.43 | 7.05 | 7.05 |
| | 粗蛋白质（克/日） | 130 | 39 | 56 | 99 | 141 | 185 |
| 10 | 代谢能（兆焦/日） | 3.04 | 3.83 | 4.35 | 5.66 | 6.97 | 8.28 |
| | 粗蛋白质 5（克/日） | 22 | 48 | 65 | 108 | 151 | 194 |
| 15 | 代谢能（兆焦/日） | 4.12 | 4.91 | 5.43 | 6.74 | 8.05 | 9.36 |
| | 粗蛋白质（克/日） | 30 | 55 | 73 | 116 | 159 | 201 |
| 20 | 代谢能（兆焦/日） | 5.12 | 5.90 | 6.43 | 7.74 | 9.05 | 10.36 |
| | 粗蛋白质（克/日） | 37 | 63 | 80 | 123 | 166 | 209 |
| 25 | 代谢能（兆焦/日） | 6.05 | 6.84 | 7.36 | 8.67 | 9.98 | 11.29 |
| | 粗蛋白质（克/日） | 44 | 69 | 87 | 129 | 172 | 215 |
| 30 | 代谢能（兆焦/日） | 6.94 | 7.72 | 8.25 | 9.56 | 10.86 | 12.18 |
| | 粗蛋白质（克/日） | 50 | 76 | 93 | 136 | 179 | 222 |

表 7-42　哺乳期青山羊羔羊的代谢能及蛋白质需要量

| 体重（千克） | 养分 | 日增重（克） | | | | | |
|---|---|---|---|---|---|---|---|
| | | 0 | 20 | 40 | 60 | 80 | 100 |
| 1 | 代谢能（兆焦/日） | 0.46 | 0.60 | 0.75 | 0.89 | 1.04 | 1.18 |
| | 粗蛋白质（克/日） | 3 | 9 | 14 | 19 | 25 | 30 |
| 2 | 代谢能（兆焦/日） | 0.76 | 0.91 | 1.06 | 1.20 | 1.35 | 1.49 |
| | 粗蛋白质（克/日） | 5 | 11 | 16 | 22 | 27 | 32 |
| 4 | 代谢能（兆焦/日） | 1.38 | 1.62 | 1.85 | 2.08 | 2.32 | 2.55 |
| | 粗蛋白质（克/日） | 9 | 16 | 22 | 29 | 35 | 42 |
| 6 | 代谢能（兆焦/日） | 1.88 | 2.11 | 2.34 | 2.58 | 2.81 | 3.04 |
| | 粗蛋白质（克/日） | 12 | 19 | 26 | 32 | 39 | 45 |
| 8 | 代谢能（兆焦/日） | 2.33 | 2.53 | 2.79 | 3.03 | 3.26 | 3.49 |
| | 粗蛋白质（克/日） | 13 | 22 | 28 | 35 | 42 | 48 |

表 7-43　生长期青山羊的代谢能及蛋白质需要量

| 体重（千克） | 养分 | 日增重（克） | | | | | |
|---|---|---|---|---|---|---|---|
| | | 0 | 20 | 40 | 60 | 80 | 100 |
| 6 | 代谢能（兆焦/日） | 1.30 | 1.90 | 2.51 | 3.11 | 3.72 | 4.32 |
| | 粗蛋白质（克/日） | 11 | 22 | 33 | 44 | 55 | 67 |
| 8 | 代谢能（兆焦/日） | 1.61 | 2.50 | 3.37 | 4.25 | 5.13 | 6.01 |
| | 粗蛋白质（克/日） | 13 | 24 | 36 | 47 | 58 | 69 |
| 10 | 代谢能（兆焦/日） | 1.91 | 3.06 | 4.22 | 5.37 | 6.53 | 7.69 |
| | 粗蛋白质（克/日） | 16 | 27 | 38 | 49 | 60 | 72 |

续表 7-43

| 体 重（千克） | 养 分 | 日增重（克） | | | | | |
|---|---|---|---|---|---|---|---|
| | | 0 | 20 | 40 | 60 | 80 | 100 |
| 12 | 代谢能(兆焦/日) | 2.19 | 3.62 | 5.05 | 6.48 | 7.91 | 9.35 |
| | 粗蛋白质(克/日) | 18 | 29 | 40 | 52 | 63 | 74 |
| 14 | 代谢能(兆焦/日) | 2.45 | 4.16 | 5.87 | 7.58 | 9.29 | 10.99 |
| | 粗蛋白质(克/日) | 20 | 31 | 43 | 54 | 65 | 76 |
| 16 | 代谢能(兆焦/日) | 2.71 | 4.70 | 6.68 | 8.66 | 10.65 | 12.63 |
| | 粗蛋白质(克/日) | 22 | 34 | 45 | 56 | 67 | 78 |

表 7-44　青山羊后备公羊的代谢能及蛋白质需要量

| 体 重（千克） | 养 分 | 日增重（克） | | | | | |
|---|---|---|---|---|---|---|---|
| | | 0 | 20 | 40 | 60 | 80 | 100 |
| 12 | 代谢能(兆焦/日) | 3.10 | 3.36 | 3.63 | 3.89 | 4.15 | 4.41 |
| | 粗蛋白质(克/日) | 24 | 32 | 40 | 49 | 57 | 66 |
| 15 | 代谢能(兆焦/日) | 3.67 | 4.33 | 5.00 | 4.67 | 6.33 | 7.00 |
| | 粗蛋白质(克/日) | 28 | 36 | 45 | 53 | 61 | 70 |
| 18 | 代谢能(兆焦/日) | 4.20 | 5.28 | 6.35 | 7.42 | 8.49 | 9.56 |
| | 粗蛋白质(克/日) | 32 | 40 | 49 | 57 | 66 | 74 |
| 21 | 代谢能(兆焦/日) | 4.72 | 6.20 | 7.67 | 9.15 | 10.63 | 12.10 |
| | 粗蛋白质(克/日) | 36 | 44 | 53 | 61 | 70 | 78 |
| 24 | 代谢能(兆焦/日) | 5.22 | 7.10 | 8.89 | 10.88 | 12.74 | 14.62 |
| | 粗蛋白质(克/日) | 40 | 48 | 56 | 65 | 73 | 82 |

表 7-45　青山羊种公羊的代谢能及蛋白质需要量

| 体　重<br>（千克） | 养　分 | 日增重（克） | | | | | |
|---|---|---|---|---|---|---|---|
| | | 0 | 20 | 40 | 60 | 80 | 100 |
| 16 | 代谢能（兆焦/日） | 3.83 | 4.55 | 5.28 | 6.01 | 6.74 | 7.46 |
| | 粗蛋白质（克/日） | 63 | 76 | 88 | 101 | 114 | 127 |
| 20 | 代谢能（兆焦/日） | 4.75 | 5.48 | 6.20 | 6.93 | 7.66 | 6.38 |
| | 粗蛋白质（克/日） | 78 | 91 | 104 | 116 | 129 | 142 |
| 25 | 代谢能（兆焦/日） | 5.61 | 6.34 | 7.07 | 7.79 | 8.52 | 9.25 |
| | 粗蛋白质（克/日） | 92 | 105 | 118 | 131 | 143 | 156 |
| 30 | 代谢能（兆焦/日） | 6.44 | 7.16 | 7.89 | 8.62 | 9.34 | 10.07 |
| | 粗蛋白质（克/日） | 106 | 118 | 131 | 144 | 157 | 170 |

表 7-46　青山羊种公羊配种期的代谢能及蛋白质需要量

| 体　重<br>（千克） | 养　分 | 配种次数（次/日） | | | | |
|---|---|---|---|---|---|---|
| | | 1 | 2 | 4 | 6 | 8 |
| 16 | 代谢能（兆焦/日） | 4.76 | 5.70 | 7.57 | 9.45 | 11.32 |
| | 粗蛋白质（克/日） | 86 | 108 | 154 | 199 | 245 |
| 20 | 代谢能（兆焦/日） | 5.91 | 7.07 | 9.40 | 11.72 | 14.05 |
| | 粗蛋白质（克/日） | 101 | 123 | 169 | 215 | 260 |
| 25 | 代谢能（兆焦/日） | 6.99 | 8.36 | 11.11 | 13.86 | 16.61 |
| | 粗蛋白质（克/日） | 115 | 138 | 183 | 229 | 274 |
| 30 | 代谢能（兆焦/日） | 8.01 | 9.39 | 12.74 | 15.89 | 19.04 |
| | 粗蛋白质（克/日） | 128 | 151 | 197 | 242 | 288 |

# 第二节 常用饲料

羊的饲料来源广泛，作物秸秆、山场灌木及草场上大部分牧草均可被羊采食利用。据试验，在半荒漠草场上，有66%的植物种类为牛所不能利用，而绵、山羊则仅38%。在对600多种植物的采食试验中，山羊能食用其中的88%，绵羊为80%，而牛、马、猪则分别为73%、64%和46%。这说明在不同地域发展养羊业均有良好的饲料基础。

羊的饲料种类很多，分类方法有多种。主要包括：按饲料原料营养特性、按饲料产品营养成分及按饲料物理形态分类三种。

## 一、按饲料原料营养特性分类

主要包括青绿多汁饲料、粗饲料、精饲料、矿物质饲料、维生素饲料和饲料添加剂六大类。

### （一）青绿、多汁饲料

所谓青绿、多汁饲料，是指在植物生长繁茂季节收割，在新鲜状态下饲喂。这类饲料一般鲜嫩适口，富含多种维生素和微量元素，是常年不可缺少的辅助饲料。根据不同性质、特点，可分为以下几种。

**1. 青绿饲料** 青绿饲料的种类很多，为水分含量大于或等于45%的野生或人工栽培的各种牧草和农作物植株，如野青草、青大麦、青燕麦、青苜蓿、三叶草、紫云英、玉米青饲及树枝、树叶、水生青绿饲料等。青绿饲料为绵羊、山羊的基本饲料，且较经济。这类饲料一般适口性强，营养丰富，是发展养羊业的优质饲料。

**2. 青贮饲料** 将饲料作物适时收割，通过铡碎、压实、密封，经乳酸发酵制成的饲料。含水量一般在65%～75%，pH值4.2左右。含水量45%～55%的青贮饲料称低水分青贮或半干青贮，pH值4.5左右。目前常见的青贮饲料主要为玉米青贮。

**3. 块根、块茎饲料**　这类饲料多在冬春季节作为辅助饲料利用，属于多汁饲料。是种公羊配种期、母羊哺乳期不可缺少的饲料。常见的有胡萝卜、甘薯、饲用甜菜、马铃薯和木薯等。

**4. 瓜类饲料**　这类饲料水分含量在90%以上，是典型的多汁饲料。含糖量较高，适口性好。常见的有饲用南瓜、西葫芦和冬瓜等。

**5. 野草、野菜及枝叶饲料**　在夏、秋季节山坡、荒地和田间生长的许多野草、野菜，不仅可用作放牧，也可采集回来利用。常见的有谷莠子、水稗草、灰菜、苋菜、扁蓄和苍耳等。树叶也是羊的好饲料。常见的有槐树叶、榛柴叶、杨树叶和胡枝子嫩枝叶等。

**6. 水生饲料**　随着水产养殖业的不断发展，适于养殖水生饲料的水面也在不断扩大。不仅我国南方素有利用水生饲料的习惯，近年来在我国北方也广为利用。水生饲料生长快，适口性好，营养丰富，栽培管理简便，生产成本低，深受群众欢迎。常见的有水葫芦、水浮莲、细绿萍和水花生等。

### (二)粗饲料

粗饲料是养羊不可缺少的饲料，对促进胃肠蠕动和增强消化力有重要作用。粗饲料的特点是纤维素含量高(25%～45%)，营养成分含量较低，有机物消化率在70%以下，质地较粗硬(秸秆饲料)和适口性差(栽培牧草例外)。粗饲料种类很多，其品质和特点差异也很大。主要有以下三类。

**1. 野干草**　在天然草地上采集并调制成的干草称为野干草。由于草地所处的生态环境、植被类型、牧草种类和收割与调制方法等的不同，干草品质差异很大。东北及内蒙古东部的草甸草原上所产的羊草，如能在8月上中旬收割，干燥过程中不被雨淋，就能调制出优质干草，粗蛋白质达6%～8%。野干草是广大牧区牧民们冬春必备的饲草，尤其是在北方地区。

**2. 栽培牧草干草**　在我国农区和牧区人工栽培牧草已达四五百万公顷。各地因气候、土壤等自然环境条件不同，主要栽培牧草有近50个种或品种。"三北"地区主要是苜蓿、草木樨、沙打旺、红豆草、羊草、老芒麦、披碱草等，长江流域主要是白三叶、黑麦草，华南亚热带地区主要是柱花草、山玛璜、大翼豆等。用这些栽培牧草所调制的干草，质量好，产量高，适口性强。

**3. 秸秆饲料**　农作物的秸秆和颖壳的产量约占其光合作用产物的一半，我国各种秸秆年产量5亿～6亿吨，大部分用作燃料和肥料。一般秸秆饲料质地较差，营养成分含量较低，必须合理加工调制，才能提高其适口性和营养价值。我国秸秆饲料的主要种类有玉米秸、稻草、麦秸、豆秸、甘薯秧和花生秧等。

### (三)精饲料

精饲料又称"精料"。一般体积小，粗纤维含量低，是消化能、代谢能或净能含量高的饲料。干物质中粗纤维含量小于18%(CF/DM<18%)的饲料统称精饲料。精饲料又分为能量饲料和蛋白质补充料。干物质粗蛋白质含量小于20%(CP/DM<20%)的精饲料称能量饲料。干物质粗蛋白质含量大于或等于20%(CP/DM≥20%)的精饲料称蛋白质补充料。精饲料主要有谷实类、糠麸类、豆类与饼粕类和糟渣类四种。

精饲料根据其性能与特点，可分为以下几种。

**1. 谷实类饲料**　一般指禾本科作物子实饲料，如玉米、高粱、小麦等。这类饲料无氮浸出物(主要是淀粉)含量高，一般为75%～83%，粗蛋白质8%～10%，矿物质中磷多钙少。是羊的能量饲料。

**2. 豆类与饼粕饲料** 豆类子实作为饲料的种类较多，主要有饲用大豆、豌豆、蚕豆等。豆科子实无氮浸出物含量为 30%～60%，比谷实类低，但蛋白质含量丰富(20%～40%)。除大豆外，脂肪含量较低(1.3%～2%)。大豆含粗蛋白质约 35%，脂肪 17%，适合作蛋白质补充料。但是在大豆中含有抗胰蛋白酶等抗营养物质，喂前需煮熟或蒸炒，以保证蛋白质的消化吸收。

饼粕类粗蛋白质含量 30%～45%，粗纤维 6%～17%。所含矿物质，一般磷多于钙，富含 B 族维生素，但胡萝卜素含量较低。是养羊蛋白质饲料的主要来源。

(1)豆饼(粕) 品质居饼粕之首，含粗蛋白质 40%以上，绵羊能量单位 0.9 左右。质量好的豆饼为黄色，有香味，适口性好，但在日粮中添加量不要超过 20%。

(2)棉籽饼(粕) 是棉区喂羊的好饲料，去壳压榨或浸提的棉籽饼含粗纤维 10%左右，粗蛋白质 32%～40%；带壳的棉籽饼含粗纤维高达 15%～20%，粗蛋白质 20%左右。棉籽饼中含有游离棉酚等毒素，长期大量饲喂(日喂 1 千克以上)会引起中毒。羔羊日粮中添加量一般不超过 20%。

(3)菜籽饼(粕) 含粗蛋白质 36%左右，绵羊能量单位 0.84，矿物质和维生素比豆饼丰富，含磷较高，含硒量比豆饼高 6 倍，居各种饼粕之首。菜籽饼中含芥子毒素，羔羊、妊娠母羊最好不喂。

(4)向日葵饼(粕) 去壳压榨或浸提的饼(粕)粗蛋白质达 45%左右，能量比其他饼粕低；带壳饼粕粗蛋白质 30%以上，粗纤维 22%左右，喂羊营养价值与棉籽饼相近。

**3. 糠麸类饲料** 各种粮食干加工的副产品，如小麦麸、玉米皮、高粱糠、米糠等为糠麸类，也属能量饲料。这类饲料的无氮浸出物(53%～64%)和粗蛋白质(12%左右)含量都很高，其营养价值相当于子实饲料。矿物质含量也较高，而且磷高于钙，还含有硫酸盐，故有轻泻作用，胡萝卜素含量较低，但维生素 $B_1$ 和烟酰胺含量极为丰富。米糠中脂肪含量可达13.7%,是全价饲料中不可缺少的组成成分。

**4. 糟渣类饲料** 此类饲料是指食品加工业的副产品,如酒糟、醋糟、酱渣、粉渣、豆腐渣、粉渣、甜菜渣、糖蜜等。这些饲料由于原料与制造方法不同,营养物质含量差异很大。它们的粗纤维含量低于20%,粗蛋白质含量7%~26%,无氮浸出物30%~55%,是养羊的辅助精饲料。

### (四)矿物质饲料

可供饲用的天然矿物质,称矿物质饲料,以补充钙、磷、镁、钾、钠、氯、硫等常量元素(占体重0.01%以上的元素)为目的,如石粉、碳酸钙、磷酸钙、磷酸氢钙、食盐、硫酸镁等。

### (五)维生素饲料

维生素是动物生长和代谢所必需的微量有机物。已知的有20余种维生素,分为脂溶性和水溶性两大类。脂溶性维生素能溶于脂肪,包括维生素A、维生素D、维生素E、维生素K等;水溶性维生素能溶于水,主要有B族($B_1$、$B_2$、$B_6$、$B_{12}$)维生素和维生素C。当动物缺乏维生素时,就不能正常生长,并可发生特异性病变——维生素缺乏症。当羊的饲料中缺乏某种维生素时,可以用人工制造的维生素补充。

### (六)添 加 剂

添加剂指添加到饲料中的微量物质。为补充营养物质、提高生产性能、提高饲料利用率、改善饲料品质、促进生长繁殖、保障羊群健康而掺入饲料中的少量或微量营养性或非营养性物质,称饲料添加剂。羊常用的饲料添加剂主要有:维生素添加剂,如维生素A、维生素D、维生素E、烟酸等;微量元素(占体重0.01%以下的元素）添加剂，如铁、铜、锌、锰、钴、硒、碘等；氨基酸添加剂，如保护性赖氨酸、蛋氨酸；瘤胃缓冲、调控剂，如碳酸氢钠、脲酶抑制剂等；酶制剂，如淀粉酶、蛋白酶、脂肪酶、纤维素分解酶等；活性菌（益生素）制剂，如乳酸菌、曲霉菌、酵母制剂等；饲料防霉剂，如双乙酸钠等；抗氧化剂，如乙氧喹（山道喹），可减少苜蓿草粉胡萝卜素的损失，二丁基羟基甲苯（BHT）、丁羟基茴香醚（BHA）均属油脂抗氧化剂。饲料添加剂一般用量微小，仅占日粮的百万分之几，在使用时必须用性能良好的混合搅拌机，充分搅拌均匀，才能保证饲用安全。

#### （七）其他特殊饲料

除上述这些常规饲料之外，还有某些特殊饲料，如饲料酵母，是造纸工业和制糖工业的副产品。它是经过酵母培养大量繁殖的，所以蛋白质含量高，一般为 45%～65%，无氮浸出物 25%以上，粗脂肪 20%以上。特别是 B 族维生素丰富，是优质蛋白质和维生素的补充饲料。

### 二、按饲料产品营养成分分类

#### （一）添加剂预混料

添加剂预混料是由一种或数种添加剂微量成分组成，并加有载体和稀释剂的混合物，如维生素预混料、微量元素预混料及维生素和微量元素预混料。维生素和微量元素预混料，一般配成 1% 添加量（占混合精料的比例）。

#### （二）料精及浓缩料

料精是由添加剂预混料成分（如维生素和微量元素）及补充

钙、磷的矿物质、骨粉和食盐混合组成的，可配成5％添加量（占混合精料的比例）。

浓缩料又叫蛋白浓缩饲料，是由料精成分（维生素、微量元素添加剂及补充钙、磷的矿物质、骨粉和食盐）与蛋白质补充料、瘤胃缓冲剂等混合组成的。浓缩料加上能量饲料（玉米、麸皮）即为混合精料，一般（占混合精料的比例）30％～40％。

#### （三）精料混合料（混合精料）

将谷实类、糠麸类、饼粕类、矿物质、动物性饲料、瘤胃缓冲剂及添加剂预混料按一定比例均匀混合，称精料混合料或混合精料。在实际生产中，羊的饲料包括粗饲料、精料混合料、多汁饲料三种。

#### （四）全混合日粮（TMR）

根据羊群的营养需要，按照日粮配方，将粗饲料、精料混合料、多汁饲料等全部日粮用搅拌车进行大混合，称全混合日粮（TMR）。饲喂全混合日粮适合羊的采食心理，是比较先进的饲喂方法。

#### （五）代 乳 料

也叫人工乳。是专门为哺乳期动物而配制的，以代替自然乳的全价配合饲料，既可以节约商品乳，又可以降低培育成本。

### 三、按饲料物理性状进行分类

#### （一）粉状饲料

一般是把按一定比例混合好的饲料粉碎成颗粒大小比较均匀的一种料型，细度大约在2.5毫米以上。这种饲料养分含量和羊的采食较均匀，品质稳定，饲喂方便、安全、可靠。但容易引起挑食，造成浪费。

**(二)颗 粒 料**

颗粒料是以粉状为基础经过蒸汽加压处理而制成的块状饲料，其形状有圆筒状和角状。这种饲料密度大，体积小，改善了适口性，并保证了全价饲料报酬高的特点。特别是肉用型动物及禽、鱼等应用效果最好。

**(三)碎 粒 料**

是用机械方法将颗粒料再经破碎加工成细度 2～4 毫米的碎粒。其特点与颗粒料相同，就是由于破碎而使羊的采食速度稍慢。特别适用于羔羊饲用。

## 第三节　饲料加工调制技术

科学地调制饲料，目的是提高饲料消化率和营养价值，增强适口性，提高采食量，充分开发利用尽可能多的饲料资源。不同的饲料其调制方法也不同。

### 一、精饲料的加工调制

目前，养羊生产中精饲料的加工以物理加工为主。常见的加工方法如下：

①粉碎或压扁：饲料粉碎或压扁可提高饲料利用率和便于混拌均匀。谷物类饲料在饲喂之前必须粉碎或压扁。粉碎粒度以 1～2 毫米为宜。粉碎的细度不应太细，以便反刍。也可压扁，或碾成粗粒饲喂。

②蒸煮:仅适用于豆类饲料,特别是大豆,可除去豆腥味,改善适口性,同时可破坏豆类中的抗胰蛋白酶等抗营养因子,提高蛋白质的消化率。

③焙炒:大麦和豆类经焙炒后,部分淀粉转变成糊精,产生香甜味。一般适用于诱导羔羊开食和患消化道疾病的羔羊,具有促进食欲和止泻作用。

## 二、粗饲料的加工调制

### (一)干草的加工调制

**1. 地面干燥法** 地面干燥法是被广泛应用的晒制干草的方法。牧草刈割后,就地晾晒 6～7 小时,使之凋萎,含水 40%～50%。再用搂草机搂成松散的草垄,继续干燥 4～5 小时,含水量降为 35%～40%。用集草机集成小草堆,再干燥 1～2 天,就可制成含水量为 15%～18%的青干草。

**2. 草架干燥法** 用草架制备干草时,先把刈割草在地面上干燥 4～10 小时,使含水量降至 45%～50%。然后自下而上逐层堆放牧草,草的顶端朝里,同时注意最底层牧草不要与地面接触。

**3. 化学制剂干燥法** 此法主要用于茎叶干燥速度快慢不一的豆科牧草,应用化学制剂较多的有碳酸钾、碳酸钾加长链脂肪酸的混合液、碳酸氢钠等。其原理是这些化学物质能破坏牧草表面的蜡质层结构,促使牧草体内水分蒸发,加快干燥速度。但此法成本较高,适宜大型草场采用。

**4. 人工干燥法** 包括常温鼓风干燥法和高温快速干燥法。常温鼓风干燥法是在牧草收获时,利用电风扇、吹风机和送风器等通风设备对草堆或草垛进行不加温干燥。高温快速干燥法:用烘干机迅速脱水,使含水量降至 15%～18%即可贮藏。

### (二)秸秆的加工调制

秸秆饲料在饲喂前应用铡草机切短成1～2厘米，或揉碎机进行揉碎。特别是近年来推出的揉碎机，将秸秆饲料揉搓成丝条状，不仅可提高适口性，也提高了饲料利用率。目前，在秸秆的加工过程中一般先进行揉碎后再进行青贮、氨化等其他后续调制。在生产中对干秸秆加工调制方法主要有碱化、氨化处理，对鲜秸秆加工调制方法主要有青贮和微贮两种。

**1. 碱化处理**　碱类物质能使饲料纤维内部的氢键结合变弱，使纤维素分子膨胀和细胞壁中纤维素与木质素间的联系削弱。溶解半纤维素，有利于反刍动物对饲料的消化，提高粗饲料的消化率。碱化处理所用原料，主要是氢氧化钠和石灰水。

(1)*氢氧化钠处理*　将秸秆放在盛有1.5%氢氧化钠溶液池内浸泡24小时，然后用水反复冲洗，晾干后喂反刍家畜，有机物消化率可提高25%。此法用水量大，许多有机物被冲掉，且污染环境。威尔逊等提出了改进方法，用占秸秆重量4%～5%氢氧化钠，配制成30%～40%溶液，喷洒在粉碎的秸秆上，堆积数日，不经冲洗直接喂用，可提高有机物消化率12%～20%，称为干法处理。这种方法虽比湿法有较多改进，但牲畜采食后粪便中含有相当数量的钠离子，对土壤和环境也有一定的污染。

(2)*石灰水处理*　生石灰加水后生成的氢氧化钙，是一种弱碱溶液，经充分熟化和沉淀后，用上层的澄清液(即石灰乳)处理秸秆。具体方法是：每100千克秸秆，需3千克生石灰，加水200～250升，将石灰乳均匀喷洒在粉碎的秸秆上，堆放在水泥地面上，经1～2天后即可直接饲喂羊。这种方法成本低，生石灰到处都有，方法简便，效果明显。

**2. 氨化处理**　每年在收获谷物的同时，也产生大量的作物秸秆，如玉米秸、小麦秸等。秸秆经氨化处理后，可以用来饲喂牲畜，起到“过腹还田”的作用。

秸秆氨化后，一是可提高秸秆的营养价值，一般可提高粗蛋白质含量4%～6%；二是可以提高秸秆的适口性和消化率，一般采食量可增加20%～40%，消化率提高10%～20%；三是氨化秸秆（用尿素）的成本低、操作简便、易于推广。秸秆氨化的方法有：

(1)氨化池氨化法　操作步骤如下：

①选择向阳、背风、地势较高、土质坚硬、地下水位低、而且便于制作、饲喂、管理的地方建氨化池。池的形状可为长方形或圆形。池的大小及容量根据氨化秸秆的数量而定，而氨化秸秆的数量又决定于饲养家畜的种类和数量。一般每立方米池（窖）可装切碎的风干秸秆100千克左右。

②将秸秆粉碎或揉碎成1.5～2厘米的小段。

③将秸秆重量3%～5%的尿素用温水配成溶液，温水多少视秸秆的含水量而定，一般秸秆的含水量为12%左右，而秸秆氨化时应使秸秆的含水量保持在40%左右，所以温水的用量一般为每100千克秸秆30升左右。

④将配好的尿素溶液均匀地喷洒在秸秆上，边喷洒边搅拌，或者装一层秸秆均匀喷洒1次尿素水溶液，边装边踩实。

⑤装满池后，用塑料薄膜盖好池口，四周用土覆盖密封。

(2)窖贮氨化法　操作步骤如下：

①选择地势较高、干燥、土质坚硬、地下水位低、距畜舍近、贮取方便、便于管理的地方挖窖。窖的大小根据贮量而定。窖可挖成地下式或半地下式，土窖、水泥窖均可以。但窖必须不漏气、不漏水，土窖壁一定要修整光滑，若用土窖，可用0.08～0.2毫米的农用塑料薄膜平整铺在窖底和四壁，或者在原料入窖前在底部铺一层10～20厘米厚的秸秆或干草，以防潮湿，窖周围紧密排放一层玉米秸，以防窖壁上的土进入饲料内。

②将秸秆切成1.2～2厘米的小段。

③配制尿素水溶液(方法同上)。

④秸秆边装窖,边喷洒尿素水溶液,喷洒尿素溶液要均匀。

⑤原料装满窖后,在原料上盖一层 5～20 厘米厚的秸秆或碎草,上面覆土 20～30 厘米并踩实。封窖时,原料要高出地面 50～60 厘米,以防雨水渗入。并经常检查,如发现裂缝要及时补好。

(3)塑料袋氨化法 塑料袋大小以方便使用为好,塑料袋一般长度为 2.5 米、宽 1.5 米,最好用双层塑料袋。把切段秸秆,用配制好的尿素水溶液(方法同上)均匀喷洒,装满塑料袋后,封严袋口,放在向阳干燥处。存放期间,应经常检查,若嗅到袋口处有氨味,应重新扎紧,发现塑料袋破损,要及时用胶带封住。

秸秆氨化一定时间后,就可开窖饲用。氨化时间的长短要根据气温而定。气温低于 5℃,需 56 天以上;气温为 5℃～10℃,需 28～56 天;气温为 10℃～20℃,需 14～28 天;气温为 20℃～30℃需 7～14 天;气温高于 30℃,只需 5～7 天。氨化秸秆在饲喂牲畜之前应进行品质检验。一般来说,经氨化的秸秆颜色应为杏黄色,氨化的玉米秸为褐色,质地柔软蓬松,用手紧握有明显的扎手感。氨化的秸秆有糊香味和刺鼻的氨味。氨化玉米秸的气味略有不同,既具有青贮的酸香味,又有刺鼻的氨味。若发现氨化秸秆大部分已发霉时,则不能用于饲喂。取喂时,于饲喂前 1～2 天取出放氨,其余的再密封起来,以防放氨后含水量仍较高的氨化秸秆在短期内饲喂不完而发霉变质。初喂氨化秸秆时,羊不适应,需在饲喂氨化秸秆的第一天,将 1/3 的氨化秸秆与 2/3 的未氨化秸秆混合饲喂,以后逐渐增加,数日后羊就愿意采食氨化的秸秆。氨化秸秆的饲喂量一般可占羊日粮的 70%～80%。饲喂氨化秸秆后半小时或 1 小时方可饮水。如果发现羊有中毒现象,可喂食醋 0.5 千克解毒。

**3. 青贮饲料制作** 青贮,主要是利用青贮原料中的乳酸菌等微生物的生命活动,通过厌氧发酵过程,将青贮原料中的碳水化合物（主要是糖类）变成有机酸（主要为乳酸），从而抑制有害细菌如腐败菌和丁酸菌等的生长，又因厌氧环境抑制了霉菌和活动，因而使青贮饲料得以保存起来。

（1）青贮设备　青贮设备要求不透空气，不透水，四壁要平直，要有一定的深度，防冻，便于装填和取用等条件。目前多采用地下式和半地下式长方形的窖。其优点是便于机械装填和压紧，而且取用时从一端开窖，减少青贮料与空气的接触面，防止二次发酵。青贮窖呈水平坑道结构。窖长 10～20 米，上口宽 4.5～5 米，底宽 4～4.5 米，高 2.5～3.5 米。这种窖适用于饲养羊较多的专业户或羊场。为了提高向窖内装青贮料的工作效率，便于运青贮料的车卸车和用车压实青贮料，窖的一端可不建墙，建成缓坡。窖的两侧墙和窖底可用砖石或混凝土砌成。如果用土窖，在窖的四周和底可铺上塑料薄膜。在地下水位较高的地区可采用半地下式的青贮窖。窖底须高出地下水位 0.5 米。

（2）青贮原料要求　一般来说，青贮原料中的糖分含量不宜低于鲜重的 1%～1.5%，水分含量 65%～70%。禾本科植物如鲜玉米、高粱等，含糖较多而粗蛋白质较少，水分适宜，是容易单独青贮的原料；豆科牧草及豆科饲料作物，含糖较少而粗蛋白质较多，不宜单独青贮，宜与禾本科牧草或青玉米秸、高粱秸以 1∶2 混贮或青贮时加入含糖较多的原料如玉米、高粱、甜菜、麸皮、甜菜渣等；块根块茎类原料收获后，洗净、切碎掺入 1/3 玉米秸秆粉青贮。

（3）青贮饲料制作过程

①适期收割：青贮饲料应适时收割，这时青饲料中不但水分和碳水化合物含量适当，而且从单位土地面积上能获得最高的产量和营养利用率。在我国广大农区，一般都是收获玉米后立即收割玉米秸秆制作青贮，这时的玉米叶一半以上还是青绿色。甘薯藤可在霜前或收割前 1～2 天收取。禾本科牧草及麦类可在抽穗的

初期刈割，豆科牧草可以在开花期刈割。

②调节青贮饲料的含水量：青贮饲料的含水，是决定青贮成败的重要因素之一，青贮原料含水量一般以65%～70%为宜。可用双手拧整株玉米秸，若玉米秸有汁液渗出，表示其含水量在70%左右，做青贮合适；若玉米秸有较多的汁液渗出，说明其含水量较高，应晾晒0.5～1天以后再做青贮；玉米秸若无渗出汁液，说明其含水量不够，青贮时应适当加些水。

③切碎或揉碎：青贮饲料必须机械切碎或揉碎，便于压实。另外，在切碎过程中，由于汁液渗出而湿润其表面，有利于加速乳酸菌的繁殖，并且有利于羊采食，提高消化力。切碎的细度以0.5厘米左右为宜，不要超过1厘米为好。

④装填与压实：制作青贮时应边切碎，边装贮，而且应装一层后就压实一层，尤其要注意壕或窖的四角和周边，即拖拉机压不着的地方，可用人踩实。争取在短时间内装填满。青贮饲料装填得越紧实，则空气排得越彻底，制作的青贮质量就越好。

⑤密封：青贮料装填完后，应立即严密封埋。一般要求青贮料装至高出壕或窖口1米左右，再用塑料薄膜盖严，然后覆盖上土（土层厚50～60厘米）。窖顶应呈屋脊形以利排水。在整个青贮过程中要做到不进气，不渗水。经过20～30天后，上面覆盖的土层下沉，可能土层会出现裂缝，因此需经常检查窖顶土层有无低洼或裂缝，为防止漏气和渗水，需要及时给以填平，封严。

⑥管理：在壕或窖的四周，离窖墙1米处满挖沟排水，以防雨水渗入。在我国南方多雨地区，应在青贮窖的上方搭个棚，尤其当启封时更需防雨水浸入。

（4）青贮饲料的取用　取喂时，每次取料不宜过多，应根据饲养数量和补饲标准每天或隔日取料。应一层一层取，不要破坏窖内青贮饲料的完整性。每次取料后，都要随即将表面摊平，并用塑膜或其他覆盖物封盖，以防止空气、雨水进入。

(5)青贮料的品质鉴定(感官鉴定标准)

①优良　颜色为青绿色或黄绿色，有光泽，近于原色；气味为芳香酒酸味，给人以舒适感；酸味浓；结构为湿润、紧密，茎叶花保持原状，容易分离。

②中等　颜色为黄褐色或暗褐色；气味为有刺鼻酸味，香味中等；结构为茎叶花部分保持原状，柔软，水分稍多。

③劣质　颜色为黑色、褐色或暗墨绿色；气味为具有特殊刺鼻腐臭味或霉味；酸味淡；结构为腐烂、污泥状、黏滑或干燥；黏结成块，无结构。

**4. 微贮饲料制作**　微贮饲料可使羊采食量增加 20%～40%。微贮饲料的原料要求和青贮饲料一样，主要是含水量和含糖量分别达到 65%～75%和 1%。微贮饲料制作过程和青贮饲料制作也大体相同，只是增加喷洒菌种环节。首先将菌种复活，制成水溶液。在装窖时秸秆铺放 20～30 厘米厚后，均匀喷洒菌液水并压实后，按装入秸秆量的 0.5%左右均匀地撒放一层粉碎玉米或麸粉促进发酵，再铺放 20～30 厘米厚秸秆，再喷洒菌液、压实，再按秸秆量的 0.5%左右均匀地撒一层粉碎玉米或麸粉。其余操作环节与青贮饲料相同。

## 三、颗粒饲料加工技术

一般将饲料粉碎加工后饲喂，存在饲喂不方便、挑食、利用率低等缺陷。随着新型小型颗粒机械的问世和普及，现在已可以方便地将精、粗饲料混合后加工成颗粒饲料。这种小型颗粒饲料加工机械售价便宜，只有 3 000～5 000 元，可采用照明电为动力，粉状饲料通过高温糊化，在压辊的挤压下从模孔中排出颗粒，可以很方便地调整颗粒粒度的大小，其结构简单，适合于农村养殖户家庭及小型专业饲料厂配用。秸秆饲料加工成颗粒饲料后具有很多优点：①制作过程中在机械自身压力下，温度可达80℃～100℃，使饲料中的淀粉发生糊化作用，产生一种浓香味，且饲料质地坚硬，符合猪、牛、羊的啮啃生物特性，提高了饲料的适口性，易于采食。②颗粒形成过程能使谷物、豆类中的胰酶抑制因子发生变性作用；减少对消化的不良影响，能杀灭各种寄生虫卵和其他病原微生物；减少各种寄生虫及消化系统疾病。③饲喂方便，利用率高，便于控制饲喂量，节约饲料，干净卫生。尤其是养鱼，由于颗粒饲料在水中溶解很慢，不会被泥沙淹没，可减少浪费。

## 四、饼粕类饲料的毒性处理方法

### (一)大豆饼粕

大豆饼粕含有抗胰蛋白酶、尿素酶、血细胞凝集素、皂角苷、甲状腺肿诱发因子、抗凝固因子等有害物质。但这些物质大都不耐热，一般在饲用前，先经100℃～110℃的加热处理3～5分钟，即可去除这些不良物质。注意加热时间不宜太长、温度不能过高。否则，会降低蛋白质的饲用价值。

### (二)亚麻籽饼

亚麻籽饼含有氰苷，当氰苷进入机体后，会在脂解酶的作用下水解产生氢氰酸而引起畜禽的中毒。亚麻籽饼作饲料时，应进行减毒处理。一般常用的方法为：将亚麻籽饼粉碎，加入4～5倍温水，浸泡8～12小时后沥去水，再加适量清水煮沸1小时，在煮时敞开锅盖不断搅拌，同时加入食醋，以使氢氰酸尽量挥发。

### (三)菜 籽 饼

菜籽饼含有芥子苷，在芥子酶催化作用下可水解成有毒物质。菜籽饼的去毒方法为：

**1. 高温处理** 将菜籽饼粉碎，然后加水煮沸或通入蒸汽，保持100℃～110℃的温度处理1小时，使芥子酶失去活性。使用此种方法时要注意加热时间不宜过久，以防降低蛋白质的饲用价值；并严格控制喂量，因为芥子苷仍存在于菜籽饼中，它可能受到其他来源的芥子酶以及肠道或饲料中的微生物所产生的酶的催化分解而继续产生有毒成分。

**2. 溶解处理** 由于芥子苷是水溶性的，因此可用冷水或温水40℃左右，浸泡2～4天，每天换水1次，这样可除去部分芥子苷。但此法养分流失很大。

**3. 碱处理** 每100份菜籽饼用浓氨水4.7～5份，或纯碱粉3.5份，用水稀释后，均匀喷洒到饼中，覆盖堆放3～5小时，然后置蒸笼中蒸40～50分钟；也可在阳光下晒干或炒干后储备使用。

**4. 窖藏处理** 选择向阳、干燥、地温较高的地方，挖一窖，宽0.8米、深0.7～1米、长度按菜籽饼的数量来确定。将菜籽饼粉碎并加水，1千克饼加1升水，浸透泡软后装入窖内，窖顶部和底部各铺一层草，上盖土20厘米以上，2个月后可取出饲用。

**5. 青贮处理** 将菜籽饼与青饲料同时青贮后饲用。

虽然进行了脱毒处理也要严格控制菜籽饼的喂量，以不超过日粮的10%为宜。也可先干喂，喂后暂时不饮水。

#### (四)棉籽饼

棉籽饼因含有游离棉酚，易引起畜禽中毒。棉籽饼的常用去毒方法为：

①取草木灰或生石灰适量，加入100升清水中搅拌均匀，沉淀后取上清液浸泡棉籽饼，饼液比例为2∶1，浸泡24小时后再用清水滤液3～4遍，即可饲用。

②在每百千克土榨棉籽饼中加硫酸亚铁1.2～1.5千克，机榨粕只需加0.15～0.2千克，再以适量清水浸泡4～6小时，就可饲喂。

③用2%碳酸氢铵或1%尿素溶液均匀喷洒在棉籽饼(粕)上充分拌匀，当饼粉中含水量达15%时为宜，然后用塑料薄膜密封闷24小时，即可饲用。

④用15%纯碱溶液24千克喷洒在100千克棉籽饼(粕)上，充分拌匀，用塑料薄膜密封闷5小时，然后蒸50分钟晾干；也可用1%氢氧化钠溶液浸泡3～4小时后沥去溶液，用清水冲洗干净，晾干。110℃的高温下蒸煮3～5分钟。

### (五)花生饼

花生饼本身无毒素，但贮藏不当极易感染黄曲霉毒素而引起畜禽的中毒。若花生饼感染了黄曲霉菌，一定要经过去毒处理方可饲喂畜禽，常用的去毒方法有：

①将污染的花生饼粉碎后置于缸内，加5～8倍的水，搅拌、静置，待其沉淀，再换水多次，直至浸泡的水呈无色为度。此法只适用于轻度霉败的饲料。为安全起见，去毒后的饲料仍应与其他饲料配合利用，其喂量也应加以限制。

②使用饱和石灰水溶液浸泡并冲洗被感染的花生饼，连续3次，然后用清水反复冲洗干净。

③将被感染的花生饼在150℃下烘焙30分钟或用阳光照射霉变花生14小时，均可去掉黄曲霉毒素的80%～90%。

④将发霉的花生饼密封在熏罐或塑料薄膜袋中，使水分含量达18%以上，通入氨气熏蒸10小时，可使黄曲霉毒素含量减少90%～95%。

⑤在霉变的花生饼中添加5%生石灰，去毒率可达90%～99%。

## 第四节　典型饲料配方及案例

羊的日粮是指一只羊在一昼夜内采食各种饲料的总和，饲料的配方是根据饲养标准和饲料营养成分，选择几种饲料按一定比例互相搭配，使其满足羊的营养需要的一种日粮方剂。但在实际生产中并不是按一只羊一天所需来配合日粮，而是针对某群羊所需的各种饲料，按一定比例配成一批混合饲料来饲喂，所以也称饲粮。将不同饲料原料合理搭配，达到营养相互调剂，满足羊的生长增重、产毛、产奶、产绒及繁殖等各种生产要求。

## 一、日粮配制原则

第一，依据饲养标准。必须根据营养需要和饲养标准，并结合饲养实践予以灵活运用，使其具有科学性和实用性。

第二，保证原料质量。要选用易消化的优质干草、青贮饲料、多汁饲料，严禁饲喂有毒和霉烂的饲料。所用饲料要干净卫生，同时注意各类饲料的用量范围，不用有害因子含量超标的饲料。

第三，搭配合理。羊是反刍家畜，能消化较多的粗纤维，在配合日粮时应根据这一生理特点，以青、粗饲料为主，适当搭配精饲料。对早期断奶羔羊应适当降低粗饲料比例，提高精饲料比例。

第四，因地制宜。应充分利用当地饲料资源，特别是廉价的农副产品，以降低饲料成本；同时，要多种搭配，既提高饲料的适口性，又能达到营养互补的效果。

第五，相对稳定。羊只日粮的改变会影响瘤胃微生物。若突然变换日粮组成，瘤胃中的微生物不能马上适应各种变化，会影响瘤胃发酵，降低各种营养物质的消化吸收，甚至会引起消化系统疾病。

第六，体积适当。日粮配合要从羊的体重、体况和制料适口性及体积等方面考虑。日粮体积过大，羊吃不进去；体积过小，可能难以满足营养需要，即使能满足需要，也难免有饥饿感觉。羊对饲料在满足一定体重阶段日增重的营养基础上，喂量可高出饲养标准的1%～2%，但也不要过剩。饲料的采食量大致为10千克体重 0.3～0.5 千克青干草或 1～1.5 千克青草。

## 二、日粮配制步骤

一般日粮中所用饲料种类越多，选用的营养指标越多，计算过程越复杂，有时甚至难以用手算完成日粮配制。在现代畜牧业生产中，借助电子计算机，通过线性规划原理，可方便快捷地求出营养全价且成本低廉的最优日粮配方。

第一步：确定每日每只羊的营养需要量。根据饲养标准，结合实际饲养情况。

第二步：确定各类粗饲料的喂量。根据当地粗饲料的来源、品质及价格，最大限度地选用粗饲料。一般粗饲料的干物质采食量占体重的 2%～3%，其中青绿饲料和青贮饲料可按 3 千克折合 1 千克青干草和干秸秆计算。

第三步：计算应由精饲料提供的养分量。羊每日的总营养需要与粗饲料所提供的养分之差，即是需精饲料部分提供的养分量。

第四步：确定混合精料的配方及数量。

第五步：确定羊的日粮配方，在完成粗饲料所提供养分及数量后，将所有饲料提供的各种养分进行总和。如果实际提供量与其需要量相差在范围内，说明配方合理；如果超出此范围，应适当调整个别精饲料的用量，以便充分满足各种羊养分需要而又不致造成浪费。

具体配制方法举例如下：

现举例说明羊日粮配合的设计方法。例如，平均体重为 25 千克的肥育羊群设计一饲料配方。

第一步：查营养标准给出羊每天的养分需要量，该羊群平均每天每只需干物质 1.2 千克、消化能 10.5～14.6 兆焦、可消化粗蛋白质 80～100 克、钙 1.5～2 克、磷 0.6～1 克、食盐 3～5 克、胡萝卜素 2～4 毫克。

第二步:查羊常用饲料成分及营养价值表,列出供选饲料的养分含量,见表 7-47。

**表 7-47 供选饲料的养分含量**

| 饲料名称 | 干物质(%) | 消化能(兆焦/千克) | 可消化粗蛋白质(克/千克) | 钙(克) | 磷(克) |
|---|---|---|---|---|---|
| 玉米秸 | 90 | 8.61 | 21 | — | — |
| 野干草 | 90.6 | 8.32 | 53 | 0.54 | 0.09 |
| 玉　米 | 88.4 | 15.38 | 65 | 0.04 | 0.21 |
| 小麦麸 | 88.6 | 11.08 | 108 | 0.18 | 0.78 |
| 棉籽饼 | 92.2 | 13.71 | 267 | 0.31 | 0.64 |
| 豆　饼 | 90.6 | 15.93 | 366 | 0.32 | 0.50 |

第三步:按羊只体重计算粗饲料采食量。一般羊粗饲料干物质采食量为体重的 2%～3%,我们选择 2.5%,则 25 千克体重的羊需粗饲料干物质为 25×2.5%＝0.625 千克,根据实际考虑,确定玉米秸和野干草的比例为 2∶1,则需玉米秸 0.42÷0.9＝0.47 千克,野干草 0.21÷0.906＝0.23 千克,由此计算出粗饲料提供的养分量,见表 7-48。

**表 7-48 粗饲料提供的养分量**

| 粗饲料 | 干物质(千克) | 消化能(兆焦) | 可消化粗蛋白质(克) | 钙(克) | 磷(克) |
|---|---|---|---|---|---|
| 玉米秸 | 0.42 | 4.05 | 9.87 | | |
| 野干草 | 0.21 | 1.91 | 12.19 | 0.12 | 0.02 |
| 粗饲料提供 | 0.63 | 5.96 | 22.06 | 0.12 | 0.02 |
| 需精料补充 | 0.57 | 8.64 | 77.94 | 1.88 | 0.98 |

第四步：草拟精料补充料配方。根据饲料资源、价格及实际经验，先初步拟定一个混合料配方，假设混合料配比为60%玉米、23%麸皮、5%豆饼、10.5%棉籽饼、0.877%食盐和0.877%尿素，将所需补充精料干物质0.57千克按上述比例配到各种精料中，再计算出精料补充料提供的养分，见表7-49。

表7-49　草拟精料补充料提供的养分

| 原　料 | 干物质（千克） | 消化能（兆焦） | 可消化粗蛋白质（克） | 钙（克） | 磷（克） |
|---|---|---|---|---|---|
| 玉米秸 | 0.342 | 5.95 | 25.31 | 0.15 | 0.81 |
| 麦　麸 | 0.131 | 1.58 | 15.98 | 0.27 | 1.15 |
| 棉籽饼 | 0.06 | 0.89 | 17.4 | 0.20 | 0.42 |
| 豆　饼 | 0.029 | 0.51 | 11.69 | 0.10 | 0.16 |
| 食　盐 | 0.005 | 0.0 | 0.0 | 0.0 | 0.0 |
| 尿　素 | 0.005 | 0.0 | 14.0 | 0.0 | 0.0 |
| 总　计 | 0.57 | 8.93 | 84.38 | 0.72 | 2.54 |

从表7-49可以看出，干物质已完全满足需要，消化能和可消化粗蛋白质有不同程度的超标，且钙、磷不平衡，因此日粮中应增加钙的量，减少能量和蛋白量，我们可以用石粉代替部分豆饼进行调整，调整后的配方见表7-50。

表7-50　日粮组成及养分提供量

| 原　料 | 干物质（千克） | 消化能（兆焦） | 可消化粗蛋白质（克） | 钙（克） | 磷（克） |
|---|---|---|---|---|---|
| 玉米秸 | 0.42 | 4.05 | 9.87 | | |
| 野干草 | 0.21 | 1.91 | 12.19 | 0.12 | 0.02 |

续表 7-50

| 原　料 | 干物质（千克） | 消化能（兆焦） | 可消化粗蛋白质(克) | 钙（克） | 磷（克） |
|---|---|---|---|---|---|
| 玉　米 | 0.342 | 5.95 | 25.31 | 0.15 | 0.81 |
| 麦　麸 | 0.131 | 1.58 | 15.98 | 0.27 | 0.15 |
| 棉籽饼 | 0.06 | 0.89 | 17.4 | 0.20 | 0.42 |
| 豆　饼 | 0.019 | 0.33 | 7.68 | 0.067 | 0.10 |
| 食　盐 | 0.005 | 0.0 | 0.0 | 0.0 | 0.0 |
| 尿　素 | 0.005 | 0.0 | 14.0 | 0.0 | 0.0 |
| 石　粉 | 0.010 | 0.0 | 0.0 | 4.0 | 0.0 |
| 总　计 | 1.2 | 14.71 | 102.43 | 4.81 | 2.5 |

从表 7-50 可以看出，本日粮已经完全满足该羊的干物质、能量及可消化粗蛋白质的需要量，而钙、磷均超标，但日粮中的钙、磷之比为 1.9∶1，属正常范围(一般为 1.5～2∶1)，故认为本日粮中的钙、磷的供应也符合要求。

在实际饲喂时，应将各种饲料的干物质喂量换算成饲喂状态时的喂量(干物质量÷饲喂状态时干物质含量)。

## 三、各生产类型羊典型日粮配方

### (一)细毛羊典型日粮配方

细毛羊典型日粮配方见表 7-51 至表 7-61。

表 7-51 中国美利奴羊妊娠母羊精饲料配方

| 项目 | | 妊娠前期 | | 妊娠后期 | |
|---|---|---|---|---|---|
| | | 方1 | 方2 | 方1 | 方2 |
| 配方组成 | 玉米(%) | 33 | 62 | 52 | 80 |
| | 葵花籽粕(%) | 50 | 26 | 35 | 11 |
| | 麸皮(%) | 15 | 10 | 10 | — |
| | 大豆饼(%) | — | — | — | 6 |
| | 骨粉(%) | 1 | 1 | 2 | 2 |
| | 食盐(%) | 1 | 1 | 1 | 1 |
| | 合　计 | 100 | 100 | 100 | 100 |
| 营养成分 | 干物质(%) | 90 | 90 | 90 | 90 |
| | 代谢能(兆焦/千克) | 9.46 | 10.54 | 9.96 | 11.00 |
| | 粗蛋白质(%) | 19.6 | 13.9 | 15.9 | 11.9 |
| | 钙(%) | 0.48 | 0.40 | 0.66 | 0.56 |
| | 磷(%) | 0.68 | 0.51 | 0.83 | 0.74 |

表 7-52 中国美利奴羊妊娠母羊日粮配方

| 项目 | | 妊娠前期 | | 妊娠后期 | |
|---|---|---|---|---|---|
| | | 方1 | 方2 | 方1 | 方2 |
| 配方组成 | 禾本科野干草(%) | 85 | 70 | 75 | 60 |
| | 苜蓿青干草(%) | — | 20 | — | 15 |
| | 混合精饲料(%) | 15 | 10 | 25 | 25 |
| | 合　计 | 100 | 100 | 100 | 100 |

续表 7-52

| 项目 | | 妊娠前期 | | 妊娠后期 | |
|---|---|---|---|---|---|
| | | 方 1 | 方 2 | 方 1 | 方 2 |
| 营养成分 | 干物质(%) | 90 | 90 | 90 | 90 |
| | 代谢能(兆焦/千克) | 7.45 | 7.45 | 7.82 | 8.24 |
| | 粗蛋白质(%) | 9.6 | 9.1 | 9.3 | 9.5 |
| | 钙(%) | 0.74 | 0.96 | 0.46 | 0.56 |
| | 磷(%) | 0.24 | 0.22 | 0.26 | 0.27 |
| 日*采食量 | 禾本科野干草(千克/只) | 1.33 | 1.10 | 1.42 | 1.14 |
| | 苜蓿青干草(千克/只) | — | 0.30 | — | 0.28 |
| | 混合精饲料(千克/只) | 0.23 | 0.16 | 0.47 | 0.47 |
| | 合　计 | 1.56 | 1.56 | 1.89 | 1.89 |

* 以体重 50 千克母羊为例。

表 7-53　中国美利奴羊泌乳前期母羊精饲料配方

| 项目 | | 配方 1 | 配方 2 |
|---|---|---|---|
| 配方组成 | 玉米(%) | 52 | 43 |
| | 葵花籽粕(%) | 36 | 25 |
| | 麸皮(%) | | 20 |
| | 大豆饼(%) | 9 | 9 |
| | 骨粉(%) | 2 | 2 |
| | 食盐(%) | 1 | 1 |
| | 合　计 | 100 | 100 |

**续表 7-53**

| 项 目 | | 配方 1 | 配方 2 |
|---|---|---|---|
| 营养成分 | 干物质(%) | 90 | 90 |
| | 代谢能(兆焦/千克) | 9.92 | 9.67 |
| | 粗蛋白质(%) | 16.1 | 20.4 |
| | 钙(%) | 0.66 | 0.69 |
| | 磷(%) | 0.83 | 0.79 |

**表 7-54 中国美利奴羊泌乳前期母羊日粮配方**

| 项 目 | | 配方 1 | 配方 2 |
|---|---|---|---|
| 配方组成 | 禾本科青干草(%) | 40 | 45 |
| | 苜蓿青干草(%) | 25 | — |
| | 青贮玉米(%) | — | 40 |
| | 混合精饲料(%) | 35 | 15 |
| | 合 计 | 100 | 100 |
| 营养成分 | 干物质(%) | 90 | 45.6 |
| | 代谢能(兆焦/千克) | 8.41 | 4.02 |
| | 粗蛋白质(%) | 12.10 | 5.40 |
| | 钙(%) | 0.69 | 0.27 |
| | 磷(%) | 0.38 | 0.16 |
| 日*采食量 | 禾本科青干草(千克/只) | 0.84 | 1.04 |
| | 苜蓿青干草(千克/只) | 0.53 | 1.60 |
| | 青贮玉米(千克/只) | — | 1.67 |
| | 混合精饲料(千克/只) | 0.74 | 0.63 |
| | 合 计 | 2.11 | 4.94 |

* 以体重 50 千克母羊为例。

**表 7-55 中国美利奴羊育成羊混合精饲料配方**

| 项目 | | 配方 1 | 配方 2 |
|---|---|---|---|
| 配方组成 | 玉米(%) | 68 | 70 |
| | 豆饼(%) | 28 | — |
| | 葵花籽粕(%) | — | 26 |
| | 尿素(%) | 1.5 | 1.5 |
| | 矿物盐*(%) | 2.5 | 2.5 |
| | 合计 | 100 | 100 |
| 营养成分 | 干物质(%) | 90 | 90 |
| | 代谢能(兆焦/千克) | 11.84 | 10.92 |
| | 粗蛋白质(%) | 20.50 | 16.60 |
| | 钙(%) | 0.57 | 0.47 |
| | 磷(%) | 0.45 | 0.48 |

*矿物盐配方:氯化钠 40%,碳酸钙 17%,碳酸氢钙 2%,七水硫酸镁 12%,碳酸钾 26%,混合微量元素 3%。

**表 7-56 中国美利奴羊育成羊日粮配方**

| 项目 | | 配方 1 | 配方 2 |
|---|---|---|---|
| 日粮组成 | 优质青干草(%) | 53 | 65 |
| | 混合精饲料(%) | 47 | 35 |
| | 合计 | 100 | 100 |
| 营养成分 | 干物质(%) | 90 | 90 |
| | 代谢能(兆焦/千克) | 9.83 | 7.91 |
| | 粗蛋白质(%) | 13.8 | 9.3 |
| | 钙(%) | 0.54 | 0.39 |
| | 磷(%) | 0.21 | 0.21 |

续表 7-56

| 项　目 | | 配方 1 | 配方 2 |
|---|---|---|---|
| 日*采食量 | 优质青干草(千克/只) | 0.68 | 0.92 |
| | 混合精饲料(千克/只) | 0.56 | 0.49 |
| | 合　计 | 1.24 | 1.41 |

* 以体重 40 千克母羊为例。

表 7-57　中国美利奴羊种公羊日粮配方

| 项　目 | | 适用阶段 | |
|---|---|---|---|
| | | 配种期 | 非配种期 |
| 配方组成 | 禾本科青干草(%) | 30 | 70 |
| | 苜蓿青干草(%) | 30 | — |
| | 混合精饲料(%) | 40 | 30 |
| | 合　计 | 100 | 100 |
| 营养成分 | 干物质(%) | 90 | 90 |
| | 代谢能(兆焦/千克) | 9.08 | 8.28 |
| | 粗蛋白质(%) | 15.9 | 11.7 |
| | 钙(%) | 0.93 | 0.88 |
| | 磷(%) | 0.34 | 0.32 |
| 日*采食量 | 禾本科青干草(千克/只) | 0.80 | 1.71 |
| | 苜蓿青干草(千克/只) | 0.80 | — |
| | 混合精饲料(千克/只) | 1.07 | 0.69 |
| | 合　计 | 2.67 | 2.40 |

* 以体重 100 千克公羊为例。

**表 7-58 中国美利奴羊母羊冬、春季补饲饲料配方**

| 项目 | | 适用阶段 | |
|---|---|---|---|
| | | 妊娠期 | 泌乳前期 |
| 配方组成 | 玉米(%) | 50 | 75 |
| | 葵花籽粕(%) | 20 | 15 |
| | 棉籽粕(%) | 20 | — |
| | 麸皮(%) | 9 | 9 |
| | 食盐(%) | 1 | 1 |
| | 合　计 | 100 | 100 |
| 营养成分 | 干物质(%) | 90 | 90 |
| | 代谢能(兆焦/千克) | 10.63 | 10.96 |
| | 粗蛋白质(%) | 20.9 | 11.4 |
| | 钙(%) | 0.26 | 0.18 |
| | 磷(%) | 0.38 | 0.44 |

**表 7-59 中国美利奴羊母羊冬、春季日粮配方**

| 项目 | | 适用阶段 | | |
|---|---|---|---|---|
| | | 妊娠期 | 妊娠后期 | 泌乳前期 |
| 日粮组成 | 禾本科青干草(千克) | 0.5 | 1.0 | — |
| | 混合精饲料(千克/只) | 0.2 | 0.4 | 0.3 |
| | 青贮玉米(千克) | — | — | 2.0 |
| | 合　计 | 0.7 | 1.4 | 2.3 |

续表 7-59

| 项目 | | 适用阶段 | | |
|---|---|---|---|---|
| | | 妊娠期 | 妊娠后期 | 泌乳前期 |
| 每天摄入养分量 | 干物质(%) | 0.63 | 1.26 | 0.75 |
| | 代谢能(兆焦/千克) | 5.69 | 11.38 | 7.32 |
| | 粗蛋白质(%) | 77 | 15.3 | 37 |
| | 钙(%) | 2.5 | 4.9 | 4.1 |
| | 磷(%) | 1.1 | 2.2 | 2.3 |

表 7-60 中国美利奴羊育成羊补饲精饲料配方

| 项目 | | 适用阶段 | |
|---|---|---|---|
| | | 育成公羊 | 育成母羊 |
| 配方组成 | 玉米(%) | 69.0 | 71.0 |
| | 豆饼(%) | 10.0 | — |
| | 葵花籽粕(%) | 9.5 | 18.0 |
| | 麸皮(%) | 7.0 | 7.0 |
| | 贝壳粉(%) | 1.5 | — |
| | 骨粉(%) | — | 1.0 |
| | 尿素(%) | 1.5 | 1.5 |
| | 食盐(%) | 1.0 | 1.0 |
| | 硫酸钠(%) | 0.5 | 0.5 |
| | 合计 | 100 | 100 |

续表 7-60

| 项目 | | 适用阶段 | |
|---|---|---|---|
| | | 育成公羊 | 育成母羊 |
| 营养成分 | 干物质(%) | 90 | 90 |
| | 代谢能(兆焦/千克) | 12.22 | 11.84 |
| | 粗蛋白质(%) | 13.40 | 12.40 |
| | 钙(%) | 0.53 | 0.38 |
| | 磷(%) | 0.48 | 0.31 |

表 7-61 中国美利奴羊育成羊冬、春季补饲日粮配方

| 月份 | 育成公羊 | | | 育成母羊 | | |
|---|---|---|---|---|---|---|
| | 混合精饲料 | 青干草 | 草粉 | 混合精饲料 | 青干草 | 草粉 |
| 11 | 0.40 | 0.5 | — | 0.15 | 0.35 | — |
| 12 | 0.80 | 0.5 | — | 0.15 | 0.50 | — |
| 1 | 0.80 | 0.5 | 青贮 0.60 | 0.35 | 0.60 | 0.45 |
| 2～3 | 0.90 | 0.5 | 0.65 | 0.45 | 0.60 | 0.45 |
| 4 | 0.80 | 0.5 | 0.65 | 0.50 | 0.60 | — |
| 5～6 | 0.80 | — | 0.65 | 0.38 | 0.20 | — |

## (二)半细毛羊典型日粮配方

**1. 凉山半细毛羊典型日粮配方** 见表 7-62,表 7-63。

表 7-62　凉山半细毛羊育成羊不同营养水平全价饲料颗粒饲料配方　（%）

| 原　料 | 配方 1 | 配方 2 | 配方 3 |
|---|---|---|---|
| 玉　米 | 42.00 | 23.50 | 11.50 |
| 荞　麦 | 12.80 | 10.00 | 6.00 |
| 菜籽饼 | 9.80 | 10.00 | 9.50 |
| 棉籽饼 | 7.50 | 7.50 | 7.20 |
| 玉米蛋白粉 | 3.70 | 1.50 | 0.60 |
| 青干草粉 | 12.57 | 26.29 | 34.02 |
| 玉米秸粉 | 9.43 | 19.71 | 25.51 |
| 磷酸氢钙 | 0.00 | 0.10 | 0.30 |
| 石　粉 | 1.40 | 0.60 | 0.07 |
| 食　盐 | 0.50 | 0.50 | 0.50 |
| 膨润土 | 0.00 | 0.00 | 4.50 |
| 微量元素与维生素预混料 | 0.30 | 0.30 | 0.30 |
| 总　计 | 100.00 | 100.00 | 100.00 |
| 粗蛋白质（克/千克） | 153.19 | 138.31 | 123.70 |
| 消化能（毫克/千克） | 12.46 | 11.33 | 10.09 |

表 7-63　凉山半细毛羊成年羊饲料配方

| 饲料配方 | | 营养水平 | |
|---|---|---|---|
| 饲料名称 | 配比（%） | 养分名称 | 含　量 |
| 玉　米 | 50.20 | 消化能（毫克/千克） | 14.48 |

续表 7-63

| 饲料配方 | | 营养水平 | |
|---|---|---|---|
| 饲料名称 | 配比(%) | 养分名称 | 含　量 |
| 光叶紫花苕干草 | 15.90 | 代谢能(毫克/千克) | 11.72 |
| 菜籽饼 | 14.10 | 粗蛋白质(%) | 14.90 |
| 麦　麸 | 10.60 | 可消化粗蛋白质(%) | 111.00 |
| 黑麦草 | 2.00 | 粗纤维(%) | 17.20 |
| 玉米青贮 | 6.70 | 钙(%) | 0.41 |
| 食　盐 | 0.50 | 磷(%) | 0.37 |

**2. 彭波半细毛羊冬春补饲配方** 见表 7-64。

表 7-64 不同羊补饲配方 (单位:%)

| 适用羊群 | 日粮组成 | | | | | | | |
|---|---|---|---|---|---|---|---|---|
| | 青稞粉 | 麦　粉 | 当地豌豆粉 | 大豆粕 | 油渣饼 | 复合饲料 | 食　盐 | 尿　素 |
| 种公羊 | 25 | 25 | 25 | 18 | 4 | 1 | 1.5 | 0.5 |
| 基础母羊 | 30 | 30 | 20 | 14 | 4 | 1 | 0.5 | 0.5 |
| 育成羊 | 30 | 35 | 20 | 10 | 4 | 0.5 | 0.3 | 0.2 |

## (三)绒山羊典型配方

**1. 辽宁绒山羊典型日粮配方** 见表 7-65 至表 7-75。

表 7-65　辽宁绒山羊妊娠期母羊精料配方

| 项目 | | 配比(%) |
|---|---|---|
| 配方组成 | 玉　米 | 61.24 |
| | 豆　粕 | 31.84 |
| | 石　粉 | 0.12 |
| | 磷酸氢钙 | 0.24 |
| | 食　盐 | 2.69 |
| | 预混剂 | 3.87 |
| | 合　计 | 100 |
| 营养成分 | 干物质(%) | 87.93 |
| | 代谢能(兆焦/千克) | 10.79 |
| | 粗蛋白质(%) | 20.03 |
| | 钙(%) | 0.20 |
| | 磷(%) | 0.40 |

表 7-66　辽宁绒山羊妊娠后期母羊日粮配方

| 项目 | | 配比(%) |
|---|---|---|
| 配方组成 | 玉米秸秆 | 25.90 |
| | 大豆秸秆 | 25.90 |
| | 羊　草 | 12.95 |
| | 混合精料 | 35.25 |
| | 合　计 | 100 |

续表 7-66

| 项　目 | | 配比(%) |
|---|---|---|
| 营养成分 | 干物质(%) | 89.75 |
| | 代谢能(兆焦/千克) | 9.18 |
| | 粗蛋白质(%) | 11.33 |
| | 钙(%) | 0.60 |
| | 磷(%) | 0.28 |

**表 7-67　辽宁绒山羊母羊泌乳前期精料配方**

| 项　目 | | 配比(%) |
|---|---|---|
| 配方组成 | 玉　米 | 49.90 |
| | 豆　粕 | 33.27 |
| | 石　粉 | 0.20 |
| | 磷酸氢钙 | 4.32 |
| | 食　盐 | 5.32 |
| | 预混剂 | 6.99 |
| | 合　计 | 100 |
| 营养成分 | 干物质(%) | 89.35 |
| | 代谢能(兆焦/千克) | 9.64 |
| | 粗蛋白质(%) | 19.83 |
| | 钙%(%) | 1.17 |
| | 磷%(%) | 1.14 |

表 7-68　辽宁绒山羊母羊泌乳前期日粮配方

| 项　目 | | 配比(%) |
|---|---|---|
| 配方组成 | 玉米秸秆 | 22.55 |
| | 花生秸秆 | 45.09 |
| | 羊　草 | 9.77 |
| | 混合精料 | 22.59 |
| | 合　计 | 100 |
| 营养成分 | 干物质(%) | 90.27 |
| | 代谢能(兆焦/千克) | 9.57 |
| | 粗蛋白质(%) | 11.06 |
| | 钙(%) | 0.99 |
| | 磷(%) | 0.39 |

表 7-69　辽宁绒山羊育成羊精料配方

| 项　目 | | 配方 1 | 配方 2 |
|---|---|---|---|
| 配方组成 | 玉　米 | 18.93 | 44.52 |
| | 豆　粕 | 26.67 | 11.14 |
| | 石　粉 | 0.97 | — |
| | 食　盐 | 1.78 | 2.71 |
| | 预混剂 | 3.15 | 4.51 |
| | 麸　皮 | 48.50 | — |
| | 麦芽根 | — | 37.12 |
| | 合　计 | 100 | 100 |

续表 7-69

| 项目 | | 配方 1 | 配方 2 |
|---|---|---|---|
| 营养成分 | 干物质(%) | 90.88 | 89.83 |
| | 代谢能(兆焦/千克) | 10.10 | 9.64 |
| | 粗蛋白质(%) | 20.56 | 18.65 |
| | 钙(%) | 0.47 | 0.12 |
| | 磷(%) | 0.65 | 0.46 |

## 表 7-70 辽宁绒山羊育成羊日粮配方

| 项目 | | 配方 1 | 配方 2 |
|---|---|---|---|
| 配方组成 | 苜蓿(%) | 18.97 | 30.11 |
| | 玉米秸秆(%) | 11.04 | 17.61 |
| | 羊草(%) | 37.92 | 30.11 |
| | 混合精料(%) | 32.07 | 22.17 |
| | 合　计 | 100 | 100 |
| 营养成分 | 干物质(%) | 89.07 | 88.55 |
| | 代谢能(兆焦/千克) | 8.44 | 8.00 |
| | 粗蛋白质(%) | 12.24 | 12.14 |
| | 钙(%) | 0.55 | 0.59 |
| | 磷(%) | 0.35 | 0.27 |

**表 7-71 辽宁绒山羊种公羊日粮配方**

| 项目 | | 配种期 | 非配种期 |
|---|---|---|---|
| 配方组成 | 玉米(%) | 13.96 | 6.38 |
| | 豆粕(%) | 13.96 | 9.56 |
| | 石粉(%) | 0.02 | 0.04 |
| | 磷酸氢钙(%) | 0.80 | 0.37 |
| | 食盐(%) | 0.77 | 0.77 |
| | 预混剂(%) | 1.05 | 1.02 |
| | 玉米秸秆(%) | 41.87 | 57.38 |
| | 花生秸秆(%) | 17.80 | 14.92 |
| | 羊草(%) | 9.77 | 9.56 |
| | 合 计 | 100 | 100 |
| 营养成分 | 干物质(%) | 89.63 | 89.90 |
| | 代谢能(兆焦/千克) | 9.84 | 9.67 |
| | 粗蛋白质(%) | 12.48 | 10.35 |
| | 钙(%) | 0.76 | 0.72 |
| | 磷(%) | 0.44 | 0.31 |

**表 7-72 辽宁绒山羊母羊冬、春季补饲精料配方**

| 项目 | | 配比(%) |
|---|---|---|
| 配方组成 | 玉 米 | 51.55 |
| | 豆 粕 | 41.24 |
| | 石 粉 | 1.37 |
| | 磷酸氢钙 | 0.34 |
| | 食 盐 | 2.41 |
| | 预混剂 | 3.09 |
| | 合 计 | 100 |

续表 7-72

| 项　目 | | 配比(%) |
| --- | --- | --- |
| 营养成分 | 干物质(%) | 88.25 |
| | 代谢能(兆焦/千克) | 10.75 |
| | 粗蛋白质(%) | 23.77 |
| | 钙(%) | 0.68 |
| | 磷(%) | 0.44 |

表 7-73　辽宁绒山羊母羊冬、春季补饲日粮配方

| 项　目 | | 配比(%) |
| --- | --- | --- |
| 配方组成 | 玉米秸秆 | 28.75 |
| | 花生秸秆 | 28.76 |
| | 羊　草 | 21.57 |
| | 混合精料 | 20.92 |
| | 合　计 | 100 |
| 营养成分 | 干物质(%) | 89.64 |
| | 代谢能(兆焦/千克) | 9.59 |
| | 粗蛋白质(%) | 10.49 |
| | 钙(%) | 0.74 |
| | 磷(%) | 0.24 |

表 7-74　辽宁绒山羊育成羊冬、春季补饲精料配方

| 项目 | | 育成公羊配方(%) | 育成母羊配方(%) |
|---|---|---|---|
| 配方组成 | 玉米 | 55.34 | 58.23 |
| | 豆粕 | 27.67 | 27.96 |
| | 石粉 | 1.44 | 1.75 |
| | 磷酸氢钙 | 2.66 | 0.41 |
| | 食盐 | 4.87 | 4.08 |
| | 预混剂 | 8.02 | 7.57 |
| | 合计 | 100 | 100 |
| 营养成分 | 干物质(%) | 89.21 | 88.77 |
| | 代谢能(兆焦/千克) | 9.62 | 9.99 |
| | 粗蛋白质(%) | 17.57 | 17.93 |
| | 钙(%) | 1.21 | 0.80 |
| | 磷(%) | 0.81 | 0.40 |

表 7-75　辽宁绒山羊育成羊冬、春季补饲日粮配方

| 月份 | 育成公羊方(%) | | | | | 育成母羊方(%) | | | | |
|---|---|---|---|---|---|---|---|---|---|---|
| | 混合精料 | 玉米秸 | 大豆秸 | 花生秸 | 羊草 | 混合精料 | 玉米秸 | 大豆秸 | 花生秸 | 羊草 |
| 11 | 0.4 | 0.5 | — | 0.5 | 0.5 | 0.4 | 0.5 | — | 0.5 | 0.5 |
| 12 | 0.4 | 0.5 | 0.5 | 0.5 | 0.5 | 0.4 | 0.5 | 0.5 | 0.5 | 0.5 |
| 1 | 0.4 | 0.5 | 0.5 | 0.5 | — | 0.4 | 0.5 | 0.5 | 0.5 | — |
| 2～3 | 0.5 | 0.5 | 0.5 | 0.5 | — | 0.5 | 0.5 | 0.5 | 0.5 | — |
| 4 | 0.3 | — | — | 0.5 | 1.0 | 0.3 | — | — | 0.5 | 1.0 |
| 5～6 | 0.3 | — | — | 0.5 | 1.0 | 0.3 | — | — | 0.5 | 1.0 |

**2. 内蒙古绒山羊典型日粮配方** 见表 7-76 至表 7-89。

**表 7-76 内蒙古白绒山羊羔羊补饲日粮配方**

| | 补饲日龄 | 配方组成 | 日采食量(比例%) | 营养成分(%) |
|---|---|---|---|---|
| 羔羊哺乳期日粮配方(3月10日至7月10日) | 15～30日龄 | 干苜蓿草 | 100克(57) | 钙0.3、灰分9、粗纤维14、粗蛋白质18、食盐1、磷0.3、干物质90 |
| | | 混合精饲料 | 50克(29) | |
| | | 玉 米 | 25克(14) | |
| | 30～90日龄 | 干苜蓿草 | 150克(58) | 钙0.3、灰分9、粗纤维14、粗蛋白质18、食盐1、磷0.3、干物质90 |
| | | 混合精饲料 | 85克(32) | |
| | | 玉 米 | 25克(10) | |
| | 90～120日龄 | 干苜蓿草 | 200克(54) | 钙0.3、灰分9、粗纤维14、粗蛋白质18、食盐1、磷0.3、干物质90 |
| | | 混合精饲料 | 85克(23) | |
| | | 玉 米 | 85克(23) | |

**表 7-77 内蒙古白绒山羊成年母羊冬、春季补饲日粮配方**

| | 补饲日期 | 配方组成 | 日采食量(比例%) | 营养成分(%) |
|---|---|---|---|---|
| 母羊妊娠前期(10月10日开始配种至12月1日前补给母羊补饲日粮) | 12月1日至12月15日 | 玉　米 | 100克(80) | |
| | | 混合精饲料 | 25克(20) | 钙3.6、灰分25、粗纤维20、粗蛋白质35、食盐3、磷0.4、干物质90 |
| | 补饲日期 | 配方组成 | 日采食量(比例%) | 营养成分(%) |
| | 12月16日至12月30日 | 玉　米 | 120克(80) | |
| | | 混合精饲料 | 30克(20) | 钙3.6、灰分25、粗纤维20、粗蛋白质35、食盐3、磷0.4、干物质90 |
| | 补饲日期 | 配方组成 | 日采食量(比例%) | 营养成分(%) |
| | 12月31日至1月14日 | 玉　米 | 140克(80) | |
| | | 混合精饲料 | 35克(20) | 钙3.6、灰分25、粗纤维20、粗蛋白质35、食盐3、磷0.4、干物质90 |
| | 补饲日期 | 配方组成 | 日采食量(比例%) | 营养成分(%) |
| | 1月15日至2月1日 | 玉　米 | 160克(80) | |
| | | 混合精饲料 | 40克(20) | 钙3.6、灰分25、粗纤维20、粗蛋白质35、食盐3、磷0.4、干物质90 |

**续表 7-77**

| | 补饲日期 | 配方组成 | 日采食量(比例%) | 营养成分(%) |
|---|---|---|---|---|
| 母羊妊娠后期 | 2月2日至2月16日 | 玉　米 | 180克(80) | |
| | | 混合精饲料 | 45克(20) | 钙3.6、灰分25、粗纤维20、粗蛋白质35、食盐3、磷0.4、干物质90 |
| | 补饲日期 | 配方组成 | 日采食量(比例%) | 营养成分(%) |
| | 2月17日至3月7日 | 玉　米 | 200克(80) | |
| | | 混合精饲料 | 50克(20) | 钙3.6、灰分25、粗纤维20、粗蛋白质35、食盐3、磷0.4、干物质90 |
| 母羊泌乳期 | 补饲日期 | 配方组成 | 日采食量(比例%) | 营养成分(%) |
| | 3月8日至7月10日 | 玉　米 | 375克(75) | |
| | | 混合精饲料 | 125克(25) | 钙4、灰分25、粗纤维15、粗蛋白质40、食盐4、磷0.3、干物质90 |

注:4月1日至6月30日休牧期补给玉米秸秆草颗粒每只750克。以上配方以体重42千克母羊为例。

**表 7-78　内蒙古白绒山羊育成母羊补饲日粮配方**

| | 配方组成 | 日采食量(比例%) | 营养成分(%) |
|---|---|---|---|
| 育成母羊 | 混合精饲料 | 40克(20) | 钙0.3、灰分9、粗纤维14、粗蛋白质18、食盐1、磷0.3、干物质90 |
| | 玉　米 | 160克(80) | |

注:休牧期每日补给玉米秸秆草颗粒500克。以上配方以体重32千克母羊为例。

**表 7-79 内蒙古白绒山羊育成公羊补饲日粮配方**

| | 配方组成 | 日采食量(比例%) | 营养成分(%) |
|---|---|---|---|
| 育成公羊 | 混合精饲料 | 100 克(25) | 钙 0.3、灰分 9、粗纤维 14、粗蛋白质 18、食盐 1、磷 0.3、干物质 90 |
| | 玉　米 | 300 克(75) | |

注:休牧期每日补给玉米秸秆草颗粒 750 克。以上配方以体重 46 千克公羊为例。

**表 7-80 内蒙古白绒山羊成年公羊补饲日粮配方**

| | | 配方组成 | 日采食量(比例%) | 营养成分(%) |
|---|---|---|---|---|
| 成年公羊 | 非配种期 | 混合精饲料 | 100 克(25) | 钙 3.6、灰分 25、粗纤维 20、粗蛋白质 35、食盐 3、磷 0.4、干物质 90 |
| | | 玉　米 | 300 克(75) | |
| | 配种期 | 胡萝卜 | 1000 克 | |
| | | 玉　米 | 1200 克(73) | |
| | | 混合精饲料 | 300 克(18) | 钙 3.6、灰分 25、粗纤维 20、粗蛋白质 35、食盐 3、磷 0.4、干物质 90 |
| | | 麸　皮 | 150 克(9) | |

注:休牧期每日补给玉米秸秆草颗粒 1 500 克。以上配方以体重 71 千克公羊为例。

**3. 新疆绒山羊典型日粮配方** 新疆南疆绒山羊以荒漠、半荒漠天然草场放牧为主,在夏、秋两季牧场旺盛期,母羊在草场上自由采食,不进行补饲,自由饮水;在牧场营养价值很低的冬季枯草期(正值绒山羊生产母羊妊娠期),春季牧场生长期(妊娠后期或泌乳期）自然放牧，配合补饲。补饲日粮配方见表 7-81 至表 7-84。

**表 7-81 新疆南疆绒山羊妊娠期补饲日粮配方 （风干基础）**

| 项 目 | | 妊娠前期方配比（%） | 妊娠后期方配比（%） |
|---|---|---|---|
| 日粮组成 | 玉米秸秆 | 63 | 60 |
| | 玉 米 | 27 | 29 |
| | 棉 粕 | 3.37 | 3.79 |
| | 豆 粕 | 3.83 | 4.51 |
| | 磷酸氢钙 | 0.80 | 0.60 |
| | 食 盐 | 1.00 | 1.10 |
| | 预混料 | 1.00 | 1.00 |
| | 总 计 | 100 | 100 |
| 营养成分 | 消化能（兆焦/千克） | 9.73 | 9.46 |
| | 粗蛋白质（%） | 9.9 | 9.52 |
| | 钙（%） | 0.71 | 0.68 |
| | 磷（%） | 0.28 | 0.24 |
| | 中性洗涤纤维 | 44.55 | 47.04 |
| | 酸性洗涤纤维 | 29.58 | 23.68 |

注：每千克预混料中含：维生素 A 1 000 000 单位，维生素 D 350 000 单位，维生素 E 3 000 毫克（单位），铜 1 600 毫克，铁 3 000 毫克，锰 5 000 毫克，锌 10 000 毫克，碘 60 毫克，硒 60 毫克，钴 45 毫克。

表 7-82　新疆南疆绒山羊泌乳期补饲日粮配方（风干基础）

| 项目 | | 配方 1(%) | 配方 2(%) |
|---|---|---|---|
| 日粮组成 | 苜蓿干草 | 15 | 18 |
| | 玉米秸秆 | 55 | 48 |
| | 玉　米 | 22 | 25 |
| | 棉　粕 | 3.07 | 3.87 |
| | 豆　粕 | 3.26 | 3.42 |
| | 磷酸氢钙 | 0.35 | 0.5 |
| | 食　盐 | 0.22 | 0.21 |
| | 预混料 | 1.1 | 1 |
| | 总　计 | 100 | 100 |
| 营养成分 | 消化能(兆焦/千克) | 10.09 | 10.42 |
| | 粗蛋白质(%) | 9.04 | 9.69 |
| | 钙(%) | 0.93 | 0.97 |
| | 磷(%) | 0.21 | 0.24 |
| | 中性洗涤纤维 | 49.43 | 46.94 |
| | 酸性洗涤纤维 | 27.84 | 26.48 |

注：每千克预混料中含：维生素 A 1 000 000 单位，维生素 D 350 000 单位，维生素 E 3 000 毫克(单位)，铜 1 600 毫克，铁 3 000 毫克，锰 5 000 毫克，锌 10 000 毫克，碘 60 毫克，硒 60 毫克，钴 45 毫克。

表 7-83　新疆南疆绒山羊羔羊断奶期补饲日粮配方　（风干基础）

| 项　目 | | 配方(%) |
|---|---|---|
| 日粮组成 | 苜蓿干草 | 69 |
| | 玉　米 | 17.2 |
| | 麦　麸 | 91 |
| | 豆　粕 | 6.25 |
| | 磷酸氢钙 | 1.14 |
| | 食　盐 | 0.50 |
| | 预混料 | 1 |
| | 总　计 | 100 |
| 营养成分 | 消化能(兆焦/千克) | 8.45 |
| | 粗蛋白质(%) | 15.72 |
| | 钙(%) | 1.54 |
| | 磷(%) | 0.49 |
| | 硒(%) | 0.11 |

注：每千克预混料中含：维生素 A 1 000 000 单位，维生素 D 350 000 单位，维生素 E 3 000 毫克(单位)，铜 1 600 毫克，铁 3 000 毫克，锰 5 000 毫克，锌 10 000 毫克，碘 60 毫克，硒 60 毫克，钴 45 毫克。

表 7-84 新疆南疆绒山羊种公羊补饲日粮配方 （风干基础）

| 项 目 | | 非配种期配方(%) | 配种期配方(%) |
|---|---|---|---|
| 日粮组成 | 青干草 | 25 | 17 |
| | 玉 米 | 67 | 72 |
| | 胡萝卜 | — | 5 |
| | 豆 粕 | 6.45 | 4.28 |
| | 磷酸氢钙 | 0.35 | 0.5 |
| | 食 盐 | 0.2 | 0.22 |
| | 预混料 | 1.00 | 1.00 |
| | 总 计 | 100 | 100 |
| 营养成分 | 消化能(兆焦/千克) | 9.48 | 10.12 |
| | 粗蛋白质(%) | 10.5 | 12.3 |
| | 钙(%) | 0.94 | 1.05 |
| | 磷(%) | 0.31 | 0.33 |
| | 中性洗涤纤维 | 43.43 | 26.48 |
| | 酸性洗涤纤维 | 22.84 | 20.03 |

注：每千克预混料中含：维生素 A 1000000 单位，维生素 D 350000 单位，维生素 E 3000 毫克(单位)，铜 1600 毫克，铁 3000 毫克，锰 5000 毫克，锌 10000 毫克，碘 60 克，硒 60 毫克，钴 45 毫克。

**4. 西藏绒山羊典型日粮配方** 见表 7-85，表 7-86。

**表 7-85　西藏绒山羊成年羊混合精料配方**

| 序　号 | 项　目 | 用量(%) |
| --- | --- | --- |
| 1 | 玉　米 | 40 |
| 2 | 豆　粕 | 20 |
| 3 | 草　粉 | 14.6 |
| 4 | 骨　粉 | 5 |
| 5 | 磷酸氢钙 | 1.5 |
| 6 | 酵　母 | 5 |
| 7 | 复合多维 | 0.1 |
| 8 | 预混料 | 1 |
| 9 | 油　枯 | 5 |
| 10 | 麸　皮 | 6 |
| 11 | 石　粉 | 1 |
| 12 | 食　盐 | 0.8 |
| | 合　计 | 100 |

**表 7-86　西藏绒山羊母羊不同时期日粮要求**

| 名　称 | 妊娠前期 | 妊娠后期 | 分娩期 | 哺乳期 |
| --- | --- | --- | --- | --- |
| 混合精料(千克) | 0.3～0.5 | 0.5～0.7 | 0.5 | 0.5 |
| 优质干草和秸秆(千克) | 0.5～0.7 | 0.5～0.7 | 0.5～0.7 | 1.0～1.5 |
| 青贮饲料、胡萝卜各(千克) | 0.00 | 0.25 | 0.45 | 0.55 |
| 苜蓿干草(千克) | 0.00 | 0.00 | 0.25 | 0.25 |
| 钙(克) | 4～5 | 8～12 | 8～12 | 8～12 |

续表 7-86

| 名　称 | 妊娠前期 | 妊娠后期 | 分娩期 | 哺乳期 |
|---|---|---|---|---|
| 磷(克) | 2.3 | 0.5～0.7 | 0.5～0.7 | 0.5～0.7 |
| 维生素(克) | 0.15～0.25 | 0.15～0.25 | 0.15～0.25 | 0.15～0.25 |
| 微量元素(克) | 1.5～2.5 | 1.5～2.5 | 1.5～2.5 | 1.5～2.5 |
| 盐(克) | 0.6～1.0 | 0.6～1.0 | 0.6～1.0 | 0.6～1.0 |

**5. 陕北绒山羊典型日粮配方**　见表 7-87。

表 7-87　陕北绒山羊精饲料配方

| 项　目 | 原　料 | 妊娠前期 | 妊娠后期 | 泌乳前期 | 泌乳后期 | 育成羊 | 非配种期 | 配种期 |
|---|---|---|---|---|---|---|---|---|
| 饲料原料(%) | 玉　米 | 70 | 65 | 66 | 70 | 65 | 68 | 65 |
| | 豆　粕 | 10 | 15 | 15 | 10 | 12 | 10 | 15 |
| | 棉籽粕 | 6 | 6 | 7 | 8 | 6 | 6 | 5 |
| | 胡麻饼 | 0 | 0 | | | | | |
| | 葵花饼 | 0 | | | | 7 | 7 | 6 |
| | 麸　皮 | 10 | 10 | 8 | 8 | 6 | 5 | 5 |
| | 磷酸氢钙 | 2 | 2 | 2 | 2 | 2 | 2 | 2 |
| | 食　盐 | 2 | 2 | 2 | 2 | 2 | 2 | 2 |
| | 含硒微量元素 | | | | 按说明添加 | | | |
| | 复合多维 | | | | 按说明添加 | | | |
| | 合　计 | 100 | 100 | 100 | 100 | 100 | 100 | 100 |

续表 7-87

| 项 目 | 原 料 | 妊娠前期 | 妊娠后期 | 泌乳前期 | 泌乳后期 | 育成羊 | 非配种期 | 配种期 |
|---|---|---|---|---|---|---|---|---|
| 营养成分(%) | 干物质(%) | 89.33 | 89.44 | 89.47 | 89.40 | 89.71 | 89.67 | 89.69 |
| | 代谢能(兆焦/千克) | 11.74 | 11.76 | 11.82 | 11.78 | 11.41 | 11.44 | 11.54 |
| | 粗蛋白质(%) | 13.76 | 15.48 | 15.62 | 14.15 | 14.84 | 14.10 | 15.48 |
| | 钙(%) | 0.56 | 0.58 | 0.58 | 0.57 | 0.59 | 0.58 | 0.59 |
| | 磷(%) | 0.68 | 0.69 | 0.68 | 0.67 | 0.71 | 0.70 | 0.700 |

说明：

1. 陕北绒山羊仍以放牧为主,主要补饲的为精饲料。
2. 精饲料原料中蛋白质饲料因不同地区的原料来源和市场价格因素影响有区别,随时调整不同蛋白质饲料的使用比例。
3. 补饲量的多少以羊的膘情和生理、生产需要而定。

## (四)地毯毛羊典型日粮配方(放牧藏羊补饲精料配方)

放牧藏羊补饲精料配方见表 7-88 至表 7-92。

表 7-88　放牧藏羊羔羊补饲精料配方

| 原 料 | 配比(%) |
|---|---|
| 玉 米 | 40 |
| 麸 皮 | 35 |
| 菜 粕 | 10 |
| 豆 粕 | 12 |
| 食 盐 | 1 |
| 羔羊预混料 | 2 |
| 合 计 | 100 |

续表 7-88

| 原　料 | 配比(%) |
|---|---|
| 干物质(%) | 88.35 |
| 代谢能(兆焦/千克) | 10.73 |
| 粗蛋白质(%) | 15.97 |
| 钙(%) | 0.5744 |
| 磷(%) | 0.0748 |

* 复合预混料含维生素、微量元素和部分钙、磷。

表 7-89　放牧藏羊种公羊补饲精料配方

| 原　料 | 配比(%) |
|---|---|
| 玉　米 | 45 |
| 麸　皮 | 36.5 |
| 黄豆粕 | 15 |
| 食　盐 | 1 |
| 磷酸氢钙 | 1 |
| 石　粉 | 0.5 |
| 种公羊预混料 | 1 |
| 合　计 | 100 |
| 干物质(%) | 88.52 |
| 代谢能(兆焦/千克) | 10.82 |
| 粗蛋白质(%) | 14.7 |
| 钙(%) | 0.5 |
| 磷(%) | 0.69 |

* 复合预混料含维生素、微量元素和部分钙、磷。

表 7-90　妊娠期放牧藏羊母羊补饲精料配方

| 原　料 | 配比(%) |
| --- | --- |
| 玉　米 | 30 |
| 小　麦 | 28 |
| 麸　皮 | 30 |
| 菜　粕 | 8 |
| 食　盐 | 1 |
| 磷酸氢钙 | 1.5 |
| 碳酸钙 | 0.5 |
| 妊娠母羊预混料 | 1 |
| 合　计 | 100 |
| 干物质(%) | 88.44 |
| 代谢能(兆焦/千克) | 10.73 |
| 粗蛋白质(%) | 12.36 |
| 钙(%) | 0.64 |
| 磷(%) | 0.77 |

* 复合预混料含维生素、微量元素和部分钙、磷。

表 7-91　泌乳期放牧藏羊母羊补饲精料配方

| 原　料 | 配比(%) |
| --- | --- |
| 玉　米 | 36 |
| 小　麦 | 12 |
| 麸　皮 | 25 |
| 菜　粕 | 15 |

续表 7-91

| 原　料 | 配比(%) |
|---|---|
| 豌　豆 | 8 |
| 食　盐 | 1 |
| 磷酸氢钙 | 1.5 |
| 石　粉 | 0.5 |
| 哺乳母羊预混料 | 1 |
| 合　计 | 100 |
| 干物质(%) | 87.51 |
| 代谢能(兆焦/千克) | 10.70 |
| 粗蛋白质(%) | 16.2 |
| 钙(%) | 0.704 |
| 磷(%) | 0.79 |

*复合预混料含维生素、微量元素和部分钙、磷。

表 7-92　放牧藏羊育肥补饲精料配方

| 原　料 | 配比(%) |
|---|---|
| 玉　米 | 32 |
| 青　稞 | 34 |
| 菜　粕 | 17 |
| 豌　豆 | 12 |
| 食　盐 | 1 |
| 碳酸氢钙 | 0.5 |
| 磷酸氢钙 | 1 |

续表 7-92

| 原　料 | 配比(%) |
|---|---|
| 碳酸钙 | 0.5 |
| 羊育肥预混料 | 2 |
| 合　计 | 100 |
| 干物质(%) | 88.298 |
| 代谢能(兆焦/千克) | 10.90 |
| 粗蛋白质(%) | 15.19 |
| 钙(%) | 0.73 |
| 磷(%) | 0.66 |

* 复合预混料含维生素、微量元素和部分钙、磷。

(以上饲料配方由海北综合试验站和青海河湟青牧饲料科技开发有限公司联合提供)

# 第八章　疫病防控

## 第一节　总　论

羊的疾病多种多样，为有助于人们更好的认识、诊断和防治疾病，有必要对羊病进行分类。根据引起疾病的原因可将羊病分为传染病、寄生虫病和普通病三个大类。

### 一、传 染 病

传染病指由病原微生物（如细菌、病毒、支原体等）侵入羊体而引起的一类疫病，这是对畜牧业危害最严重的疾病，是制约养羊业发展最重要的因素，烈性传染病的发生常可导致羊只的大批死亡，并引起严重的畜产品卫生问题，某些人兽共患传染病还能给人类健康带来严重威胁。按引起疾病的病原微生物的种类又可以分为：病毒性传染病，如口蹄疫、羊传染性脓疱病、羊痘、羊狂犬病、蓝舌病等；细菌性传染病，如羊炭疽、破伤风、羊布鲁氏菌病、羊副结核病、羔羊大肠杆菌病、坏死杆菌病、羊快疫、羊肠毒血症、羊猝殂、羊黑疫等；支原体病，如羊传染性胸膜肺炎；衣原体病，如羊衣原体病；螺旋体病，如羊钩端螺旋体病；立克次氏体病，如羊附红细胞体病。

### 二、寄生虫病

是指原虫、蠕虫、节肢动物通过不同的途径感染或侵袭羊体，并在羊体内或体表暂时性地或永久地寄生，对羊的健康、生长发育及生产性能造成损害，甚至导致大批死亡的一类疾病。按引起寄生虫病的病原种类又可分为：吸虫病，如肝片吸虫病、血吸虫病等；绦虫病，如莫尼次绦虫病、棘球蚴病、脑多头蚴病等；线虫病，如捻转血矛线虫病、肺线虫病、旋毛虫病等；外寄生虫病，如蜱病、螨病及羊鼻蝇蛆病等；原虫病，如巴贝斯虫病、泰勒虫病、弓形虫病、球虫病等。

寄生虫侵入羊体后，大多要经过一个时间长短不一的移行过程，最终到达特定的寄生部位进行发育，其对羊的危害贯穿于移行和寄生的全过程，主要表现为：①在移行过程中引起宿主组织或器官的机械性损伤，如羊的网尾线虫在支气管或肺部移行，可引起肺炎；羊疥螨寄生于羊的表皮层，并掘凿隧道进行发育和繁殖，使皮肤发红增厚，继而出现丘疹、水疱，以后形成痂皮，剧痒无比，由于羊只不能正常休息、采食，常导致衰竭死亡。②掠夺营养，吞噬或破坏组织细胞，引起宿主营养不良、消瘦、贫血、黄疸、水肿和发育受阻，如羊消化道线虫病和羊绦虫等。③分泌、释放一些有害代谢产物或毒素，引起羊发热或中毒，如棘球蚴破裂，囊液进入血液循环后引起羊只严重的过敏症状，严重时休克死亡。④通过诱导机体强烈的免疫反应而引起寄生组织或器官的严重病理损伤，如聚集于肝脏的血吸虫虫卵可诱发宿主的免疫细胞浸润，继而形成肉芽肿、肝硬化、腹水等病变。⑤压迫或阻塞宿主器官组织，如感染脑包虫的羊后期由于蚴体增大，压迫脑髓，会引起宿主脑贫血、萎缩、半身不遂、视神经营养不良、运动功能受损等症状。

## 三、普通病

是指由非生物性致病因素引起的一类疾病，包括除传染病和寄生虫病以外的所有疾病，习惯上又可分为：①内科病。主要包括：消化系统疾病，如食管阻塞、前胃弛缓、瘤胃积食、瘤胃臌气、创伤性网胃及心包炎等；呼吸系统疾病，如肺炎、感冒等；营养代谢性疾病，如酮病、羔羊白肌病、佝偻病、绵羊食毛症等。②外科病。如腐蹄病、腰扭伤、骨折等。③产科病。如流产、难产、胎衣不下、子宫内膜炎、乳房炎等。④中毒病。如亚硝酸盐中毒、氢氰酸中毒、尿素中毒、各种农药中毒等。

将羊病按疾病的性质进行分类，有助于人们对导致疾病的原因进行分析，从而有针对性地制定有效的预防和治疗措施。

在羊的饲养过程中，有许多因素可以直接导致或诱发羊发生疾病，但归纳起来不外乎两大类：一是外部因素，二是内部因素。

### (一)外部因素

是指羊生存环境中的各种致病因素，主要包括物理性致病因素、化学性致病因素、机械性致病因素、营养性因素以及生物源性致病因素。

**1. 物理性致病因素**　主要是指环境气候变化，包括气温、风力、降雨、日照、气压等因素，也包括由于人类活动所造成的周围环境的改变，如噪声、光照、放射线等。这些因素改变达到一定强度或长时间作用，均可导致羊发生疾病。例如，气温过高，日照过强，可导致羊发生中暑；气温过低，风力过大，易诱发羊只发生感冒；降雨量过多，圈舍过于潮湿时，易导致腐蹄病的发生。

**2. 化学性致病因素**　主要有两类：一是指作为消毒剂使用的强酸、强碱等化学物质，接触动物后易导致烧伤。二是指重金属盐类、添加剂、农药等化学毒物或富含有毒成分的饲草、饲料等，动物误食或过量食入后常可引起中毒。例如，当羊过量采食富含氰苷配糖体的高粱苗、玉米苗、胡麻苗等时，常可导致氢氰酸中毒；当羊接触、吸入和误食了某种农药时，常会发生农药中毒；尿素常作为羊的蛋白质添加剂使用，当饲喂过量或使用方法不当时，常会引起尿素中毒。

**3. 机械性致病因素** 主要指由于打击、重压、刺、钩、砍、咬等机械外力而导致羊组织或器官损伤。例如，放牧者用棍棒驱赶动物时若用力过猛，可使羊腰部或腿部损伤；如果饲草饲料内掺杂有某些锐利的铁器，导致创伤性网胃及心包炎；动物舍若因大风、暴雨或地震等自然灾害倒塌，动物被砸出现骨折或死亡。

**4. 营养性因素** 羊每天需消耗一定量的碳水化合物、蛋白质、脂肪、水、矿物质、维生素等，若饲料中某种营养成分缺乏或不平衡（某种营养成分不足或过剩），常会引起羊发生相应的疾病。例如，在缺硒地区，若不能在饲料中获得补充，则会发生以骨骼肌、心肌发生变性为主要特征的白肌病，尤其多发生于羔羊；若在羔羊饲料中长期缺乏维生素 D 且日光照射不足或母乳和饲料中钙、磷缺乏或比例不当，常可导致佝偻病；若母羊产羔期过肥，且饲料内含脂肪和蛋白质过多，而富含碳水化合物的饲料和粗纤维饲料不足，机体过度动员体内储存的脂肪，加速体内酮体的合成，常会发生酮病。

**5. 生物性致病因素** 是指存在于周围环境中的致病性微生物和寄生虫，主要包括：病毒、细菌、真菌、支原体、衣原体、螺旋体、立克次氏体、寄生虫等，它们的感染或寄生可引起羊的传染病或寄生虫病，这是对养羊业危害最严重的一类疾病。

### （二）内部因素

是指动物机体自身的素质。羊的品种、年龄、性别、营养状况及免疫状况不同，对外部各种致病因素的敏感性也各不相同。

**1. 品种差异** 羊的品种不同，对同种致病因素的反应也常不相同。通常绵羊比山羊敏感，引进的纯种羊比本地的土种羊敏感。例如，绵羊比山羊更易患巴氏杆菌病和羊快疫；自山东引入甘肃的小尾寒羊比甘肃本地的土种羊更易患巴贝斯虫病和泰勒虫病。

**2. 年龄差异**　羊的年龄不同，对各种致病因素的反应也各不相同。例如，幼龄羊生长发育较快，对各种营养成分的缺乏较敏感，易患白肌病或佝偻病等营养性疾病；成年羊体格健壮，食欲旺盛，采食量较大，当发生中毒时常常表现出较严重的症状；老龄羊抵抗力降低，当天气骤然发生变化时，常常首先患上感冒、中暑等疾病；羔羊比成年和老龄羊对羊泰勒虫病更敏感，具有更高的发病率和病死率。

**3. 性别差异**　羊的性别不同对某些疾病(尤其是生殖系统疾病)的敏感性也不同。例如，母羊比公羊对布鲁氏菌病和弓形虫病的敏感性高；产科疾病主要发生于母羊。

**4. 营养状况差异**　营养状况好的羊比营养不良的羊对各种致病因素的抵抗力较强。例如，当天气发生剧烈变化时，发病的常常是那些较瘦弱的羊只。

**5. 免疫状况**　严格按免疫程序给羊注射疫苗，可使动物机体产生针对相应病原的免疫力，可有效地预防该种传染病的发生。

总之，羊病的发生，往往不是单一原因引起的，而是多种外部因素或外部因素与内部因素共同作用的结果。

羊病的种类不同，预防过程中的侧重点也不同。羊传染病的防控必须坚持“预防为主，养防结合，检免结合，防重于治”的方针，采取加强饲养管理、搞好环境卫生、开展防疫检疫、定期消毒和驱虫、预防中毒等综合措施，具体可分为预防、控制和扑灭措施。预防措施是平时经常进行的，以预防动物传染病的发生为目的；控制、扑灭动物传染病的措施是以控制、扑灭已经发生的传染病为目的；普通病的预防重点在于加强饲养管理、搞好环境卫生、避免接触毒物等致病因素；在人们防治疫病的实践中，往往忽视了寄生虫病，生产实践表明，搞好寄生虫病的防治工作，是科研育种和生产能够顺利进行的重要保证。寄生虫病的预防则主要靠程序化驱虫和药物预防。

## 第二节 绒毛用羊疾病的综合防治

### 一、一般性防治措施

羊病的防治必须坚持“预防为主”的方针，认真贯彻《中华人民共和国动物防疫法》的有关规定，采取加强饲养管理、搞好环境卫生、开展防疫检疫、定期消毒和驱虫、预防中毒等综合预防措施，将饲养管理工作和防疫工作紧密结合起来，以达到预防疾病的目的。羊病的种类不同，预防过程中的侧重点也不同。例如，普通病的预防重点在于加强饲养管理、搞好环境卫生、避免接触利器和毒物等致病因素等；传染病的预防则主要针对传染病流行过程的 3 个基本环节，即传染源、传播途径和易感动物，采取疫情报告和诊断、检疫、隔离和封锁、消毒、免疫接种和药物预防等措施；寄生虫病预防原则的制订则主要建立在寄生虫的生物学研究基础上，如血吸虫和梨形虫病的预防以消灭中间宿主和传播媒介为主，消化道蠕虫的防治则主要靠成虫成熟前驱虫，螨和蜱则主要以定期进行药浴为主。但不同种类羊病的预防又是密不可分的，如由于环境恶劣，可使羊患上感冒，抵抗力降低，而继发巴氏杆菌病、支原体性肺炎等传染病。因而，羊病的预防必须采取“养、防、检、治”四个基本环节的综合性措施。

### 二、传染病的综合防治措施

羊群发生传染病时，应立即采取一系列紧急措施，就地扑灭，以防止疫情扩大。兽医人员要立即向上级部门报告疫情；同时要立即将病羊和健康羊隔离，不让它们有任何接触，以防健康羊受到传染；对于发病前与病羊有过接触的羊（虽然在外表上看不出有病，但有被传染的嫌疑，一般叫做“可疑感染羊”），不能再同其他健康羊在一起饲养，必须单独圈养，经过20天以上的观察不发病，才能与健康羊合群；对于出现病状的羊，则按病羊处理。对已隔离的病羊，要及时进行药物治疗；隔离场所禁止人、畜出入和接近，工作人员出入应遵守消毒制度；隔离区内的用具、饲料及粪便等，未经彻底消毒不得运出；没有治疗价值的病羊，由兽医根据国家规定进行严格处理；病羊尸体要焚烧或深埋，不得随意抛弃。对健康羊和可疑感染羊，要进行疫苗紧急接种或用药物进行预防性治疗。发生口蹄疫、羊痘等急性烈性传染病时，应立即报告有关部门，划定疫区，采取严格的隔离封锁措施，并组织力量尽快扑灭。

## 三、寄生虫病的综合防治措施

羊的大多数蠕虫病属消耗性疾病，多呈慢性经过，但也有急性暴发的情况发生，如羊的肝片吸虫病。若根据各种诊断方法已确定发病原因属于寄生吸虫、绦虫、线虫，则应根据所确诊的寄生虫的种类及其生物学特性针对传播环节进行处理，选用特效药或广谱驱虫药对病羊进行治疗。如发生血吸虫病后，应采用各种有效措施对羊群常去的水塘或放牧的沼泽地带进行灭螺处理，并用特效药吡喹酮对病羊及同群羊进行治疗；如羊群发生绦虫病时，除应立即用吡喹酮、丙硫苯咪唑等特效药对羊群进行驱虫治疗外，还应尽量避免在清晨、傍晚和雨天放牧，减少羊吞吃地螨的机会，并通过有计划地轮流放牧，改善地理条件，以减少地螨数量；当发生线虫病（如捻转血矛线虫、食道口线虫、网尾线虫等）时，应立即用左旋咪唑、丙硫苯咪唑、伊维菌素等广谱驱虫药进行驱虫治疗，一般应进行2次驱虫处理，驱虫间隔时间根据本地寄生虫优势种的生物学特性确定，同时注意羊圈及活动场地卫生状况的改善。

羊的原虫病,特别是血液原虫病大多呈地方流行性,病程一般为急性经过,发病时可选用特效药进行治疗,如贝尼尔、咪唑苯脲、磷酸伯氨喹、黄色素、青蒿素等,同时应通过药浴或喷雾法进行灭蜱工作。

羊的外寄生虫病主要为螨病、蜱及鼻蝇蛆病。当羊体出现螨病时,首先应将病羊与健康羊隔离,通过在饲料内添加杀螨药物,或皮下注射伊维菌素类药物的方法对其实施治疗;当发现羊患鼻蝇蛆病时,应给病羊注射或口服特效杀虫剂(如伊维菌素或氯氰碘柳胺),或用1%敌百虫溶液滴鼻,或用敌敌畏乳剂(每立方米用1毫升)熏蒸等方法进行治疗;当在羊的体表发现蜱时,应选用高效低毒杀虫剂,如溴氰菊酯(敌杀死)或楝素等,进行药浴或喷雾处理。

### 四、普通病的综合防治措施

对普通病,各地要根据当地的实际情况和羊品种的不同,进行治疗。我们不但要加强平时的饲养管理,还要坚持早发现、早治疗、早痊愈的原则,最大限度地降低发病率和死亡率,提高经济效益。

## 第三节 常见病的防治

### 一、传染病及其防治措施

#### (一)口蹄疫

**1. 症状** 潜伏期1周左右,病羊体温升高到40℃～41℃,食欲减退,流涎,1～2天后在唇内、齿龈、舌面等部位出现蚕豆或核桃大小的水疱。绵羊仅在蹄部出现豆粒大小的水疱,需仔细检查才能发现;山羊在蹄部则较少见到水疱,主要出现于口腔黏膜,水疱皮薄,且很快破裂。由于头部被毛耸立,外观似头部变大,有人称之为“大头病”。如无继发感染,成年动物会在 4 周之内康复,病死率在 5%以下。幼畜病死率较高,有时可达 70%以上,主要引起心肌损伤而猝死。

**2. 治疗方法** 本病一般不允许治疗,应就地扑杀,进行无害化处理。羊被感染后,一般经 10～14 天即可痊愈。必要时在严格隔离下进行对症治疗,可缩短病程。具体可做以下处理:①加强护理和饲养管理。②口腔可用清水、食醋或 0.1%高锰酸钾溶液冲洗,糜烂面上可涂以 1%～2%明矾、碘甘油(碘 7 克,碘化钾 5 克,酒精 100 毫升,溶解后加入甘油 100 毫升)或冰硼散(冰片 15 克,硼砂 15 克,芒硝 18 克,研成细末)。③蹄部可用 3%克辽林或来苏儿溶液洗涤,擦干后涂松馏油或鱼石脂软膏或氧化锌鱼肝油软膏,再用绷带包扎,也可将煅石膏与锅底灰各半,研成粉末,加少量食盐粉涂在蹄部的患处。④乳房可用肥皂水或 2%～3%硼酸水清洗,然后涂以青霉素软膏或其他刺激性小的防腐软膏。此外,也可用一些中药治疗。

**3. 预防措施**

①一旦发生口蹄疫,应及时上报疫情,划定疫点、疫区和受威胁区,实施隔离和封锁措施,严格执行扑灭措施。

②应严格执行检疫、消毒等预防措施,严禁从有口蹄疫国家或地区购进动物、动物产品、饲料、生物制品等。被污染的环境应严格、彻底的消毒。

③对疫区和受威胁区未发病动物进行紧急免疫接种;口蹄疫流行区应坚持免疫接种,一般应用与当地流行毒株同型的病毒灭活疫苗进行免疫接种。

## (二)蓝舌病

**1. 症状** 潜伏期3～9天。病初羊体温达40.5℃～42℃,呈稽留热型,一般持续2～3天。病羊双唇水肿及充血,出现流涎和流鼻液等现象。口腔充血,后呈青紫色或蓝紫色。很快口腔黏膜发生溃疡和坏死,鼻腔有脓性分泌物,干后呈痂,引起呼吸困难。舌头充血、点状出血、肿大,严重的病例舌头发绀,表现出蓝舌病的特征症状。口鼻和口腔病变一般在5～7天愈合。蹄部病变一般出现在体温消退期,但偶尔也见于体温高峰期,病羊蹄冠和蹄叶发生炎症,疼痛,出现跛行,甚至有些动物蹄壳脱落。有时腹泻带血,妊娠羊流产。被毛易折断和脱落。皮肤上有针尖大小出血点或出血斑。病程6～14天,然后开始自愈。病死的多由于并发肺炎和胃肠炎所致。羊的病死率与许多因素有关,一般为2%～30%,如果感染发生在阴冷、湿润的深秋季节,死亡率要高很多。临床剖检病理变化表现为嘴唇、鼻及皮肤充血,全身皮肤呈弥散性发红,角基部和蹄冠周围有红圈。口腔黏膜脱落。脾脏肿大。肾充血和水肿,皮质部可见界限清楚的淤血斑。鼻液稀薄,并有水样或黏液性出血。肺脏有局部水肿。心包积水,左心室与肺动脉基部常有明显的心内膜出血。

**2. 治疗方法** 目前尚无特效治疗药物,一般采用对症治疗,方法参考口蹄疫。

**3. 预防措施**

①为防止本病传入,进口动物应选择在虫媒不活动的季节,若检出阳性动物,全群动物均应扑杀、销毁或退回处理。

②在疫区,应采取各种方法捕杀昆虫,减少蚊、蠓等传媒的数量。

③在疫区和受威胁区注射疫苗,是预防该病的有效方法。

④因羊蓝舌病属于一类传染病,危害严重,故一经发现疫情应

立即上报有关部门，并立即组织力量采取有关措施尽快扑灭疫情。

### （三）羊链球菌病

**1. 症状**　人工感染的潜伏期为 3～10 天。病程短，一般 2～4 天，最急性者 24 小时内死亡，症状不易发现。病羊体温升至 41℃，呼吸困难，精神不振，反刍停止，口流涎水，鼻孔流浆性、脓性分泌物，结膜充血，常见流出脓性分泌物，粪便松软，带有黏液或血液。有时可见眼睑、嘴唇、面颊及乳房部位肿胀，咽喉部及下颌淋巴结肿大。妊娠羊外阴红肿，可发生流产。病死前常有磨牙、呻吟及抽搐现象。个别的羊有神经症状。急性者多数由于窒息而死亡。

**2. 治疗方法**　患病早期应用青霉素等药物进行治疗，剂量为每次 80 万～160 万单位，每天肌内注射 2 次，连用 2～3 天；也可用羊链球菌免疫血清进行治疗。

**3. 预防措施**

①加强饲养管理，抓膘、保膘，做好防寒保暖工作。

②每年秋季用羊链球菌氢氧化铝甲醛苗进行预防接种，羊无论大小一律皮下注射 3 毫升，3 月龄以下羔羊，3 周后重复接种 1 次。接种后 14～21 天产生免疫力，免疫期可维持 6 个月以上。

③发病后，对病羊和可疑羊要分别隔离治疗，场地、器具等用 10%石灰乳或 3%来苏儿严格消毒，羊粪及污物等堆积发酵，肉尸应焚烧或切成小块煮沸 1.5 小时。

### （四）羊传染性脓疱病

**1. 症状**　潜伏期为 4～7 日，人工感染为 2～3 天。羔羊病变常发于口角、唇部、鼻的附近、面部和口腔黏膜形成损害，成年羊的病变部多见于上唇、颊部、蹄冠部和趾间隙以及乳房部的皮肤。口腔内一般不出现病变。病轻的羊只在嘴唇及其周围散在地发生红疹，渐变为脓疱融合破裂，变为黑褐色疣状痂皮，痂皮逐渐干裂，撕脱后表面出血。病较重的羊，在唇、颊、舌、齿龈、软腭及硬腭上产生被红晕包围的水疱，水疱迅速变成脓疱，脓疱破裂形成烂斑。口中流出发臭的浑浊唾液。哺乳病羔的母羊常见在初期为米粒大至豌豆大的红斑和水疱，以后变成脓疱并结痂。痂多为淡黄色，较薄，易剥脱。公羊包皮和阴茎肿胀，出现脓疱和溃疡。严重病例，特别是有继发感染和病羊体质衰竭时，在肺脏、肝脏等器官上，可能有类似坏死杆菌感染所引起的病变。有的病羊蹄部患病（几乎只发生在绵羊），在蹄叉、蹄冠、系部发生脓疱及溃疡。单纯感染本病时，体温无明显升高。如继发败血病则死亡率较高。

**2. 治疗方法**

①对病羊应给予柔软易消化的饲料，加喂适量食盐以减少啃土、啃墙。保证其能随时喝到清洁饮水，用 0.2%～0.3%高锰酸钾冲洗创面或用浸有 5%硫酸铜溶液的棉球擦掉溃疡面上的污物，再涂以 2%龙胆紫或碘甘油（5%碘酊加入等量的甘油）或土霉素软膏，每日 1～2 次。

②蹄部病患可将蹄部置于 5%甲醛溶液中浸泡 1～2 分钟，连泡 3 次。也可再用 3%龙胆紫溶液、1%苦味酸液或土霉素软膏涂拭患部。

**3. 预防措施**

①保持环境清洁，清除饲料或垫草中的芒刺和异物，防止皮肤黏膜受损。

②对新引进的羊只做好检疫，同时应隔离观察，并对其蹄部、体表进行消毒处理。

③发现病羊及时隔离治疗。被污染的饲草应烧毁。圈舍、用具可用 2%氢氧化钠或 10%石灰乳或 20%热草木灰水消毒。

### （五）绵羊痘

**1. 症状** 典型病例病初精神沉郁，食欲不振，体温升高到

41℃～42℃，脉搏和呼吸加快，结膜潮红，有浆液、黏液或脓性分泌物从鼻孔中流出。经1～4天后在全身的皮肤无毛和少毛部位（如唇、鼻、颊部、眼周围、四肢和尾的内面、乳房、阴唇、阴囊及包皮等）相继出现红斑、丘疹（结节呈白色或淡红色）、水疱（中央凹陷呈脐状）、脓疱、结痂。结痂脱落后遗留一红色或白色瘢痕，后痊愈。非典型病例不呈现上述典型经过，常发展到丘疹期而终止，呈现良性经过，即所谓的"顿挫型"。有的病例发生继发感染，痘疱化脓，坏疽、恶臭，并形成较深的溃疡，常为恶性经过，病死率可达20%～50%。剖检可见前胃黏膜的大小不等的圆形或半球形坚实结节，有的融合在一起形成糜烂或溃疡。咽和支气管黏膜也常出现痘疹，肺部有干酪样结节和卡他性炎症变化。

**2. 治疗方法**　对发病的羊只，皮肤上的痘疹可用碘甘油、碘酊或龙胆紫药水处理。黏膜上的痘疹可使用0.1%高锰酸钾、龙胆紫药水或碘甘油处理。发生继发感染时，可注射青霉素或磺胺类等消炎药。有条件的可用免疫血清治疗，每只羊皮下注射10～20毫升，必要时可重复注射1次。

**3. 预防措施**

①平时加强饲养管理，对羊痘常发区或受威胁区的羊只每年定期用羊痘疫苗免疫接种是主要的预防措施。不从疫区引进羊只也是预防该病的一种方法。发现疫情要及时封锁、隔离消毒。

②被污染的环境、用具等，应用2%烧碱液、2%甲醛、30%草木灰水或10%～20%石灰乳进行彻底消毒。待最后1只病羊痊愈后2个月，方可解除封锁。

### （六）传染性角膜结膜炎

**1. 症状**　初期患眼羞明流泪，眼睑肿胀，疼痛，结膜瞬膜红肿，或在角膜上发生白色或灰白色小点。严重者角膜增厚，并发生溃疡，形成角膜瘢痕及角膜翳。

**2. 治疗方法**

①用青霉素液(5 000 单位/毫升)洗眼,每天 2 次。

②用普鲁卡因青霉素在太阳穴注射,效果甚佳。

**3. 防治措施** 加强羊舍通风,保持羊舍干燥,防止饲养密度过高,保证羊只饮水充足。

### (七)口 疮

**1. 症状** 主要发生于两侧口角部、上下唇的内外面、齿龈、舌尖表面及硬腭等处,少数见于鼻孔及眼部。病初口角或上下唇的内外侧充血,出现散在的红疹。以后红疹数目逐渐增加,患部肿大,并形成脓疱。经 2~4 天,红疹全部变为脓疱。脓疱迅速破裂,形成无皮的溃疡,以后形成一层灰褐色痂块。痂块逐渐增大,结成黑色赘疣状的痂块,摸起来极为坚硬。如剥除痂块,疮面凹凸不平,容易出血。延及舌面、齿龈及硬腭的病变,常常烂成一片,但不经过结痂过程。

**2. 治疗方法** 去掉痂块,用 0.1%高锰酸钾溶液清洗并涂以 2%碘甘油,10~15 天即可痊愈。

**3. 防制措施** 定期注射口疮疫苗,注射山羊痘疫苗也有一定的预防作用;平时做好羊舍、饲槽、水槽、饮水的定期消毒工作,对本病有较好的预防效果;当羊群中有发病个体时,首先要将发病个体隔离,然后对未发病个体进行口腔或患部周围用 0.1%高锰酸钾溶液或紫药水进行清洗,可有效防止本病蔓延。

### (八)布鲁氏菌病

**1. 症状** 潜伏期长短不一,短者 2 周,长者可达半年。多数为隐性感染,症状不明显。部分病羊呈现关节炎、滑囊炎及腱鞘炎,偶尔见多数关节肿胀疼痛,呈现跛行,严重者可导致关节硬化和骨关节变形。母羊流产是本病主要症状,流产可发生在妊娠的任何时期，妊娠后期多见。流产胎儿多为死胎或弱胎(往往出生后1～2天死亡)，多数母羊流产后伴发胎衣不下或子宫内膜炎，从阴道流出红褐色污秽不洁带臭味的分泌物。公羊除关节受害外，往往还伴有生殖器官侵害，以至于不能配种。

**2. 治疗方法** 本病为人兽共患传染病，发现阳性个体应进行扑杀，禁止治疗。

**3. 防治措施** 本病可用平板凝集反应和试管凝集反应对羊群进行检疫，发现阳性和可疑反应者应及时隔离、淘汰，严禁与健康羊接触。对被污染的用具和场地可使用5%克辽林、10%～20%石灰乳、2%氢氧化钠溶液或含有2%～2.5%有效氯的漂白粉混悬液等进行消毒。流产胎儿、胎衣、羊水和产道分泌物必须深埋。凝集反应阴性羊，可用布鲁氏菌猪型2号苗、布鲁氏菌羊型5号弱毒冻干苗或布鲁氏菌无凝集原(M-Ⅲ)菌苗进行免疫接种。

### (九)传染性胸膜肺炎

**1. 症状** 以咳嗽，胸肺粘连等为特征的传染病。潜伏期18～26天，病初体温升高到41℃～42℃，发热呈稽留型或间歇型。有肺炎症状，压迫病羊肋间隙时，感觉痛苦。病的末期，常发展为胃肠炎，伴有带血的急性腹泻，饮欲增加。妊娠母羊常发生流产。

**2. 治疗方法** 使用环丙沙星类药物静脉或肌内注射对本病有较好的疗效，用量参照药品说明书。

**3. 防制措施** 每年秋季注射1次胸膜肺炎疫苗；杜绝羊只、人员串动；圈舍定期消毒。未发病羊只可群体注射环丙沙星类药数次，可在一定时期内预防本病的发生。

### (十)羊肠毒血症

**1. 症状** 最急性的经常遇到，病羊很快死亡。个别情况下，呈现疝痛症状，步态不稳，呼吸困难，有时磨牙、流涎，短时间内倒地死亡。急性的表现为，病羊食欲消失，下痢，粪便恶臭，带有血液及黏液，意识不清，常呈昏迷状态，经过1～3天死亡。有的可能延长，其表现特点有时兴奋，有时沉郁，黏膜有黄疸或贫血，这种情况，虽然可能痊愈，但大多数失去经济利用价值。

**2. 治疗方法** 对慢性个体可用环丙沙星类药进行肌内或静脉注射，如腹泻，应及时补液，对潜在发病群体，可以饮0.05%高锰酸钾水溶液进行防治，连饮2～3天，时间不可过长。

**3. 预防措施** 在预防措施中，主要应考虑到促进肠蠕动增强的问题，应保证运动，不要喂营养浓度过大的饲料，并有计划地更换牧场。常发地区用羊四联苗(羊快疫、羊猝殂、羊肠毒血症、羔羊痢疾)进行预防接种，每年接种2次。在饲料中加入金霉素(22毫克/千克体重)，可预防肠毒血症。当羊群中出现该病时，应立即改变饲养方法，加强肠道蠕动，增喂粗料，减少或停喂精料，并加强运动。该病由于病程短，药物治疗通常无效。对于病程较慢的病例，可用抗生素或磺胺类药物结合强心、镇静对症治疗。

## 二、寄生虫病及其防治措施

分别阐述羊肝片吸虫病、羊双腔吸虫病、羊胰阔盘吸虫病、羊前后盘吸虫病等各种羊寄生虫病的症状、治疗方法及预防措施。若同种病不同类型羊(细毛羊、绒山羊、裘皮羊)的症状、治疗方法、预防措施不同，应阐述不同类型羊的典型症状，以及在治疗方法、预防措施上的不同之处。具体要求如下。

### (一)羊肝片吸虫病

**1. 症状** 病羊的临床表现因感染强度(一般有50条虫体寄生时便会出现明显症状)和羊的抵抗力、年龄、饲养条件不同而各异，幼龄羊轻度感染即表现症状。本病分为急性型和慢性型。

急性期：多见于夏末和秋季，多发生于绵羊，病羊食欲大减或废绝、体温升高、精神沉郁、衰弱、离群落后，叩诊肝区半浊音界限扩大、压痛明显、贫血、可视黏膜苍白，偶尔有腹泻，严重者于数日内死亡。

慢性期：最为常见，可发生于一年的任何季节。病羊主要表现消瘦、贫血、黏膜苍白、食欲不振、异嗜，被毛粗乱无光泽，眼睑、颌下、胸前及腹下出现水肿，便秘与腹泻交替发生。妊娠母羊可能产生非常弱的羔羊，甚至产生死胎。如不采取治疗措施，可能卧地不起，最后因极度衰竭而死亡。

**2. 治疗方法**

①三氯苯唑(肝蛭净)，以 6～12 毫克/千克体重经口投服，对片形吸虫的成虫和童虫均有高效驱杀作用。

②硝碘酚腈，以 30 毫克/千克体重经口投服或以同等剂量皮下注射，对片形吸虫的成虫和童虫均有 99%左右的驱杀效果。

③丙硫苯咪唑，以 5～7 毫克/千克体重经口投服，对片形吸虫有较高的驱杀作用。

**3. 预防措施** 为了消灭肝片吸虫病，必须贯彻预防为主的方针，要动员广大饲养员和放牧人员，采取下列综合性措施：

①预防性地定期驱虫，北方每年春、秋 2 次进行驱虫，南方每年可进行 3 次驱虫。驱虫后的羊粪应用堆积发酵法杀死病原。

②采取措施消灭中间宿主椎实螺，兴修水利，改造低洼地，大量养殖水禽，用以消灭螺类；也可采用化学灭螺法。

③采取有效措施防止羊感染囊尾蚴，不要在低洼、潮湿、多囊蚴的地方放牧；有条件的地方，应实行划地轮牧。

### (二)羊双腔吸虫病

**1. 症状** 病羊的症状可因感染强度不同而有所差异。轻度感染的病羊常不显临床症状。严重感染的病羊表现精神沉郁，食欲不振，黏膜苍白黄染，颌下水肿，腹胀，腹泻，行动迟缓，渐进性消瘦，终因极度衰竭而死亡。有些病羊常继发肝源性感光过敏症，其表现多在阳光明媚的上午(10～11 时)放牧时，羊耳和头面部突然发生急性肿胀(水肿)，影响采食、视物，全身症状恶化，常可引起死亡；不死者肿胀很难消退，往往形成大面积破溃、渗出、结痂或继发炎症等。

**2. 治疗方法** ①海涛林按每千克体重 40～50 毫克，配成 2% 悬浮液经口灌服。②丙硫咪唑按每千克体重 30～40 毫克口服。③六氯对二甲苯(血防 846)按每千克体重 200～300 毫克口服。④噻苯达唑按每千克体重 150～200 毫克口服。⑤吡喹酮按每千克体重 65～80 毫克口服。

**3. 预防措施** 定期驱虫，加强饲养管理，对粪便堆积发酵处理，以杀灭虫卵。

### (三)羊胰阔盘吸虫病

**1. 症状** 阔盘吸虫成虫寄生在终末宿主的胰管中，由于机械性刺激、堵塞、代谢产物的作用以及营养的夺取等，引起胰脏的病理变化及功能障碍。胰管高度扩张，管上皮细胞增生，管壁增厚，管腔缩小，黏膜不平呈小结节状，也有出血，溃疡，炎性细胞浸润，黏膜上皮被破坏，发生渐进性坏死变化。整个胰脏结缔组织增生，呈慢性增生性胰腺炎，从而使胰腺小叶及胰岛的结构变化，胰液和胰岛素的生成、分泌发生改变，功能紊乱。病羊出现营养不良、消瘦、贫血、水肿、腹泻、生长发育受阻，严重的造成死亡。

**2. 治疗方法**

①吡喹酮，每千克体重 50 毫克，混水灌服，效果甚好。②六氯对二甲苯，每千克体重 400～600 毫克，间隔 2 天，连服 3 次。

**3. 预防措施** 主要加强病羊粪便管理，生物热发酵，消灭中间宿主——蜗牛，改善饲养管理以及有计划地轮牧，以增强山羊健康及避免感染。

### (四)羊前后盘吸虫病

**1. 症状** 在童虫大量入侵十二指肠期间,病羊精神沉郁,厌食,消瘦,数天后发生顽固性腹泻,粪便呈粥状或水样,恶臭,混有血液。以致病羊急剧消瘦,高度贫血,黏膜苍白,血液稀薄,红细胞在 $3\times10^{12}$ 个/升左右,血红蛋白含量降到 40%以下。白细胞总数稍增高,出现核左移现象。体温一般正常。病至后期,精神委靡,极度虚弱,眼睑、颌下、胸腹下部水肿,最后常因恶病质而死亡。成虫引起的症状也是消瘦、贫血、腹泻和水肿,但经过缓慢。

**2. 治疗方法** 治疗可用硫双二氯酚或六氯乙烷。

**3. 预防措施** 预防可参考片形吸虫病。

### (五)疥 癣

**1. 症状** 本病发生于毛短处,如唇、口角、鼻孔周围、眼睛周围和四肢等部位。因虫体的挖凿使羊发生强烈的痒感。病部皮屑多,肿胀或有水疱,水疱破溃后结成干灰色痊痂,皮肤变厚、脱毛,干如皮革,内有虫体。根据症状在患部检查有无虫体进行确诊。

**2. 治疗和防治** 预防和治疗都可用除癞灵(复方阿维菌素粉)或溴氰菊酯等药浴,也可用伊维菌素皮下注射。

### (六)绦 虫 病

**1. 症状** 一般轻微感染的羊不表现症状,尤其是成年羊。但 1.5～8 个月的羔羊,在严重感染后则表现食欲降低,饮欲增加,腹泻,贫血,淋巴结肿大。病羊生长不良,体重显著下降,粪便中混有绦虫节片,甚至痉挛而死。

**2. 治疗方法** 使用丙硫苯咪唑口服或阿维菌素皮下注射,用法用量参照药品说明书。

**3. 防治措施** 药物丙硫苯咪唑大面积驱虫，剂量为5～6毫克/千克体重。驱虫前12小时要禁食，驱虫后留圈不少于24小时，以免污染牧地。农区放牧的羊全年2次驱虫。

### (七)蜱 病

**1. 症状** 当羊只受到硬蜱侵害时剧痒、不安，并且局部组织水肿、出血、皮肤增厚。当大量虫体长期寄生时可引起家畜体质衰弱、发育不良、贫血、产奶量下降。

**2. 治疗方法** 采用溴氰菊酯、除癞灵等进行药浴和喷洒。

**3. 防治措施** 对牧场采取划区轮牧。有条件的可采取焚烧或喷洒杀虫剂的方法消灭虫蜱。此外，还可采取生物学防治方法。

### (八)羊鼻蝇

**1. 症状** 当羊鼻蝇幼虫向鼻腔内爬行时，由于其口钩及刺的刺激，可使鼻腔发生炎症。在幼虫附着的地方，形成小圆形凹陷及小点出血，因而表现出以下各种症状：①炎症初期，流出大量清鼻液，以后由于细菌感染，变成稠鼻液，有时混有血液。②病羊因受刺激而磨牙切齿。因分泌物黏附在鼻孔周围，加上外物附着形成痂皮，致使患羊呼吸困难，打喷嚏，用鼻端在地上摩擦，咳嗽。③结膜发炎，头下垂。④当幼虫在额窦中不能返出时，可刺激额窦发炎而引起假晕眩病。

**2. 治疗方法** 按照羊鼻蝇幼虫的具体活动情况，采用不同的治疗方法。

在羊鼻蝇幼虫还未钻入鼻腔深处时，给鼻腔喷入药液，杀死幼虫。

第一，给鼻腔喷射3%来苏儿溶液。具体方法是：使羊仰卧，将头平放地上，固定不动，将药液喷入鼻腔20～30毫升。再用同法向另一鼻孔喷射1次。喷射完毕，立即放开，扶羊起立，一般羊起立后打喷嚏，即喷出许多幼虫。未被喷出的幼虫也会被药液杀死。治疗时期应在秋末羊鼻蝇绝迹时开始，太晚了幼虫即长大，进入额窦内，药液就不容易生效了。

第二，喷入中药。百部 30 克加水 500 毫升，煎至 250 毫升，每次用药 50 毫升注入鼻腔，每日 2 次。

在羊鼻蝇幼虫从羊鼻孔排出的季节，在地上撒以石灰，把羊头下压，让鼻端接触石灰，使羊打喷嚏，亦可喷出幼虫，然后消灭之。

**3. 防治措施**　根据不同季节鼻蝇的活动规律，采取不同的预防措施。

夏季，尽量避免中午放牧。羊舍墙壁常有大批成虫，初飞时，翅膀软弱，不太活动，此时可进行捕捉，消灭成虫。连续进行 3 年，可以收到显著效果。也可利用成虫喜欢落在墙壁上的特点，在放牧场周围设置诱蝇板，引诱鼻蝇飞落板上休息。每天早晨检查诱蝇板，将鼻蝇取下消灭。

春季，注意杀死从羊鼻内喷出的幼虫，将其杀灭。

## 三、普通病及其防治措施

### （一）感　冒

**1. 症状**　体温升高，浑身发抖；病羊精神不振，食欲减退；鼻腔分泌物增加，初为清液，以后变为黄色黏稠的鼻涕；常打喷嚏、擦鼻、摇头、发鼻呼吸音；小羊常磨牙，大羊常发出鼾声。鼻黏膜潮红肿胀，呼吸困难，常有咳嗽。疾病通常为急性，病程为 7～10 天。如果变为慢性，病程可以大为延长。

**2. 治疗方法**　将病羊隔离，多给清水，喂以青苜蓿或其他青饲，防止继发喉炎及肺炎。

给鼻腔应用收敛消炎剂。先用 1%～2%明矾水冲洗鼻腔，然后滴入滴鼻净（萘甲唑啉）或下列滴鼻液：如 1%麻黄素 10 毫升、青霉素 20 万单位、0.25％普鲁卡因注射液 40 毫升。

便秘时，可给予硫酸钠 80～120 克。

病初应用复方奎宁波（巴苦能），羊 5～10 毫升（妊娠母羊禁用）。

中药可用柴胡平胃散：柴胡 45 克，黄芩 45 克，半夏 18 克，党参 30 克，苍术 24 克，陈皮 30 克，厚朴 24 克，赤茯苓 21 克，甘草 15 克。研为细末，开水冲调，候温一次灌服。

**3. 预防措施**　注意天气变化，做好御寒保温工作。冬季羊舍的门窗、墙壁要封严，防止冷风侵袭；夏季要防止在大汗后遭风吹雨淋。

### （二）急性支气管炎

**1. 症状**　病初有阵发性干、短并带疼痛的咳嗽，触压气管时则咳嗽更加频繁，随着支气管分泌物的增多，咳嗽减轻，但次数增多而呈湿性长咳，痛感也减轻，有时咳出痰液，同时鼻腔或口腔排出黏性或脓性分泌物。胸部听诊可听到啰音，病初为干啰音，后期为湿啰音。体温一般正常，有时升高 0.5℃～1℃，此时食欲稍减，反刍减少或停止，前胃弛缓，产奶量下降。若炎症侵害范围扩大，可引起全身症状。

**2. 治疗**　祛痰止喘，可口服氯化铵 1～2 克，吐酒石 0.2～0.5 克，碳酸铵 2～3 克。其他如吐根酊、远志酊、复方甘草合剂、杏仁水等均可应用。止喘可肌内注射 3％盐酸麻黄素注射液 1～2 毫升。

控制感染，以抗生素及磺胺类药物为主。可用 10％磺胺嘧啶钠注射液 10～20 毫升肌内注射，也可内服磺胺嘧啶，每千克体重 0.1 克（首次加倍），每天 2～3 次，肌内注射青霉素 20 万～40 万单位或链霉素 50 万～100 万单位，每日 2～3 次，直至体温下降为止。

可根据病情选用下列处方进行中药治疗：

杷叶散：主用于镇咳。杷叶 6 克，知母 6 克，川贝母 6 克，款冬花 8 克，桑白皮 8 克，阿胶 6 克，杏仁 7 克，桔梗 10 克，葶苈子 5 克，百合 8 克，百部 6 克，生甘草 4 克。煎汤，候温灌服。

紫苏散：止咳祛痰。紫苏、荆芥、前胡、防风、茯苓、桔梗、生姜各 10～20 克，麻黄 5～7 克，甘草 6 克。煎汤，候温灌服。

预防措施。加强饲养管理，给病羊以多汁和营养丰富的饲料和清洁的饮水，圈舍要宽敞、清洁、通风透光、无贼风侵袭，排除致病因素，防止受寒感冒。

### (三)小叶性肺炎

**1. 症状**　病初症状不明显，仅有支气管卡他症状，只是发展到一定程度后才表现精神不振、食欲及反刍减少，产奶量下降，黏膜发绀，呼吸困难及脉搏加快等全身症状。病羊体温可升高 1.5℃～2℃，呈弛张热。鼻液增多，初为浆液性分泌物，后为黏液性分泌物，无恶臭。咳嗽初为干性，后为湿性。叩诊胸壁能引起咳嗽，且可出现局灶性浊音。听诊可听到啰音及病灶周围肺泡音亢盛。若并发肺坏疽、心包炎时，病情则急剧恶化，常导致全身中毒而死亡。

**2. 治疗方法**

控制感染。可用抗生素和磺胺类药物。青霉素、链霉素对本病有一定的疗效，可单独使用，必要时同时并用。也可采用新霉素、土霉素、四环素、卡那霉素等抗生素。

对症疗法。当体温过高时，可肌内注射安乃近注射液 2 毫升，1 日 2 次。当有干咳时，可给予镇咳祛痰剂，常用下列处方：磺胺嘧啶粉 2 克，小苏打 2 克，复方咳必清 5 毫升，复方甘草合剂 5 毫升。加水混合，一次灌服。

用中药方剂进行治疗。

润肺理气散：天花粉 6 克，川贝母 10 克，杏仁 7 克，白芍 6 克，天冬7克，广陈皮7克，木通8克，桑白皮7克，黄芩8克，栀子5克，生甘草4克。水煎，去渣灌服。

白菜散：白菜8克，茵陈5克，栀子6克，党参8克，百合6克，杏仁5克，防风5克，知母6克，川贝母4克，款冬花6克，天冬4克，寸冬6克，阿胶6克，桑白皮5克，五味5克，黄连3克，黄芩5克，生甘草4克。水煎，去渣灌服

**3. 预防措施** 加强饲养管理，增强机体抗病能力，舍饲羊要严格控制饲养密度，圈舍应保持通风、干燥、向阳，冬季保暖，春季防旱，防止感冒的发生，饲喂给蛋白质、矿物质、维生素含量丰富的饲料；经远道运输的羊只，不要急于喂给精饲料，应多喂粗饲料或青贮料。

## （四）尿结石

**1. 症状** 尿结石形成于肾和膀胱，但阻塞常发生于尿道，膀胱结石在不影响排尿时，不显示症状，尿道结石多发生在公羊龟头部和"S"状曲部。如果结石不完全阻塞尿道，则可见排尿时间延长，尿频，尿量减少，呈断续或滴状流出，有时有尿排出；如果结石完全阻塞，尿道则仅见排尿动作而不见尿液的排出，并出现腹痛。

羊出现厌食，尿频，滴尿，后肢屈曲叉开，拱背卷腹，频频举尾，尿道外触诊疼痛。如果结石在龟头部阻塞，可在局部摸到硬结物。膀胱高度膨大、紧张，尿液充盈，若不及时治疗，闭尿时间过长，则可导致膀胱破裂或引起尿毒症而死亡。

**2. 治疗方法**

药物治疗。对于发现及时、症状较轻的，饲喂大量饮水和液体饲料，同时投服利尿药及消炎药物（青霉素、链霉素、乌洛托品等），此法治疗简单，对于轻症羊只可以使用，有时膀胱刺穿也可作为药物治疗的辅助疗法。

手术治疗。对于药物治疗效果不明显或完全阻塞尿道的羊只，可进行手术治疗。限制饮水，对膨大的膀胱进行穿刺，排出尿液，同时肌内注射2%阿托品注射液3～6毫克，使尿道肌松弛，减轻疼痛，然后在相应的结石位置采用手术疗法，切开尿道取出结石。

术后护理。术后的护理是病羊能否康复的关键，要饲喂液体饲料，并注射利尿药及抗菌消炎药物，加强术后治疗。

预防措施。在平时的饲养当中，不能长期饲喂高蛋白质、高热量、高磷的精饲料及块根类、颗粒饲料，多喂富含维生素A的饲料；及时对泌尿器官疾病进行治疗，防止尿液滞留，平时多喂多汁饲料和增加饮水。另外，对于无治疗价值的病羊，应及早进行淘汰处理。

### (五)白肌病

**1. 症状**　严重者多不表现症状而突然倒地死亡。心肌性白肌病可见心跳加快、节律失常、间歇和舒张期杂音以及呼吸急促或呼吸困难。骨骼肌性白肌病时病羔羊共济失调，表现为不愿走动、喜卧，行走时步态不稳、跛行，严重者起立困难，站立时肌肉僵直。部分病羔羊腹泻。

**2. 治疗方法**

①对缺硒地区每年所生的羔羊，用0.2%亚硒酸钠注射液皮下或肌内注射，可预防本病的发生，通常在羔羊出生后20天左右就可用0.2%亚硒酸钠注射液1毫升注射1次，间隔20天后，用1.5毫升再注射1次。注意注射的日期最晚不超过25日龄，过迟则有发病的危险。

②给妊娠后期的母羊，皮下注射1次亚硒酸钠注射液，用量为4～6毫克，也可预防所生羔羊发生白肌病。

③若羔羊中已有本病发生，应立即用0.2%亚硒酸钠注射液进行治疗，每只羊的用量为1.5～2毫升。还可用维生素E 10～

15 毫克，皮下或肌内注射，每天 1 次，连用数次。

**3. 预防措施**　在缺硒地区，要注意在妊娠母羊和羔羊饲料中添加硒。

### (六)瘤胃积食

瘤胃积食为羊最易发生的疾病，尤其是舍饲情况下最为多见。多数是因为吃了大量的精料，或吃了较多不常吃的草料，或因为前胃弛缓而导致胃蠕动停止。

**1. 症状**　瘤胃充满而坚实，左肷窝臌胀，瘤胃蠕动减弱或停止。触诊瘤胃或软或硬，有时如面团，用指一压，即呈一凹陷。常有便秘，排泄物干而硬。体温一般正常，脉搏增速，呼吸困难，反刍停止。也可能发生轻度腹泻或顽固性便秘。初期眼结膜潮红，随着病程的发展，瘤胃内腐败物质吸收，可能发生自体酸中毒，眼结膜发暗。

**2. 治疗方法**　①进行运动和瘤胃按摩。②10％氯化钠注射液静脉注射 50～100 毫升。③内服液状石蜡 200～300 毫升。④肌内注射胃舒等消食兴奋瘤胃的药物。⑤如果有酸中毒症状，静脉注射碳酸氢钠。预防胃肠道感染应用抗菌药物。

**3. 防治措施**　避免羊只采食大量饲料，特别是精饲料，饲喂做到定时定量，更换饲料要有 10 天以上的过渡期。

### (七)乳房炎

**1. 症状**　初期奶汁无大变化，严重时，由于高度发炎及浸润，使乳房发肿发热，变为红色或紫红色。用手触摸时，羊感到痛苦。如果发生坏疽，手摸时感到冰凉。

**2. 治疗方法**　局部治疗：进行冷敷，并用抗生素消炎；乳房发生坏疽时，应切除。

全身疗法：用磺胺类药物静脉注射。

**3. 防治措施** 避免乳房中奶汁积留，保证乳房清洁；及时治疗乳房外伤。

### (八)有机磷中毒

**1. 症状** 动物中毒后很快表现兴奋不安，对周围事物敏感，流涎，全身出汗，瞳孔缩小，磨牙，呕吐，口吐白沫，肠音亢进，腹痛，腹泻，肌纤维震颤等症状。严重时出现全身战栗，狂躁不安，向前猛冲，无目的地奔跑，呼吸困难，支气管分泌物增多，胸部听诊有湿性啰音，瞳孔极度缩小，视力模糊。抽搐痉挛，粪尿失禁，常在肺水肿及心脏停搏的情况下死亡。

**2. 治疗方法** 除去未吸收的毒物。经皮肤中毒的除敌百虫、二嗪磷等用1%醋酸水洗刷皮肤，同时内服盐类泻剂外，其他用5%石灰水或4%碳酸氢钠或肥皂水洗刷皮肤。经消化道中毒的用2%碳酸氢钠溶液多次洗胃，同时内服药用炭。乙酰胆碱对抗剂，大剂量注射阿托品使羊机体达阿托品化(口腔干燥、出汗停止、瞳孔散大而不再缩小)，一次量0.5～1毫克/千克体重，其中1/3混于葡萄糖、生理盐水缓慢静脉注射，另2/3做皮下注射。出现阿托品化后每隔3～4小时皮下注射2～4毫克1次，以巩固疗效。

**3. 防治方法** 健全农药管理制度，喷洒农药和被农药污染过的农作物一般1周内不作饲料。使用有机磷类农药驱虫时，应由兽医负责实施，严格掌握用药浓度、剂量，以防中毒。

### (九)毛球阻塞

**1. 症状** 病羊初期食欲减少，易排稀便，精神不振。当阻塞严重时，病羔肚子发胀，不排便。口流唾液，磨牙，喜卧。触诊胃肠时，可隐约感到蚕豆大小硬块。

**2. 治疗方法** 通过手术，取出毛球。

**3. 防治措施** 饲料营养要丰富；清理羊圈内羊毛。

**(十)羔羊佝偻病**

**1. 症状** 最初症状不太明显，只是食欲减退，腹部臌胀、腹泻，生长受阻。病羊步态不稳，当病继续发展，则前肢一侧或两侧发生跛行。管状骨及扁骨的形态渐次发生变化，关节肿胀，肋骨下端出现佝偻病性念珠状物。

**2. 治疗方法** 补给富含维生素D的鱼肝油，每日5毫升。也可以注射维生素AD注射液，每天2毫升，2～3天1次。

**3. 防治措施** 加强母羊及羔羊的饲养管理，羊舍光线要充足，每天适当运动，多晒太阳，最好母羊带羔放牧。调整日粮组成，保证有足够的维生素和矿物质，保证钙、磷平衡。

**(十一)绵羊脱毛症**

**1. 症状** 毛无光泽，灰褐色，营养不良，贫血，有的出现异食癖，互相啃食被毛，羔羊毛弯曲不够，松乱脆弱，大面积脱毛。其中锌的缺乏还表现皮肤角化，湿疹样皮炎，创伤愈合慢等特点。严重的出现腹泻，行走后躯摇摆，共济失调，多数背、颈、胸、臀部最易发生脱毛。

**2. 防治措施** 饲料中按0.02%补碳酸锌(或硫酸锌、氧化锌)和饲用生长素，补铜时加钴效果更好。

## 第四节 污染物的无害化处理

### 一、对染疫羊只的处理

对染疫羊只的无害化处理应根据当地情况而定，但掩埋一般是较为适宜的方法，掩埋具有快速、花费小、环保、容易组织和很少需要调用外来物资的特点。制定无害化处理需要考虑的因素：

①核实染疫动物的数量和户主，以确定今后补偿的数量。②在扑杀场地附近有适宜深埋或焚化的可用场地。③重型交通工具能否到达处置地点。④场地的土壤、岩石结构。⑤地下水位的高低。⑥与生产、生活水源的距离。⑦水、电、气、通讯、排水、排污服务设施的情况。⑧与公共建筑及居民生活区的距离，在实施焚化处理时应特别注意。⑨对焚化处理产生的燃烧及公害的限制。⑩气候条件(包括主风向)。⑪有否可用掩埋场地。⑫适用于焚化的燃料的供给。⑬是否有高架建筑(如动力线)的存在，选择深埋或焚化场地时必须避免。⑭使用场地的相关计划，如修建掩埋坑时，处理土壤结构不稳定的计划。

## 二、对粪便及排泄物的处理

**1. 焚烧法**　该方法被认为是消灭病原微生物最好、最有效的方法，但也存在一些缺点，如造成环境污染、操作费时费力等。该方法多用于出现烈性传染病时使用。

**2. 掩埋法**　将粪便和污物与漂白粉或氧化钙(生石灰)混合后深埋于 2 米深的地下，此方法也存在费时费力的缺点。

**3. 生物发酵消毒法**　该方法是将粪便堆积成堆后，外面用泥土或塑料薄膜封盖密封 1 个月左右，粪便通过自身的生物发酵升温至 70℃以上，起到消毒、灭菌和消灭虫卵作用。该方法操作简便，是羊场最常见的一种粪便处理法，也是黑山羊养殖户对有机肥料主要的消毒方法之一。

## 三、对治疗器具、废弃疫苗、疫苗瓶的无害化处理

①规模养殖场须在场内设立疫苗瓶堆放处，做好消毒工作和

台账记录，并做好无害化处理，严禁乱丢乱放。

②玻璃瓶装疫苗瓶，可进行高温高压蒸汽灭菌或消毒液浸泡后进行深埋处理；塑料瓶装疫苗瓶可以用消毒液消毒后送垃圾焚烧厂处理。有条件的养殖场可委托具备一定资质的医疗废物处理公司进行疫苗瓶的无害化处理。

③对治疗器具，如输液器、注射器、引流袋、引流管等一次性治疗器具用品分别放置塑料桶内并加盖，进行回收。回收后将这些治疗器具分别装入网状尼龙袋内，在2 000毫克/升有效氯消毒液中浸泡1小时后毁形，毁形后的物品装入塑料袋内放在专门的存放室等待统一回收。

# 第九章　毛绒皮生产技术

## 第一节　剪毛、抓绒、剥皮技术

### 一、剪毛技术

#### （一）剪毛时间

羊毛是养羊业的主要产品之一，适时剪毛很重要。剪毛时间过早，不仅会影响产毛量，若遇天气骤变，羊容易感冒或冻坏；剪毛时间过晚，由于天气炎热使羊特别难受，不能安心吃草，影响抓膘，粗毛羊会出现脱毛现象，造成经济损失。具体剪毛时间要根据当地气候情况和羊的不同品种而定。细毛羊、半细毛羊及改良达到或接近同质毛的杂种羊，一年内仅在春季剪毛 1 次，地毯毛羊、粗毛羊和生产异质毛的杂种羊，一年内可在春、秋季节各剪毛 1 次。我国西北牧区春季剪毛，一般在 5 月上旬至 6 月上旬，青藏高寒牧区在 6 月下旬至 7 月上旬，农区及气候温和地区在 4 月中旬至 5 月上旬。秋季剪毛多在 9 月份进行。

#### （二）剪毛技术

细毛羊、半细毛羊、地毯毛羊毛主要有手工剪毛和机械剪毛两种收剪方式，手工剪毛与机械剪毛效率差别较大（表 9-1）。

表 9-1 手工剪毛和机械剪毛两种剪毛方式对比

| | 时 间（分/只） | 需劳动力（人/只） | 产毛量（千克） | 毛长度（厘米） | 净毛率（%） | 效益分析 |
|---|---|---|---|---|---|---|
| 手工剪毛 | 25 | 2 | N | x | M | |
| 机械剪毛 | 6 | 1 | N+0.25 | X+2 | M+2 | 增收明显 |

近年来，随着生产产业化发展，尤其是随着标准化、规模化生产的发展，手工剪毛因劳动投入大、生产成本高逐渐被机械剪毛所取代。机械剪毛对场地、机械设备等都有一定的技术规范要求。

**1. 场地条件要求** 场地开阔、平整、干燥，且通风良好，地面可为水泥、水磨石、砖、木板等无尘材质，或有帆布、塑料薄膜与地面分隔。场地前上方应有足够的 2 米高以上的可安全悬挂剪草除根毛电机的支架。场地应相对隔离，防止非工作人员随意进入。电剪头较多(2 台以上)的，剪毛场地面积至少应大于 4.5 米$^2$，2 个剪毛手之间至少应保留 1.5 米以上距离。

剪毛场地应在使用前提前 1 天打扫卫生，并用来苏儿消毒，以后每天使用后打扫卫生并用来苏儿消毒地面、墙壁、栏杆等。

剪毛场地应能提供安全稳定的 220 伏交流电，或有足够场地以摆放汽油、柴油发电机。能提供额定电压 220 伏、额定电流 16 安的绝缘性能良好的连接与电剪的电缆，电源应配有保险盒等安全措施。剪毛场地应备有灭火器等消防设施。

剪毛场应设有人医、兽医工作点，并备有相关紧急医疗措施所需的药械药品，有较好的交通条件及交通工具，以防意外情况的发生。

**2. 设备要求** 机械剪毛对设备要求相对较为严格(表 9-2)。

表 9-2 机械剪毛使用设备(推荐使用)指标

| 软轴型号 | 54～100(D) | 动刀片齿数 | 4 |
|---|---|---|---|
| 软轴长度 | 1.8 米 | 动刀摆动频率 | 2500 次/分 |
| 旋转方向 | 逆时针 | 生产率 | 10～15 只/时 |
| 剪头型号 | 95MR76.2B 或其他 | 重 量 | 1.3 千克 |
| 定刀片齿数 | 13/9 | 电动机功率 | 200 瓦 |
| 电 压 | 220 伏 | | |

每 10 台电剪配 1 台磨刀机。剪毛现场应有 2 套以上的钳子、扳手等维修工具;应有适量的润滑油;应备有足量苏打以配制清洗剪头的苏打水;应备有足够的刀片、砂纸。

剪毛设备应于剪毛前 1 天调试安装好,并在正式剪毛前试机以免发生意外。

**3. 羊只的准备**

①羊只剪毛前 1 天晚上集中在剪毛房前的场地,不让吃草,保证剪毛时空腹。

②羊只剪毛前应根据毛品质不同初步分群,不同品种的羊原则上不能同时在一个剪毛场混群剪毛。

③羊只剪毛前 2～3 小时应先赶入较集中的羊圈,靠相互的体温使羊毛脂软化,以便于剪毛。

④组织待剪羊群遵循先粗后细,依次先剪种公羊、生产母羊、后备羊的原则,患疥癣病或其他传染性疾病的羊只最后剪,剪后应对刀片、刀具、剪毛手工作服及场地消毒。

⑤雨天和被雨淋湿的羊不能剪毛。

⑥进入待剪羊圈后,由专人先将羊体标志毛剪掉,并将剪下的标志毛集中管理。

**4. 工作人员要求** 剪毛人员必须接受过培训及安全知识教育并考核合格后方可参加剪毛工作。工作前必须保证良好的睡眠及身体状态，不得酗酒或熬夜。

**5. 操作程序**

①捉住羊的前腿，将羊拖至剪毛区。

②用双膝夹住羊的身体，使羊臀部着地，背对剪毛手半坐在地上，羊的前肢可夹在剪毛手腋下。体格较小的剪毛手也可将羊只侧卧于地，人站于羊的背侧，然后将右腿跨过羊体并从两前腿间插过，蹲下时用右膝弯自然夹住羊上方前腿。手握住羊只后腿蹄部向后推，充分暴露出羊腹部，并使羊不能随意活动。

③打开电剪开关，从羊胸部沿腹部皮肤向后腿方向推，逐片将腹毛剪下，勿伤阴鞘或乳房。

④从羊上方后腿前侧腰部向蹄部剪一刀，将后腿前侧毛剪下，再从蹄部向腿腰根部推剪至腿内侧，然后从羊下方后腿内侧根部向蹄部剪一刀，将腿内侧毛全部剪下。

⑤从羊上方后腿外侧沿蹄向脊柱方向推剪，将腿部和尾部毛剪下。

⑥剪毛手面对羊站到羊的腹侧，先腹部后背部逐一从尾部向颈部推动电剪，将体侧毛依次剪下并不断向上翻起。

⑦用手向剪毛手身后方向按压羊头，并用两腿向内夹住羊的四条腿，使羊脊柱弯起。沿脊柱两侧剪两剪，避免伤羊背。

⑧将羊向前腿拌在剪毛手右腿后，左腿置于羊颈部下方并将其顶起，左手握羊嘴使羊头下垂，使羊颈部下侧皮肤充分暴露。从肩部向头顶部方向将颈部、顶部羊毛剪下挑起，第二剪与之平行从肩部剪至耳朵上方及面侧部，第三剪从背部向上，与前面两剪平行，剪净耳底部、角、顶部、肩胛骨部羊毛。

⑨将左腿抽出，将羊头向上拉起并牵引向肩部，使羊颈部下侧皮肤充分暴露，按从颈椎向气管方向由顶部向肩部依次推剪，将颈

部毛连片剪起。将羊头向上仰起夹在两腿之间，左手握羊嘴使羊头上仰，使羊颈部皱褶皮肤绷紧并充分暴露。沿下颌向前突方向推一剪，将颈部毛全部剪下。

⑩将羊轻轻翻转，剪毛手面对羊站到羊的背侧，先将羊后腿毛沿蹄向腿根剪下。

⑪沿背部到腹部次序，依次从后向肩部推动电剪，将体侧毛依次剪下并不断向上翻起，剪至前腿时沿腿根部向蹄部将前腿毛全部剪下，直到将整个毛套全部剪下。

⑫扶起羊并牵引其有序离开剪毛区。

⑬将剪下的毛套有序地团成抱，并放入盛毛筐运离剪毛区。

**（三）注意事项**

①剪下的毛套要尽量完整。

②留在羊体上的毛茬短（0.5 厘米以内）而均匀。

③剪毛期间应尽可能防止羊只活动，搬动羊只及剪毛时动作必须轻柔。

④推剪动作均匀流畅，尽可能贴近皮肤，并尽量减少重剪毛及伤到羊的皮肤。

⑤剪毛中遇有皱褶处应将皮肤拉展使其尽可能平滑。

⑥剪毛场地严禁人员随意走动、大声喧哗和打闹，以防惊羊或伤人。

⑦剪三四只羊后应将剪头浸入水中清洗后继续剪毛；剪若干只羊后应更换或打磨刀片。剪毛手休息时应关闭剪毛机电源并取下剪头，以防伤人。

⑧羊只受伤后应立刻用碘酊等处理伤口，伤口较大的还应缝合伤口。

⑨使用的润滑油不得随意倒弃，应集中处理，避免污染羊毛和周围环境。

⑩剪毛房内禁止吸烟。

## 二、抓绒技术

### (一)抓绒时间

对养羊户来说,按时抓绒就意味着及时收获劳动成果。实践证明,不同地区、不同种类的羊,其绒纤维生长时间也有差异。一般脱绒规律是:年龄大的羊先脱,年龄小的羊后脱;成年母羊先脱,公羊后脱;产羔羊先脱,妊娠母羊后脱;膘情好的先脱,膘情差的后脱;同一羊身不同部位脱毛也不一样,羊的前躯先脱,后躯晚脱。具体的抓绒时间要通过检查山羊耳根、眼圈四周及颈部羊绒的脱落情况来判断。这些部位的羊绒自然脱离开皮肤1厘米以内为最佳抓绒时机,此时只要用双手分开羊毛便可观察到羊绒脱落情况。如果羊绒脱离皮肤达到或超过1.5厘米时,说明有相当数量的羊只双侧腹部羊绒已经开始丢失了;而且有些部位的羊绒已出现不同程度的缠结,其经济损失是不容忽视的。通常4月中旬是抓绒的开始时间。养羊者应仔细观察羊只,特别是成年母羊的脱绒状态。有不少养羊户担心抓绒早了羊只受寒,而把抓绒适宜时间延长,其实这些顾虑实属多余。需要注意的是,由于羊绒自然脱离皮肤存在个体差异,因此抓绒不能集中时间在几天内尽快抓完,而应从4月中旬开始,按脱绒顺序逐日检查,发现几只脱绒就抓绒几只,尽可能将绒抓净。有些养羊户抓绒时为了省时间,集中在几天内抓绒,而使得有些羊只身上的绒没有完全抓净,造成羊绒产量不高,影响经济效益。

### (二)抓绒技术

**1. 抓绒工具** 抓绒工具是特制的铁梳,有稀梳和密梳2种。稀梳通常由7～8根钢丝组成,钢丝间距2～2.5厘米,钢丝直径

0.3 厘米左右。密梳通常由 12～14 根钢丝组成，钢丝间距 0.5～1 厘米。梳子前端弯成钩状，磨成秃圆形，顶端要整齐。最好备大、小两种梳耙，抓羊体身躯，大面的用大梳耙，耳后、腋下、尾根等小块地方用小梳耙。

**2. 抓绒技术** 绒山羊一般是先抓绒，后剪毛。抓绒要进行 1～2 次。一般第一次抓绒后 18～25 天再第二次抓绒，以便将羊体上残留绒抓尽，抓绒后 1 周进行剪毛。有皮肤病的羊只先不抓绒。抓绒场地要宽敞、平坦，有条件的可做专用抓绒操作台，把羊保定在操作台上，便于抓绒，节省人力。无操作台时可在场地上钉一个高 50 厘米左右的固定木桩，让羊体侧卧，用绳子将羊头、角系在木桩上，将羊的肢蹄按同侧捆在一起并保定好。先清理羊被毛上的沙土、粪块等杂物，用稀梳顺毛沿颈、肩、背、腰、股等部位由上而下将毛梳顺。然后用密梳子逆毛而梳，其方向相反，梳子紧贴皮肤，用力要均匀，不可过猛，以免抓破皮肤。为了保证羊毛长度，最好不要剪去毛梢。但在沙区和湿热区先剪去底绒层上面的羊毛，然后用铁梳子逆毛梳抓羊绒，再翻转羊体，让羊另一侧向上抓绒，用密梳从头部抓起，手劲要均匀，顺躯体前进。梳子要贴近皮肤，切不可用力过猛。抓完后再逆毛抓 1 次，尽量将绒抓净。

抓下绒揉成小团，按质分别存放，从病羊身上抓下的绒毛应单独存放。

### （三）注意事项

抓绒之前不要让羊淋雨，因湿度大不易梳理。要选晴天抓绒，抓绒后也要避免雨淋，以防感冒。耳后、腋下等地方不太容易梳理，抓绒时要有耐心，切不可用力硬扯，以免扯坏皮肤，破坏毛囊，影响以后的产绒量。对妊娠母羊要特别小心，要保护好乳房、外阴等器官。对不小心扯破皮的地方要马上涂碘酊消毒。对有皮肤病的羊应最后单独抓绒，羊绒要单独存放，单独处理。梳齿带有油污、抓不下绒时，可在地上反复摩擦几下，去油后继续使用。抓绒时羊要空腹，抓羊、放羊要按一个方向，即从哪侧放倒还要从哪侧立起，切不可就地翻转，以防发生肠捻转、臌气。对个别无法抓绒的羊，可用长剪紧贴皮肤将绒毛一并剪下。妊娠母羊在抓绒时应十分小心，以防流产；临产母羊，应在产羔后进行。每只羊、尤其是留作种用的成年母羊，最好做个体产绒量记录，以作为将来育种的参考。抓下的羊绒应妥善保管并及时出售。抓绒工具用后要及时消毒保管备用。

## 三、剥皮技术

### （一）剥皮时间

季节对绒山羊板皮质量影响很大，秋季所产板皮质量最好，被毛不长，绒毛稀短，板皮有油性，纤维编织紧密，弹性强，部分板皮呈核桃纹状，黑毛板皮呈青豆色，白毛板皮呈蜡黄色或略带肉黄色，青毛板皮呈灰白色，棕毛板皮呈黑灰色。冬季由于气候寒冷，羊的膘情较差。北方、西南山区及高原地带所产的板皮具有较长的毛绒，有的板皮由腹部开始逐渐变瘦薄。黑毛板皮由豆青色变为黄色，白毛板皮由蜡黄色变为淡黄色，青毛板皮由灰白色变为灰黄色。一般南方平原所产的板皮显薄，弹性稍差，但比北方及山区所产板皮质量好。春季所产皮板质量最差，皮板瘦薄、干枯、无油性、呈淡黄色，纤维组织松弛。夏季羊的被毛稀疏，膘情也得到恢复，皮板质量逐渐好转，比春季皮板质量稍好，但仍瘦薄无光，俗称“热板子”。夏末，皮板稍有油性，板皮粗糙发挺，白毛板皮呈浅黄色，黑、青、棕色毛板皮呈灰青色。

### （二）剥皮技术

羊只宰杀时应先将羊固定好，然后在羊脖子正中线的咽喉部位做直切，划开口子，再将刀伸入内部挑断气管和血管，放血到死亡为止。放血时必须使血液自开口处顺下巴直接流入屠宰架下的集血槽内，不得使血液沾污皮张。

羊放完血死亡后，立即开始剥皮，用尖刀自颈部沿腹部中线向后下挑，遇阴囊不可挑开而沿阴囊一侧绕开，一直挑至肛门；向上则挑至嘴角处。然后剥四肢，先将四肢蹄冠处做环形切开，沿前蹄向上挑至胸部中线，再沿后蹄背面向上顺内侧分毛处挑至肛门，尾部应从里面沿有毛和无毛交界处部位一直挑到尾尖，并把尾骨抽掉，刮去油脂。最后剥头皮和耳朵。除切口线、四肢、眼、耳等部位用刀以外，其余部分均用手剥，即用拳揣方法将整个羊皮剥下。所剥下的羊皮，必须完整，不得有撕、割等伤残，也不得残留脂肪和肉屑，更不得损伤被毛和被污物所污染。

### （三）注意事项

山羊鲜皮剥取后，要及时加工整理和晾晒，应注意不要损伤皮形和皮板，保持光泽洁净。板皮应按照皮张的自然形状和伸缩性，把各部位平坦地舒展开，保持皮形均匀方正，皮板厚薄也应均匀，避免形成皱缩板。禁止钉板、撑板，必须保持皮张的自然面积。鲜皮经加工整理后，要及时晾晒。应选择平坦洁净的地方，将皮展平晾干。晾晒时，应在通风干燥处，或在较弱的阳光下，切勿暴晒，也不可用火烤干；不能放在已晒热的石块上晒，鲜皮晾晒至七八成干时应及时收起来，把皮张逐张顺序堆码，排成梯子形，仅把头、颈部皮板较厚不易晾干的部位露在外面，直到全皮晾干为止。

### （四）裘皮羊剥皮技术

裘皮羊剥皮技术与普通山羊、绵羊等有所区别，有必要单独说明。

裘皮的剥取和初步加工技术对保证裘皮的质量至关重要，因为有相当一部分裘皮都是由于剥取皮和初步加工技术不正确而使质量受到不同程度的损害。

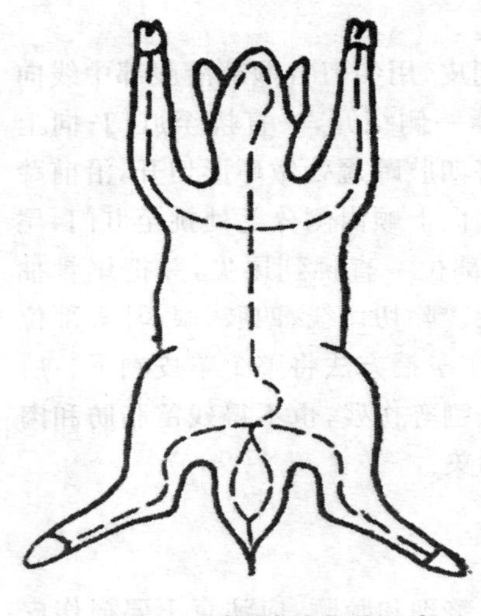

图 9-1　剥取裘皮切线示意

**1. 屠宰与剥皮**　裘皮羊屠宰要掌握好屠宰时间，如滩羊二毛羔羊的屠宰时间为 30～35 日龄。屠宰与开片技术的好坏直接关系到羔皮的品质。裘皮羔羊放血后，从羊尾中间沿腹中线至下颌部切开皮张，从后肢蹄壳处切开至肛门，由前肢蹄壳沿管骨直线切至前胸，用手指分离皮层与肌肉，剥下羔皮。剥取羔皮必须按图 9-1 所示的切线，用刀尖将皮挑开，并将气管和血管挑断。放血时必须使血液自开口处顺下嘴巴直接流入屠宰架上的集血槽内，不得使血液沾污羔皮。

**2. 洗皮**　刚剥下的羔皮应浸泡在清水池内，以漂清血水。同时，用手洗去毛面脏物，梳洗顺序从头部经皮身至尾部，切勿倒梳，以防毛丛花纹杂乱。全皮梳洗洁净后，用铁钩钩住鼻孔处，挂起羔皮，使水自然滴落，吊挂时防止倒毛，以免弄乱毛丛花纹。

**3. 钉皮**　一般钉皮顺序是先钉两边，再钉下排，后钉上排，钉与钉之间距离要均匀。钉板可用杉木板，一般长 2 米、宽 0.67 米、厚 1.7 厘米。钉皮前应晾干皮张，保持毛峰平伏。

**4. 晒皮**　钉好的羔皮须晒干晾透或烘干，但切勿在阳光下暴晒。

**5. 保管**　晒干的羔皮经边毛修剪和毛面梳理后，应毛对毛、板对板相叠贮存保管，仓库力求阴凉、干燥、通风，下设地板，或贮放在货架上，切忌直接放在泥地或水泥地上，以免地面返潮而引起羔皮变质。

# 第二节　羊毛、羊绒、羊皮分级技术

## 一、羊毛分级技术

### （一）人员和分级用品的准备

羊毛分级应安排送毛工 1 人，羊毛分级员 1 人，助手 2 人，抱毛工 1 人，一个分级台合计应有 5 名工作人员。两侧羊毛分级台需 10 人，另外配 2 人打包，2 人缝包，2 人码垛，司磅 1 人，一般需要 17 人参加羊毛分级打包工作。

分级过程中，分级员和助手应熟练掌握羊毛分级的标准和要点，人员相对固定在羊毛分级台的适当位置。分级用具由分级台、钢尺、装毛筐、分级隔离栏等组成。各种用具要经常清洗并保持干净，以免因分级台等长期使用而造成油污和灰尘粘连，使短毛、碎毛和头蹄毛等在分级台上漏下而影响羊毛分级工作的准确性。

### （二）羊毛分级

羊毛分级是按照羊毛的类型、细度、长度、色泽及清洁度（净毛率）决定的。影响羊毛价格的最大因素是羊毛的净毛率、色泽和损害（饥饿痕及饥饿细部）的程度，见表 9-3。

**表 9-3　羊毛、半细羊毛、改良羊毛分等分级规定**

| 类别 | 等级 | 细度（微米） | 毛丛自然长度（毫米） | 油汗占毛丛高度(%) | 粗腔毛干死毛含量（占根数%） | 外观特征 |
|---|---|---|---|---|---|---|
| 细羊毛 | 特等 | 18.1～20.0（70S） | ≥75 | ≥50 | 不允许 | 全部为自然白色的同质细羊毛。毛丛的细度、长度均匀。弯曲正常。允许部分毛丛有小毛嘴 |
| | | 20.1～21.5（66S） | | | | |
| | | 21.6～23.0（64S） | ≥80 | | | |
| | | 23.1～25.0（60S） | | | | |
| | 一等 | 18.1～21.5（66～70S） | ≥60 | | | 全部为自然白色的同质细羊毛。毛丛的细度、长度均匀。弯曲正常。允许部分毛丛顶部发干或有小毛嘴 |
| | | 21.6～25.0（66～64S） | | | | |
| | 二等 | ≤25.0（60S及以上） | ≥40 | 有油汗 | | 全部为自然白色的同质细羊毛。毛丛的细度均匀程度较差，毛丛结构松散，较开张 |

**续表 9-3**

| 类别 | 等级 | 细度（微米） | 毛丛自然长度（毫米） | 油汗占毛丛高度（%） | 粗腔毛干死毛含量（占根数%） | 外观特征 |
|---|---|---|---|---|---|---|
| 半细羊毛 | 特等 | 25.1～29.0（56～58S） | ≥90 | 有油汗 | 不允许 | 全部为自然白色的同质半细羊毛。细度、长度均匀，有浅而大的弯曲。有光泽。毛丛顶部为平顶、小毛嘴或带有小毛辫。呈毛股状。细度较粗的半细羊毛，外观呈较粗的毛辫 |
| | | 29.1～37.0（46～50S） | ≥100 | | | |
| | | 37.1～55.0（36～44S） | ≥120 | | | |
| | 一等 | 25.1～29.0（56～58S） | ≥80 | | | |
| | | 29.1～37.0（46～50S） | ≥90 | | | |
| | | 37.1～55.0（36～44S） | ≥100 | | | |
| | 二等 | ≤37.0（36S及以上） | ≥60 | | | 全部为自然白色的同质半细羊毛 |
| 改良羊毛 | 一等 | — | ≥60 | — | ≤1.5 | 全部为自然白色改良形态明显的基本同质毛。毛丛由绒毛和两型毛组成。羊毛细度的均匀度及弯曲、油汗、外观形态上较细羊毛或半细羊毛差。有小毛辫或中辫 |
| | 二等 | — | ≥40 | — | ≤5.0 | 全部为自然白色改良形态的异质毛，毛丛由2种以上纤维类型组成。弯曲大或不明显。有油汗。有中辫或粗辫 |

资料来源：国家技术监督局发布：《中华人民共和国国家标准：绵羊毛》，1993年4月28日。

## 二、羊绒分级技术

### (一)品质要求

以手抖净货为标准,白、青、紫三色绒分开。白绒:绒毛纯白色;青绒:白绒里带有色毛;紫绒:深紫色或浅紫色。

分级标准见表 9-4 至表 9-6。

**表 9-4　特细型绒毛分级标准**

| 型　号 | 平均直径(微米) | 手扯长度(毫米) | 等级品质特征 |
|---|---|---|---|
| 特细型 | ≤14.5 | ≥40 | 一 |
| | | <40 | 二 |

自然颜色,光泽明亮而柔和,手感光滑细腻。纤维强力和弹性好,含有微量易于脱落的碎皮。含绒量 80%,含粗毛 20%。

**表 9-5　细型绒毛分级标准**

| 型　号 | 平均直径(微米) | 手扯长度(毫米) | 等级品质特征 |
|---|---|---|---|
| 细　型 | >14.5<16.0 | ≥43 | 一 |
| | | ≥40 | 二 |
| | | ≥33 | 三 |
| | | <33 | 四 |

自然颜色,光泽明朗,手感柔软。纤维强力和弹性好,含有少量易于脱落的碎皮屑。含绒量 80%,含粗毛 20%。

**表 9-6 粗型绒毛分级标准**

| 型 号 | 平均直径(微米) | 手扯长度(毫米) | 等级品质特征 |
|---|---|---|---|
| 粗 型 | ≥16.0 | ≥45 | 一 |
| | | <45 | 二 |

自然颜色,光泽好,手感尚好。纤维有弹性,强力较好,含有少量易于脱落的碎皮屑。含绒量 80%,含粗毛 20%。

**(二)等级比差**

一等 100%,二等 35%。

**(三)品种比差**

活羊抓绒 100%,活羊剪绒 90%,生皮抓绒 80%,熟皮抓绒、干退绒、灰退绒 50%,套绒 70%以下按质计价。

**(四)色泽比差**

紫绒 100%,青绒 110%,白绒 120%。

注:①一等、二等绒内所含的短散毛和超过规定含量的,其超过部分按杂质论。

②对于含肤皮较多而质量仍够一等标准的绒,收购时应酌情扣分,不予降等。

## 三、羊皮分级技术

**(一)卡拉库尔羔皮的分级**

**1. 加工要求** 宰剥适当,形状完整,按标准晾晒。

**2. 等级规格**

(1)一等　被毛紧密,颜色正常,光泽良好。毛卷花纹清晰而坚实。

①正身部位60%以上为卧蚕形卷或75%以上为较松的卧蚕形卷,其他为鬣形卷或肋形卷;

②全皮为大、中、小花排列清晰而较规则的鬣形卷或肋形卷。

(2)二等　被毛密度、颜色、光泽略差。

①正身部位30%以上为较坚实的卧蚕形卷或50%以上为较松的卧蚕形卷;

②正身部位为排列不整齐的鬣形卷或肋形卷;

③全皮为弹性良好而清晰的环形卷或半环形卷。

(3)三等　被毛密度、颜色、光泽均差。

①正身部位以环形卷、半环形卷为主(包括豌豆形卷和杯形卷);

②正身部位有30%以上各种过渡类型毛卷特征。

(4)等外　不符合等内要求的或花皮为等外皮。

**3. 面积规定**　等内皮0.11米$^2$以上;不足0.11米$^2$而在0.088米$^2$以上的,按质降一等;不足0.088米$^2$,酌情降等。

**4. 等级比差**　一等100%;二等80%;三等60%;等外25%以下按质计价。

**5. 色泽比差**　黑色100%;灰色130%;杂色(全皮颜色一致的)暂按黑色掌握。

注:①灰色以正青(中灰色)为标准;铁青(暗灰色)、粉青(浅灰色)酌情降等。

②褐红色按质降一等。

③等内皮正身部位不得带有任何伤残、缺点。边缘部位如有刀洞二处,总面积不超过0.055米$^2$,不算缺点。

④折痕、撕破口、缺材、虫蚀、鼠咬、受闷脱毛等,根据轻重程度,酌情定等或降等。

⑤正身部位范围：长度由前肩至尾根，宽度在两肷直线以内。

⑥量皮方法：从颈部中间至尾根，选腰间适当部位，长宽相乘求出面积（钉板和皱缩板，酌情伸缩）。

### （二）湖羊羔皮的分级

**1. 加工要求**　宰剥适当，皮形完整，按标准钉制晾晒。

**2. 等级规格**

（1）一等　小毛或中小毛，毛细，波浪形卷花或片形花纹占全皮面积50%以上，色泽光润，板质良好。

（2）二等　毛中长，波浪形卷花或片形花纹占全皮面积50%以上，毛略短、花纹欠明显或毛略粗、有花纹、花纹明显。都需要色泽光润，板质良好。

（3）三等　毛细长，波浪形卷花或片形花纹占全皮面积50%以上，毛短、花纹隐暗或毛粗涩、有花纹。都需要板质尚好。

（4）等外　不符合等内要求的，为等外皮。

**3. 等级比差**　一等100%；二等80%；三等60%；等外30%以下按质计价。

注：薄弱板、死胎皮、折痕、毛空疏、水伤等，酌情定等。

### （三）青猾皮的分级

**1. 加工要求**　宰剥适当，皮形完整，全头全腿，按标准钉成长方形晾干。

**2. 等级规格**

（1）一等　毛细密适中（毛长1.32厘米上下），呈正青色或略深、略浅，清晰、坚实的波浪形花纹不低于全皮面积50%，色泽光润，板质良好。面积0.094米$^2$以上。

（2）二等　与一等皮相比，毛色较深或较浅；毛略长或略粗或较软而有花纹；毛细、紧密，花纹隐暗。面积都在 0.094 米$^2$ 以上。

具有一等皮毛质、板质，面积 0.088 米$^2$ 以上。

(3)三等　毛色铁青或粉青；毛略粗直；毛略空软而有花纹；毛略大略小而有花纹。面积都在 0.088 米$^2$ 以上。

具有一、二等皮毛质，面积 0.077 米$^2$ 以上。

(4)等外　不符合等内要求的或毛过粗、过长、严重火燎、杂色皮、苦溜子，为等外皮。

**3. 等级比差**　一等 100％；二等 75％；三等 50％；等外 20％以下按质计价。

注：①带轻微伤残，不算缺点。伤残严重的或皮板过薄、春皮两肷过空疏、毛枯燥、花腰皮、边缘部位有伤残、皮中间有折痕伤，酌情降等。

②自然死亡或回水板皮，按杂路猾皮掌握。

③量皮方法：从颈部中间至尾根，选腰间适当部位，长宽相乘，求出面积。

### (四)裘皮分级

我国的裘皮羊资源丰富，列入《中国羊品种志》的裘皮羊品种有 4 个，即滩羊、中卫山羊、贵德黑裘皮羊和岷县黑裘皮羊。列入省级畜禽品种志的还有山东省泗水裘皮羊等。

目前，我国只有滩羊和中卫山羊二毛皮和羔皮的收购分级标准，贵德黑裘皮羊和岷县黑裘皮羊的二毛皮尚无国家专门的收购分级标准。

### (五)滩羊二毛皮、羔皮收购分级标准

**1. 加工要求**　剥皮适当，皮形完整，全头全腿，晾晒平展。

**2. 等级规格**

(1)一等　毛绺花弯多，色泽光润，板质良好。滩羊二毛皮面

积 0.23 米$^2$ 以上，滩羊羔皮面积 0.15 米$^2$ 以上。面积 0.29 米$^2$ 以上为特等。

(2)二等　毛绺花弯少或板质较薄弱。滩羊二毛皮面积 0.2 米$^2$ 以上，滩羊羔皮面积 0.13 米$^2$ 以上。

(3)三等　晚春皮、秋皮，毛花过粗，毛梢发黄。滩羊二毛皮面积 0.15 米$^2$ 以上，滩羊羔皮面积 0.11 米$^2$ 以上。

(4)等外　不符合等内要求的，为等外皮。

**3. 等级比差**　一等 100%；二等 80%；三等 60%；特等 120%；等外 40%以上按质计价。

**4. 品种比差**　滩羊二毛皮 100%；滩羊羔皮 60%。

**5. 色泽比差**　纯白色 100%；纯黑色 130%。

注：①带轻微伤残或黑、花脖头，不算缺点。伤残严重的或花皮，酌情降等。

②量毛方法：选中脊两侧适当部位，轻轻拉直，除去虚尖量长度。

③量皮方法：从颈部中间至尾根，选腰间适当部位，长宽相乘，求出面积。

### (六)中卫沙毛皮收购分级标准

**1. 加工要求**　宰剥适当，皮形完整，全头全腿，晾晒平展。

**2. 等级规格**

(1)一等　毛绺花弯较多，毛长 6.6 厘米以上，色泽光润，板质良好，面积 0.22 米$^2$ 以上。

(2)二等　具有一等皮毛质、板质或白毛带黄梢、黑毛带红梢，面积 0.18 米$^2$ 以上。

(3)三等　毛略短或略空，毛质、板质尚好，面积 0.13 米$^2$ 以上。

(4)等外　不符合等内要求的为等外皮。

**3. 等级比差**　一等 100%；二等 80%；三等 60%；等外 40%

以下按质计价。

**4. 色泽比差** 纯一色皮无比差。

注:与滩羊二毛皮收购分级标准的注相同。

## 四、板皮分级

板皮是羊皮的总称。山羊板皮,除少数毛长绒多的皮张供作绒皮外,其余绝大多数均用于制革。绵羊皮中,有一部分没有制裘价值,也用于制革。不论是山羊板皮或是绵羊板皮均属制轻革皮的好原料,生皮轻鞣制而成的革皮,可用于军用、工业、农业、农用等各种制品,特别是山羊革皮,柔软细致、轻薄富于弹性,染色和保型性良好。

### (一)分级标准

山羊板皮分级依照 1986 年国家标准局发布的山羊板皮收购标准(GB 6440—86)归类如下(表 9-7)。

**表 9-7 板皮分级**

| 项目<br>等级 | 品质质量 | 四川、汉口、济宁、云贵路 | | 华北路 | 品质比差(%) |
|---|---|---|---|---|---|
| | | 面积(米²) | 重量(克) | 面积(米²) | |
| 特等 | 板质良好,在重要部位允许带 0.2 厘米²(如绿豆粒大小)伤痕 1 处;或板质尚好,重要部位没有任何伤残或缺点,可在接近两肷的边缘规定部位带有小的(0.2 厘米²)伤痕 1 处 | 0.44 以上 | 600 以上;<br>云贵路无要求 | 0.5 以上 | 120 |

**续表 9-7**

| 项目等级 | 品质质量 | 四川、汉口、济宁、云贵路 | | 华北路 | 品质比差(%) |
|---|---|---|---|---|---|
| | | 面积(米²) | 重量(克) | 面积(米²) | |
| 一等 | 板质良好,在重要部位允许带 0.2 厘米²(如绿豆粒大小)伤痕 1 处;或板质尚好,重要部位没有任何伤残或缺点,可在接近两肷的边缘规定部位带有小的(0.2 厘米²)伤痕 1 处 | 0.23 以上 | 四川路、汉口路为 325 以上;济宁路 300 以上;云贵路无要求 | 0.33 以上 | 100 |
| 二等 | 板质较弱,或具有一等皮板质的轻烟熏板、轻冻板、轻疥癣板、钉板、回水板、死羊淤血板、老公羊皮,都可带伤残不超过全皮面积的 0.3%;或具有一等皮板质,可带伤残不超过全皮总面积的 1%;或有集中疔、痘总面积不超过全皮面积的 10%,制革价值不低于 80% | 四川路、云贵路为 0.23 以上;汉口路、济宁路为 0.19 以上 | 300 以上;云贵路无要求 | 0.28 以上 | 80 |
| 三等 | 板质瘦弱,允许带集中伤残不超过全皮面积的 5%;或具有二等皮板质的冻板、陈板、疥癣板、熏烟板、回水板,都允许带集中伤残不超过全皮面积的 10%;或具有一等皮板质、允许带伤残不超全皮面积的 25%,制革价值不低于 60% | 四川路、云贵路为 0.23 以上;汉口路、济宁路为 0.19 以上 | 250 以上;云贵路无要求 | 0.22 以上 | 50 |

续表 9-7

| 项目等级 | 品质质量 | 四川、汉口、济宁、云贵路 | | 华北路 | 品质比差(%) |
|---|---|---|---|---|---|
| | | 面积(米$^2$) | 重量(克) | 面积(米$^2$) | |
| 等外 | 不具备等内皮品质 | | | | 30以下 |

注:(1)四川路、汉口路要求全头全腿。

(2)大毛猾子皮不能按山羊板皮收购。

(3)对钉撑过大的皮要酌情降等。

(4)量皮方法:从颈部中间至尾根为长度,选腰间当部位为宽度,长宽相乘求出面积。

(5)下列各条不按伤残、缺点论。

①幼龄公羊颈部略显厚硬者;颈部有疮疤者;颈部有绳索伤痕者。

②轻微肤皮:新陈代谢的表皮而非疥癣皮;或板面带很小的痘疱,但皮表尚未凸起者。

③寒冷地区冬季生产的鲜皮,经速冻和一次解冻晾干而质量未受影响者。

④伤残或缺点不超过表 9-8 边缘规定范围者。

表 9-8　板皮伤残或缺点

| 全皮面积(米$^2$) | 边缘规定范围(厘米) |
|---|---|
| 0.23～0.27 | 5 |
| 0.28～0.35 | 6 |
| 0.36～0.43 | 7 |
| 0.44 以上 | 8 |

## (二)绵羊板皮分级收购标准

**1. 加工要求**　宰剥适当,皮形完整,晾晒平展。

**2. 等级规格**

(1)一等　板质良好,面积 0.55 米$^2$ 以上,可带有黄豆大小伤残 2 处。

(2)二等　板质较弱或轻烟熏板,轻冻板,轻陈板,轻疥癣板、钉板、回水板、死羊淤血板,都可带伤残不超过全面积的 0.5%;具有一等皮板质,可带伤残不超过全皮面积的 1.5%,或有疔伤、痘疤,总面积不超过全皮面积的 10%,制革价值不低于 80%。全皮面积都在 0.44 米$^2$ 以上。

(3)三等　板质瘦弱或冻糠板、陈板、较重疥癣板,都可带伤残不超过全皮面积的 15%;具有一、二等皮板质,可带伤残不超过全皮面积的 25%,制革价值不低于 60%。全皮面积都在 0.33 米$^2$ 以上。

(4)等外　不符合等内要求的,为等外皮。

**3. 等级比差**　一等 100%;二等 80%;三等 50%;等外 40% 以上按质计价。

**4. 绒板皮比差**　本种绵羊皮 100%;绵羊板皮 60%。

注:①肋骨形皮、生皮剪毛板,酌情降等。

②量皮方法:从颈部中间至尾根,选腰间适当部位,长宽相乘,求出面积。

③收购检验方法:收购时,检验板皮质量的方法,主要是靠手感和目测。板皮是制革的原料皮,所以检验重点是板质。概括起来,收购山羊板应注意的要点是"皮板足壮,厚薄均匀,张幅大小,分量轻重,皮形完整,伤残程度"。对伤残掌握上,软伤要严于硬伤;主要部位要严于次要部位;数处分散的伤残要严于集中一起的伤残;非季节皮要严于季节皮(春、夏季节要严于秋、冬季节)。山羊板皮以原板为标准,钉、撑板酌情定级。一等皮不能有钉、撑板。

绵羊板皮质量检验方法与山羊板皮基本相同，但绵羊由于分为多种生产方向，品种间差异较大，板皮品质不一，故不能机械地用一个标准去衡量。

## 第三节 羊毛、羊绒、羊皮贮存保管

### 一、羊毛贮存

羊毛经分级后分类堆放。分级整理好的羊毛必须正确地打包、贮存。清洁和正确的包装可以提高羊毛的销售价格。

羊毛的打包工作通常由 2 个打包工人和 2 个缝包和抱毛助手以及 2 个堆包助手 6 个人组成。打包时尽量使每一张套毛放平展，干净的一面向上，去除碎毛朝颈部方向打裹，再与已卷起的套毛一起打成圆形的毛包，以此类推，放满打包机为止。较脏和净毛率低及头蹄、腹部、粪污的羊毛等分开打包。统计记录人员按羊毛等级类型分别指导打包工作，最好使用各地羊毛协会提供的统一的聚丙烯包装布，并在毛包上标明产地、等级、类别、批号、分级员号码、毛包号码、毛包重量等，并做好记录等工作。毛包的印刷应清晰、整齐、干净、尽量避免涂改。

打包登记完成的毛包由推包助手及时将毛包放入羊毛仓库中，分级分类堆放以便于检测、装运。贮存羊毛的毛包仓库要求通风、干燥、防雨、安全牢固，条件允许时，尽量安排专人值班看护。

### 二、羊绒贮存

#### (一)仓库的要求

贮存羊绒的仓库要建筑得高大而严密，防止蚊、蝇、虫、鼠等进入。库顶要密封不漏水，并经常进行检查，防止雨水进入，造成羊绒腐烂、霉变。库顶要有隔温层并配备良好的通风设备，保持库内空气干燥、清洁、凉爽，防止绒库温度过高。仓库的窗户应高而小，使用的玻璃应用磨砂或有色玻璃，防止日光直射使库内温度变高。同时，还应配备消防用具，防止火灾发生。仓库的温度要适中，一般在10℃以下为宜，最高不超过30℃。

### （二）入库前的准备

原绒入库前要认真检查其所含水分，水分含量应在17%以下。如超出这个指标，要及时晾晒，使其水分含量下降到标准水分以内。贮存羊绒时，最好用棉布袋、化纤袋包装。仓库内不宜贮存具有酸性和碱性的物质，同时要防止具有酸性和碱性的气体、液体和粉尘进入仓库内。因为这些物质容易同绒纤维起反应，会损坏绒纤维的各种性能。

### （三）入库后的存放

由于不同等级和不同颜色的山羊绒价值不等，且不同产地的山羊绒所含油脂和土杂是不同的，存放时应按品种（白、青、紫）、产地、等级、数量分别放置。放绒架子一般在离地面30厘米左右即可，确保底部通风散潮，并阻止地面蒸发出的水分进入羊绒内。要堆放整齐，袋口向外，以便随时抽样检查。

### （四）消毒、灭虫灭菌方法

要定期检查和抽查羊绒，一旦发现有虫蛾、潮湿、霉变等现象，要及时防治和补救。

**1. 磷化铝熏蒸法** 一般用磷化铝快速熏蒸来灭虫；使用该药时，要对仓库进行密封，灭虫人员要佩戴好防毒用具，灭虫时间为7天，晒药时间为7～10天。晾药时要打开仓库及各种通风设施，让其充分通风，因该药毒性大，禁止人、畜靠近仓库。

**2. 40%甲醛熏蒸法** 事先将室内绒袋穿插摆放，紧闭门窗及通风处，灭菌人员要佩戴好防毒用具，室内温度不应低于 15℃。按每立方米计算，兑药比例为：40%甲醛 25 毫升、水 12.5 毫升、高锰酸钾 25 克。加入顺序为：用瓷盆，先加入 40%甲醛，再加入水，最后加入高锰酸钾混合，氧化而蒸发气体。若无高锰酸钾，可用加热法使之蒸发，消毒 12 小时。然后，从外面打开门窗，充分通风换气数日，使药气消失。此法一般用于夏季。

## 三、羊皮贮存

晒干的羔皮经边毛修剪和毛面梳理后，应毛对毛、板对板相叠贮存保管，仓库力求阴凉、干燥、通风，下设地板，或贮放在货架上，切忌直接放在泥地或水泥地上，以免地面返潮而引起羔皮变质。

羊皮剥下后，要进行羊皮的腌制防腐，方法主要有三种：一是晾干法。羊皮除去油脂、肉屑、泥土等杂质后，将毛抖顺，皮板向下，毛面向上，平铺在木板上，按自然姿势拉平，定形后将皮板朝上，放在阴凉处风干。二是干盐腌法。在板面上均匀撒上食盐，盐的用量一般为皮重的 20%～30%，板面对板面叠起，2～3 天后摊开晾干贮存。三是盐水腌法。容器内放入 25%的盐水，水温为 10℃～20℃，腌 10～15 小时后，取出沥水，在皮板上撒上干盐保存。

# 第十章　生产表格及档案管理

## 一、毛用绵羊

育种场系统的育种记载每年都能获得大量的记录资料。在各个育种环节，按时发放记录表，有些记录还必须事先抄写好部分项目的记载，由专人负责事先将号码按顺序抄写在记录上，生产环节结束后及时把记录收回育种资料室，并按群先装订好，待本年度卡片填写完毕、资料统计分析结束后，再按记载种类和类别分别装订成集，每年装订的集数是一定的。按种类、年度、统一编号登记在原始记录簿上，把记录资料分门别类地放入资料橱内以便查找资料用，由专人负责，不得随意涂改，以保证育种资料的连续性及完整性。

### (一)资料档案记录内容格式

**1. 建立个体编号制度**　是个体编号时建立个体记载的基础。羔羊从出生就有个体代号，根据多年的实践采用三种编号，以作为不同时期个体的代号。一是出生临时编号，二是针刺耳号，三是个体耳号。

**2. 建立系统的育种记载**　育种场建立各种记载的目的，是为便于管理畜群及为育种提供数据。因此，记录的种类可根据育种工作的实际需求来决定，记录太简单不能说明问题，而过于繁多则会造成人力困难，因此要有的放矢。

主要的原始记录种类有：个体鉴定记录；剪毛称重记录；后裔测验及个体选配后裔鉴定记录；配种产羔记录；种公羊采精记录；

种公羊卡片；种母羊卡片；后裔测验、后备公羔的谱系卡片；出场种羊卡片。

各种育种记录资料根据绒毛用羊的育种生产实际制定。

### (二)资料档案记录要求

在各个育种生产环节进行时，由各分工负责的专业技术人员在工作地点按照统一印制的规定表格，认真填写，字迹清楚、规范，尽量美观，一律使用蓝黑墨水填写，尽量避免错误，保持各类原始资料的清洁。禁止在各类原始资料上做与要求项目无关的涂抹。

从事资料记载的人员要经过专业培训，熟练掌握各种资料的填写、记录方法，可以提高工作效率并保证工作质量。

每项内容的填写要求准确无误，而且尽量保证资料的完整。

### (三)资料档案记录统计分析

在获得丰富的记录资料后，必须及时加以整理分析，从中得出规律性的变化用于指导育种。为了掌握本年度的实际情况及育种效果，每年进行的常规统计有：各类羊的生产性能、主要品质分析、羔羊的生长发育状况、种羊的后裔品质及个体选配效果分析、母羊配种产羔、羔羊繁殖成活情况。统计资料经过审核校对才能应用，并及时做好统计资料的汇总、登记，建立统计资料的登记簿及历年资料汇总簿。统计资料登记后由专人保管。

常规统计的原则：要如实地反映畜牧业生产情况，反映育种效果，还要比较年度间、类型间的差异及变异情况。因此，对数量性状采用生物统计方法，目前计算机的普遍应用为统计工作创造了优越条件，对质量性状的统计多采用抽样统计，抽样方法尽量随机。

### (四)资料档案记录发展目标

经过几十年的发展，育种资料档案工作也在不断发展进步。

随着电子计算机的广泛应用，建立绵羊育种数据库系统，利用先进的运算程序估测细毛羊的主要性状的遗传参数，进行系统的统计分析，探讨细毛羊主要性状的遗传变异规律，指导本系统细毛羊的育种和生产工作。

### （五）绵羊育种计划的内容

一个羊场或养羊专业户，不论是在建场之初还是在杂交改良的基础上进行育种工作，都应制定育种计划。这个计划应根据国家养羊业发展的区域规划，结合当地环境条件以及羊群实际情况来制定。育种计划不是一成不变的，需要在执行过程中修改和完善。一般的绵羊育种计划应该包括以下3个部分。

**1. 基本情况**

（1）所在地的自然条件和生产条件　地理位置、海拔、土壤、植被、温度、湿度、降水量、有霜期和作物种类等。

（2）羊群品质　羊群品种、等级组成、主要生产性能（活重、产毛量、羊毛细度、长度、密度、均匀度、油汗和腹毛、受胎率、成活率等）。

（3）饲养管理情况　牧地面积、饲料生产状况、羊群饲养管理情况（放牧、补饲、生产环节安排等）。

**2. 育种方法**

第一，育种计划指标（理想型公母羊的体重、活重、产毛量、羊毛长度、细度、密度、油汗、弯曲、净毛率、繁殖率等）；

第二，计划引进的品种和公羊；

第三，采用的育种方法；

第四，选种选配的方法；

第五，羔羊的培育方法；

第六，生产性能的测定；

第七，育种登记方法。

**3. 保证完成计划的措施**

第一,饲养管理的改善;

第二,饲料基地的扩大和增产;

第三,羊舍和设备的修建;

第四,兽医防治措施;

第五,劳动组织和提高生产率;

第六,养羊业的经济指标。

### (六)育种记载

育种要搞好资料记载,目的是为绵羊育种提供可靠的依据。资料记载主要是特级和一级公母羊、进行后裔测定的公、母羊及其后代。

**1. 种羊卡片** 是种羊场、羊群的主要记录,用以记录种公、母羊的系统资料。凡本场育种核心群的基础母羊和使用的种用公羊、参加后裔测定的种公羊必须建立卡片。核心群种公羊卡片内容必须详细填写,生产群可以根据本场发展的实际选择性地填写主要生产性能数据资料。

**2. 绵羊配种及产羔记录** 根据配种情况登记前几项。产羔羊和断奶时登记完。然后根据育种需要整理汇总。主要根据当年种公羊的配种产羔情况按照表格要求填写。复配母羊的配种公羊和配种日期以对应的产羔日期确定。

**3. 绵羊体重及剪毛登记** 剪毛后将毛量和剪毛后体重记入表内,并抄入种公羊卡片、种母羊卡片和绵羊个体鉴定记录。

**4. 羔羊断奶体重记录** 羔羊生长发育速度是一个重要性状。可以根据育种工作的目标重点选择性地测定主要生产性能指标。

**5. 后裔测验的鉴定记录** 表中有各个时期后裔鉴定记录,可以与母羊鉴定记录对比,得到母羔对比结果。

**6. 绵羊个体鉴定记录** 凡作个体鉴定的绒毛用羊，均需把鉴定结果记录在规定的表格内。

**7. 种公、母羊饲养记录** 结合牧草生长状况，把种公、母羊消耗的总饲料量记录在表内。可以根据饲养管理和生产性能变化情况调整绒毛羊的生产管理。

各种卡片、记录的具体格式基本按照本育种和养殖场的实际需求设计，随着绒毛用羊联合育种工作的开展和计算机管理数据库的建立，全国范围内本行业的资料管理也将逐步实现统一和规范。

## 二、绒山羊

随着计算机在各个经济领域中的应用，绒山羊的发展同其他畜禽一样，适应现代育种技术，应用了准确、高效的计算机管理技术，及时、准确、方便地掌握绒山羊的信息资料，实现科学指导绒山羊繁育工作，培育优质、高产的绒山羊产业体系。种羊原始资料是为绒山羊选育、育种的研究提供翔实的重要信息资源。为充分发挥其在绒山羊繁育生产中的作用，原始档案资料记录要齐全、清晰、准确，测量力求标准、精确。

### (一)耳标编制

羊耳标就是为区分种羊个体所编写的数字组合代码，为便于养羊户或羊场的管理方便、系统，羊耳标编制应明了有序，便于查询即可。一般羊耳标编制能够显示该个体的出生年度、母羊所在群号、出生序号，可用 5 位数字表示，养殖规模大的可用 6 位数字表示，如果要显示更多的信息还可以再加，但尽量不要使用特殊符号，避免给计算机录入和数据库建立带来不便。比如，2011 年在该场的 12 号母羊群生产了 7 号羔羊，其耳标可编写为“112007”；

2012年在9号母羊群生产了100号羔羊，其耳标可编写为“29100”。

图解：“出生年度(1)＋母羊所在群号(12)＋羔羊出生序号(007)”；“出生年度(2)＋母羊所在群号(9)＋羔羊出生序号(100)”

### (二)性能的测定与记录

生产性能的测定是绒山羊育种的基础，性能测定工作一定要严谨，操作严格按照科学、系统、规范的规程进行，力求准确减少误差，否则对育种研究工作产生误导，影响选育效果。

绒山羊性能测定可分为生产性能和繁育性能两部分。

**1. 生产性能** 生产性能包括体尺（体高、体长、胸宽、胸深、胸围、管围）、体重（配种前体重、抓绒后体重）、抓绒量、产毛量、密度、绒毛品质（细度、白度、伸直长度、强度、净绒率）绒厚、毛长、断奶重等记录（表10-1至表10-4）。

**表10-1 ×××绒山羊生产性能测定**

群号（牧工）：

| 耳号 | 性别 | 体高（厘米） | 体长（厘米） | 胸宽（厘米） | 胸深（厘米） | 胸围（厘米） | 管围（厘米） | 绒厚（厘米） | 毛长（厘米） | 产绒量（克） | 产毛量（克） | 细度（微米） | 抓绒后体重（千克） | 备注 |
|---|---|---|---|---|---|---|---|---|---|---|---|---|---|---|
| | | | | | | | | | | | | | | |
| | | | | | | | | | | | | | | |
| | | | | | | | | | | | | | | |
| | | | | | | | | | | | | | | |

单 位： 测定日期： 年 月 日

表 10-2 ×××绒山羊生产性能测定

群号(牧工):

| 耳号 | 性别 | 绒厚（厘米） | 毛长（厘米） | 产绒量（克） | 产毛量（克） | 细度（微米） | 抓绒后体重（千克） | 备注 |
|---|---|---|---|---|---|---|---|---|
| | | | | | | | | |
| | | | | | | | | |

单位：　　　　　　　　　　　　测定日期：　年　月　日

表 10-3 ×××绒山羊体尺测定表

群号(牧工):

| 耳号 | 性别 | 体高（厘米） | 体长（厘米） | 胸宽（厘米） | 胸深（厘米） | 胸围（厘米） | 管围（厘米） |
|---|---|---|---|---|---|---|---|
| | | | | | | | |
| | | | | | | | |

单　位：　　　　　　　　　　　　测定日期：　年　月　日

表 10-4 ×××绒山羊(断奶重或抓绒后或配种前)体重测定表

群号(牧工):　　　　　　　　　　　　性别：

| 耳　号 | 体　重（千克） | 备　注 | 耳　号 | 体　重（千克） | 备　注 |
|---|---|---|---|---|---|
| | | | | | |
| | | | | | |

单　位：　　　　　　　　　　　　测定日期：　年　月　日

注：表格的制作应根据生产研究需要适当添加项目，总而言之，记录使用方便。

(1)体尺测定

体重：称重前空腹 12 小时所得的体重。

体高：由鬐甲顶端到地面的垂直距离。

体长：由肩胛骨前端到坐骨结节后端的直线距离。

胸宽：左右肩胛骨中心的距离。

胸深：由鬐甲最高点到胸骨底的直线距离。

胸围：在肩胛骨后缘，绕体躯一周的长度。

管围：左前腿管骨上 1/3 的圆围长度。

(2)净绒率测定

公羊：从体侧、背、肩、股、颈五个部位取样，依次按 2∶1∶1∶1∶1 的分量采取，总共取污绒质量不低于 30 克。

母羊：从体侧、肩、股三个部位取样，依次按 2∶1∶1 的分量采取，总共取污绒质量不低于 30 克。

绒毛长度的测定：在肩胛后一掌体侧中线稍上处，用米尺测量绒层底部至顶端之间的距离。

绒毛细度测定：取样部位同测定绒毛长度的部位，采用实验室方法测定绒毛的平均直径。以上采取绒毛样品均用剪取法。

抓绒后体重：抓绒后的空腹活重。

绒厚：指羊绒自然长度。

产绒量：指原绒产量。

**2. 繁育性能** 繁育性能包括系谱、配种、接羔、初生重、多胎性、羔羊毛色等记录(表 10-5，表 10-6)。

**表 10-5 ×××绒山羊配种记录表**

牧 工：

| 母 羊 | 第一次、第二次… | | | | | | 所产羔羊情况 | | | 备 注 |
|---|---|---|---|---|---|---|---|---|---|---|
| | 与配公羊 | 稀释倍数 | 精子活力 | 输精量 | 存放时间 | 配种日期 | 羔羊耳号 | 性别 | 出生时间 | |
| | | | | | | | | | | |
| | | | | | | | | | | |
| | | | | | | | | | | |

表 10-6　×××绒山羊初生重测定表

牧工：

| 母羊耳号 | 公羊耳号 | 羔羊耳号 | 性　别 | 初生重 | 出生日期 | 备　注 |
|---|---|---|---|---|---|---|
| | | | | | | |
| | | | | | | |
| | | | | | | |

除此以外，记录内容还应包括引种、饲料生产、免疫档案、防治用药、配种、产羔、出售及其他饲养日记图像等。所有资料记录应妥善保存。

## 三、裘 皮 羊

湖羊有关生产、育种的原始记录，是了解羊群生产性能和制订计划的基础，也是进行选种选配，改进饲养管理和羊群质量的科学依据。湖羊在生产中的记录一般有以下几种：

①湖羊种公羊卡片。

②湖羊种母羊卡片。

③种公羊配种登记表。

④种母羊配种繁殖登记表。

⑤羔羊初生鉴定表。

⑥留种羔羊生长发育记录表。

⑦羊群疾病防治记录。

# 第十一章　经营管理

## 第一节　绒毛用羊养殖场人员结构

绒毛用羊规模养殖场的人员数量、质量及人员结构因养殖规模、核心生产目标和生产方式的不同而有所不同。以养殖规模达10 000只，以放牧为主、舍饲为辅的生产方式，核心生产目标以绒毛用羊产品生产和绒毛用羊种羊生产与推广为主的养殖场，应至少包括由场长牵头、由5人组织的经营管理者团队，下设技术研发、财务营销、后勤管理、生产4个职能部门。

### 一、经营管理者团队

经营管理者团队是最高决策机构，它由场长和各职能部门负责人组成。经营管理者团队要根据绒毛用羊生产场的核心目标，把握成功的关键要素，培养和优化各职能部门的核心能力。绒毛用羊经营管理者应具备爱羊、敬业、细致、耐吃苦、有较强的敬业精神，有较强的组织能力和市场分析能力，具备绒毛用羊生产的专业知识。场长应坚决执行党和国家的方针政策与法律法规，认真贯彻落实科学发展观，正确处理绒毛用羊生产和个人之间的利益关系，能够坚持绒毛用羊改革发展的正确方向。具有强烈的事业心、责任感，面对激烈的市场竞争，不怕困难，勇于进取，敢于承担风险，勇于和善于参与市场竞争。善于开拓国际市场，善于根据市场变化做出科学决策。有良好作风，严格按制度和程序办事，善于听取各方面意见，实行科学管理，知人善任，公道正派，谦虚谨慎，不骄不躁，善于和其他成员合作共事。

## 二、技术支撑团队

设部门经理 1 人，要求本科以上学历，高级技术职称。成员 15 人。主要职能是负责畜牧、兽医、饲料营养、畜产品质量检测监测方面协助决策，提供技术支撑。

### （一）育种与繁殖人员

成员 6 人，要求动物科学专业专科或本科以上学历，具有相应专业理论知识基础和实际操作技能。至少 1 人要达到中级畜牧师技术职称。主要职能：开展新品种（品系）选育，育种方案的制订与组织实施，种羊的选种、选配与培育，人工授精，优秀种羊的扩繁与推广。解决生产过程中的育种与繁殖方面的技术问题，管理育种过程中包括选种选配资料、配种记录、产羔记录、鉴定记录、剪毛记录、断奶归群记录以及种公羊、种母羊卡片等材料的档案管理工作。能科学地、定量化地确定育种目标。时时了解育种工作的各个环节，对育种对象群体的生产性能进行定量化的考察，及时提出育种方案的修订计划，实现绒毛用羊重要经济性状遗传进展的最大化和经济效益的最大化。

### （二）兽医、疫病防控人员

需兽医技术人员 3 人，至少中级以上兽医师 1 人，大专以上文化程度。需防疫员 2 人。主要职能：协助技术团队制定与实施全场羊只疫病防控计划，监测疫情的动态，控制重大疫情发生，研究制定各种普通病的预防治疗技术和传染性疾病的高效防控措施。负责防疫工作，为绒毛用羊提供相应的防疫措施。具体要求：

①引进种羊时要充分考察当地疫病的流行情况，要从无疫区购买种羊。②要根据当地羊的疫病流行特点，制定合理的免疫程序。按免疫程序搞好防疫接种，提高其免疫能力。③要定期做好驱虫工作，使用高效低毒无残留的驱虫药驱除其体内外寄生虫。④及时做好消毒工作，定期使用不同种类的消毒剂交叉对羊舍和器具消毒、放牧地进行消毒。同时，尽量减少外来人员入内参观，场内人员要减少外出，外来或外出人员要进入生产区，必须先进行彻底的消毒，严防疾病传入。

### （三）营养与饲料技术人员

营养与饲料技术人员必须熟知绒毛用羊全年的营养需要和本地区放牧天然草场的营养供给的季节性变化规律。岗位 2 人，需要本专业专科以上文化程度，至少 1 人为中级技术职称。主要职责：制定和实施各类绒毛用羊的补饲方案，根据羊的饲养标准和饲料营养特性，制定不同类型不同季节的补饲日粮配方，协助技术团队解决生产过程中的动物营养与饲料技术问题。

### （四）产品质量监管人员

设岗位 2 人，大专以上学历，至少 1 人为相关专业中级职称。绒毛用羊生产的主要产品是绒和毛，确保绒毛质量满足市场需求对提高绒毛用羊生产者的市场竞争能力和生产的可持续性至关重要。质量监管人员的职责：定期检测和监测绒毛用羊产品的质量，根据监测结果协助技术团队及时调整育种方案，同时协同财务营销团队做好产品的分级管理。

## 三、财务营销团队

财务管理部门岗位 3 人，会计 2 人，出纳 1 人。财务营销部门的主要职能:制定羊场年度经营计划,组织编制羊场年度财务预算、决算;执行、监督、检查、总结经营计划和预算的执行情况,提出调整建议;执行国家财务会计政策、税收和法规,制定和执行羊场会计政策、纳税政策和财务管理制度;收银工作和应收、应付款的管理;会计核算,会计监督工作;妥善保管会计凭证、会计账簿和其他的会计资料;编写羊场经营管理状况和财务分析报告,努力降低成本,增收节支,提高效益;负责员工工资核算和发放。

## 四、后勤管理团队

后勤管理团队设管理主任 1 人,设置服务人员 6 人。主要职责:根据场内的年度工作计划,制定后勤管理工作计划,并认真实施;做好生产办公用品的采购管理和供应工作;负责场内各类生产设施设备,用具用品及其他固定资产的登记,管理,添置,维修工作;负责保障养羊场食堂生活用水,以及畜群饲料的供应;做好临时用工人员的聘任,管理和辞退工作。

## 五、生产管理团队

放牧以群为单位,10 个繁殖母羊群,2 个后备母羊群,1 个公羊群,每群规模 750 只。每群由 3 人放牧管理,每人放牧 250 只羊。

### (一)放牧管理人员

放牧人员每人按 250 只羊只计算,应具备初中以上文化程度,热爱养羊事业,具有吃苦耐劳的精神,工作细致认真,能适应集体生活,有一定的组织观念,无家庭拖累的青壮年人员。

### (二)饲草料生产人员

饲草料生产人员 1～2 人,包括制定饲草料定额、各类型羊的日粮标准、青饲料的生产和供应组织、饲料的留用和管理、饲料的采购与贮存以及配合加工等。原则是就地取材，尽量挖掘潜力、降低成本、注重多样性、科学配比、四季均衡，采购渠道要相对稳定。饲草等粗饲料保证贮存 1 年的库存量，精饲料应保证 1 个月的库存量。有条件的可定期对所进的饲草、饲料进行营养成分检测，保证质量。

**(三)剪毛技术人员**

剪毛技术员主要职责：负责磨剪毛剪刀片维修的人员 1～2 人；称量毛重的人员 1 名；记录羊毛重量的人员 1 名；负责为剪毛时剪破的伤口涂擦消炎药的人员 4 名；剪毛台分级人员 4 人；负责抱毛人员 4 名。为保质保量做好绒毛用羊的剪毛工作，在剪毛前要拟订剪毛计划，做好组织领导、剪毛人员及其物品准备。

**(四)梳绒技术人员**

梳绒人员要求了解梳绒程序，会使用梳绒工具，掌握梳绒技术，明白梳绒各个环节及注意事项。需要梳绒技术指导人员 1 名，制定梳绒指导方法和操作规程；梳绒人员若干名，熟练掌握梳绒技术。

羊绒梳好后进入库房，需要库房管理人员 1 名，要求在羊绒入库前打扫库房，对入库后的羊绒及时查看管理，发现有虫蛀，应及时消毒，杀虫灭菌。

**(五)接羔育羔人员**

①在母羊产羔过程中，需要接羔人员 4～5 人，主要负责助产及产羔母羊和羔羊的护理。

②产羔母羊和羔羊的护理人员 4～5 人，懂得相应的母羊和羔羊护理技术，应当做到“三防、四勤”，即防冻、防饿、防潮和勤检查、

勤配奶、勤治疗、勤消毒。接羔室和分娩栏内要经常保持干燥，潮湿时要勤换干羊粪或干土。接羔室内温度不宜过高，一般接羔室内的温度要求在5℃以上。

③编号人员1名，为了母仔群管理上的方便，避免引起不必要的混乱，应对母仔群进行临时编号，即在母仔同一体侧（单羔在左、双羔在右）编上相同的临时号。

④断尾、去势人员。断尾、去势人员总共设8人。断尾人员一般设3人，断尾持铲人员1名，保定羊羔人员按实际情况而定，断尾后另外单独1人可用2%～3%碘酊涂抹伤口进行消毒；打号人员1人，给去势过的羔羊点上号，以便确认。去势人员设3人，抓羔羊人员不定，按实际情况操作，由1人固定住羔羊的四肢，并使羔羊的腹部向外，另1人将阴囊上的毛剪掉，再由1人在阴囊下1/3处涂上碘酊消毒。去势完毕，在伤口处涂上消毒药物即可。

断尾、去势1～3天之后，应由2人进行检查，如发现有化脓、流血等情况要进行及时处理，以防进一步感染造成羊只损失。

## 第二节　饲草饲料的合理利用

养殖家畜的过程中，饲草饲料成本是最大的一项支出，大约占总饲养成本的65%，因此合理利用饲草饲料，可以减少浪费，节约养殖成本，提高经济效益。

### 一、农区饲草饲料的利用

第一，农区适宜于舍饲管理，羊只饲养规模一般较小，5～10月份可以刈割青绿饲料饲喂。农区的优势是有大量的秸秆，可以采用长草短喂、短草槽喂，有效提高秸秆的利用率，减少干草的浪费；有条件的还可加工成草粉，把秸秆青贮、微贮等，提高秸秆的转化效率。

第二，微贮饲料，是利用农作物秸秆制作的一种优质饲料，它是现代用微生物来提高低质粗饲料品质的有效而经济的方法之一，具有成本低、效益高、适口性好，羊只采食量多、消化率高、增重快，制作简便、不争农时等优点。

第三，青贮饲料，是在玉米蜡熟期时把玉米秸秆在青贮池、青贮窖或青贮壕内堆紧、压实后覆盖厚塑料薄膜，使其厌氧发酵后生产出的颜色青绿或绿褐，有特殊酸香味，水分适宜，适口性好，消化率高的优质饲料。一般用于饲喂高产奶牛，饲喂绵、山羊时要与一定量的青干草搭配饲喂。青贮饲喂按制作方法的不同有全株青贮、铡短青贮、带棒青贮等多种方法。

## 二、牧区饲草饲料的利用

第一，应该采用分区轮牧、围栏放牧和季节转场等方法来利用草场，这样既能保证家畜的采食，又能使草场有休养生息的时间。

第二，可以种植人工饲草料地，根据牲畜的数量，合理安排饲草与饲料的种植面积，一般种植玉米、紫花苜蓿等，相比全部依赖购买饲草料，可以降低饲养成本。

第三，制作青贮饲料，它能解决冬季和春季饲料不足的问题，能够较多地保存牧草中的养分，改善饲料的适口性，提高饲料的消化率，消灭饲料中的病虫，改善青饲料的品质，容易贮藏，经济安全。

## 三、半农半牧区饲草饲料的利用

半农半牧区由于草场较少，白天适度放牧，早晚用干草、青草、树枝、树叶、农副产品等进行补饲。也见于农区，秋季作物收获后，将羊群放入农田放牧，采食作物根茬，至翌年春季播种前转为舍饲。

## 四、补　饲

补饲的饲料为：青干草、青贮料、精饲料、食盐，其中食盐需要常年补饲。饲料来源应该因地制宜，就地取材，以节约成本。有条件的情况下，精料应尽可能使用配合饲料、自配混合料，或仅使用玉米作为补饲料。使用购买的盐砖或矿物质添加剂舔砖，在羊舍既不容易被粪尿污染又能被每只山羊够着的固定位置，任其自由舔食。

以放牧条件下的新疆南疆绒山羊为例，推荐补饲配方见表11-1。

**表 11-1　新疆南疆绒山羊补饲配方**

混合精料与营养水平

| 精饲料配方(%) | | | | 营养水平 | | |
|---|---|---|---|---|---|---|
| 玉　米 | 棉籽饼 | 麸　皮 | 葵　渣 | 干物质(千克) | 总　能(兆焦/千克) | 粗蛋白质(克/千克) |
| 70 | 12 | 8 | 10 | 0.90 | 18.79 | 135.7 |

补饲时间和补饲量(克/天)

| | 11月 | 12月 | 1月 | 2月 | 3月 | 4月 | 合计(千克) |
|---|---|---|---|---|---|---|---|
| 后备公羊 | 100(15天) | 100 | 150 | 200 | 250 | 150(15天) | 25 |
| 后备母羊 | 100(15天) | 100 | 150 | 150 | 200 | 150(15天) | 22 |
| 妊娠母羊 | — | 100 | 150 | 200 | 250 | 150(30天) | 25.5 |
| 种公羊 | — | 100 | 100 | 100 | 100 | 150(15天) | 13.5 |

# 第三节　成本核算

## 细毛羊饲养成本核算

第一，细毛羊饲养成本核算以新疆生产建设兵团农八师紫泥泉种羊场为例。该场现有管理人员 8 人、牧工 13 人。2010 年年末存栏 2 600 只。饲养品种为中国美利奴细毛羊。

第二，羊群为放牧＋舍饲，放牧期：每年 4～10 月份；舍饲期：每年 11 月份至翌年 3 月份。

第三，羔羊 3 月龄断奶，育成羊指 3～15 月龄，育肥羔羊指 3～6 月龄。

第四，饲养成本主要包括饲草料费用、人工工资、兽药、水电暖费用和折旧费。

第五，饲草料及其他费用价格为 2010 年市场价。

第六，各类羊只饲养成本见表 11-2，核算依据见表 11-3 至表 11-9。

**表 11-2　每只羊饲养成本**　（单位：元）

| 羊　别 | 饲草料 | 人工工资 | 兽　药 | 水电暖 | 折　旧 | 合　计 |
|---|---|---|---|---|---|---|
| 育成公羊 | 452.6 | 147.7 | 10 | 21.1 | 12.5 | 643.9 |
| 育成母羊 | 373.5 | 147.7 | 10 | 21.1 | 12.5 | 564.8 |
| 成年母羊 | 538.7 | 147.7 | 10 | 21.1 | 12.5 | 730.0 |
| 种公羊 | 1060.6 | 147.7 | 10 | 21.1 | 12.5 | 1251.9 |
| 育肥羔羊 | 223.3 | 36.9 | 5 | 5.3 | 3.1 | 273.6 |

表 11-3 育成公羊日粮配方

| 管理阶段 | 月龄 | 体重（千克） | 青贮（千克） | 杂草（千克） | 棉壳（千克） | 苜蓿（千克） | 多汁料（千克） | | 精料（千克） | 食盐（克） | 干物质（千克） |
|---|---|---|---|---|---|---|---|---|---|---|---|
| | | | | | | | 胡萝卜 | 甜 菜 | | | |
| 放 牧 | 4～10 | 20～50 | — | — | — | — | — | — | — | 8 | — |
| 舍 饲 | 11～12 | 51～65 | 1.6 | 0.6 | 0.3 | 0.3 | 0.2 | 0.2 | 0.3 | 10 | 1.79 |
| 舍 饲 | 13～15 | 66～75 | 1.8 | 0.7 | 0.3 | 0.3 | 0.3 | 0.3 | 0.5 | 12 | 2.09 |

表 11-4 育成母羊日粮配方

| 饲养阶段 | 月 龄 | 体 重（千克） | 青贮（千克） | 杂草（千克） | 棉壳（千克） | 苜蓿（千克） | 多汁料（千克） | | 精料（千克） | 食盐（克） | 干物质（千克） |
|---|---|---|---|---|---|---|---|---|---|---|---|
| | | | | | | | 胡萝卜 | 甜 菜 | | | |
| 放 牧 | 4～10 | 20～45 | — | — | — | — | — | — | — | 6 | — |
| 舍 饲 | 11～12 | 46～50 | 1.4 | 0.6 | 0.3 | 0.2 | 0.2 | 0.2 | 0.2 | 8 | 1.60 |
| 舍 饲 | 13～15 | 51～55 | 1.5 | 0.7 | 0.3 | 0.3 | 0.3 | 0.3 | 0.3 | 10 | 1.85 |

表 11-5 成年母羊日粮配方

| 饲养阶段 | 时 间 | 青贮（千克） | 杂草（千克） | 棉壳（千克） | 苜蓿（千克） | 甜菜（千克） | 精料（千克） | 食盐（克） | 干物质（千克） |
|---|---|---|---|---|---|---|---|---|---|
| 空怀期 | 4 个月 | — | — | — | — | — | — | 8 | — |
| 妊娠前期 | 3 个月 | — | — | — | — | — | — | 8 | — |
| 妊娠后期 | 2 个月 | 2.0 | 0.7 | 0.5 | 0.3 | — | 0.5 | 12 | 2.21 |
| 哺乳前期 | 2 个月 | 2.0 | 0.7 | 0.5 | 0.4 | 0.8 | 0.6 | 13 | 2.58 |
| 哺乳后期 | 1 个月 | 2.0 | 0.7 | 0.5 | 0.5 | 0.8 | 0.7 | 15 | 2.75 |

**表 11-6　种公羊日粮配方**

| 饲养阶段 | 时间 | 青贮（千克） | 杂草（千克） | 苜蓿（千克） | 胡萝卜（千克） | 甜菜（千克） | 精料（千克） | 食盐（克） | 干物质（千克） |
|---|---|---|---|---|---|---|---|---|---|
| 放牧期 | 5个月 | — | — | — | — | — | 0.6 | 15 | — |
| 配种期 | 2个月 | — | — | 1.0 | 1.0 | — | 1.2 | 20 | — |
| 舍饲期 | 5个月 | 2.5 | 0.7 | 0.3 | — | 0.8 | 0.6 | 15 | 2.20 |

**表 11-7　育肥羔羊日粮配方**

| 月　龄 | 体　重 | 青贮（千克） | 杂草（千克） | 棉壳（千克） | 苜蓿（千克） | 甜菜（千克） | 精料（千克） | 食盐（克） | 干物质（千克） |
|---|---|---|---|---|---|---|---|---|---|
| 4 | 20～30 | 1.2 | 0.3 | 0.3 | 0.3 | 0.3 | 0.3 | 6 | 1.44 |
| 5 | 31～40 | 1.3 | 0.4 | 0.4 | 0.3 | 0.3 | 0.4 | 7 | 1.62 |
| 6 | 41～50 | 1.5 | 0.5 | 0.4 | 0.3 | 0.3 | 0.5 | 8 | 1.84 |

**表 11-8　每只羊饲草料需要量　（单位：千克）**

| 羊别 | 时间 | 青贮 | 杂草 | 棉壳 | 苜蓿 | 胡萝卜 | 甜菜 | 精料 | 食盐 |
|---|---|---|---|---|---|---|---|---|---|
| 育成公羊 | 5个月 | 258 | 99 | 45 | 45 | 39 | 39 | 63 | 3.4 |
| 育成母羊 | 5个月 | 219 | 99 | 45 | 39 | 39 | 39 | 39 | 2.4 |
| 成年母羊 | 5个月 | 300 | 105 | 75 | 57 | — | 72 | 87 | 3.7 |
| 种公羊 | 12个月 | 375 | 105 | — | 105 | 60 | 120 | 255 | 6.1 |
| 育肥羔羊 | 3个月 | 120 | 36 | 33 | 27 | — | 27 | 36 | 0.6 |

表 11-9　每只羊饲草料费用

| 类别 | 数量(千克) | | | | | 单价(元/千克) | 金额(元) | | | | |
|---|---|---|---|---|---|---|---|---|---|---|---|
| | 育成公羊 | 育成母羊 | 成年母羊 | 种公羊 | 育肥羔羊 | | 育成公羊 | 育成母羊 | 成年母羊 | 种公羊 | 育肥羔羊 |
| 青贮 | 258 | 219 | 300 | 375 | 120 | 0.28 | 72.2 | 61.3 | 84 | 105 | 33.6 |
| 杂草 | 99 | 99 | 105 | 105 | 36 | 0.50 | 49.5 | 49.5 | 52.5 | 52.5 | 18 |
| 棉壳 | 45 | 45 | 75 | — | 33 | 1.03 | 46.4 | 46.4 | 77.3 | — | 34 |
| 苜蓿 | 45 | 39 | 57 | 105 | 27 | 1.40 | 63 | 54.8 | 79.8 | 147 | 37.8 |
| 胡萝卜 | 39 | 39 | — | 60 | — | 1.25 | 48.8 | 48.8 | — | 75 | |
| 甜菜 | 39 | 39 | 72 | 120 | 27 | 0.38 | 14.8 | 14.8 | 27.4 | 45.6 | 10.3 |
| 精料 | 63 | 39 | 87 | 255 | 36 | 2.48 | 156.2 | 96.7 | 215.8 | 632.4 | 89.3 |
| 食盐 | 3.4 | 2.4 | 3.7 | 6.1 | 0.6 | 0.5 | 1.7 | 1.2 | 1.9 | 3.1 | 0.3 |
| 合计 | — | — | — | — | — | — | 452.6 | 373.5 | 538.7 | 1060.6 | 223.3 |

举例:新疆西部牧业股份有限公司紫泥泉种羊场

**1. 人工工资核算依据(2010 年)**

育成羊:(32 000 元/月×12 个月)÷2 600 只=147.8 元/只

成年羊:(32 000 元/月×12 个月)÷2 600 只=147.7/只

育肥羔羊:(32 000 元/月×3 个月)÷2 600 只=36.9 元/只

**2. 水电暖费用核算依据(2010 年)**

育成羊:(4 575 元/月×12 个月)÷2 600 只=21.1 元/只

成年羊:(4 575 元/月×12 个月)÷2 600 只=21.1 元/只

育肥羔羊:(4 575 元/月×3 个月)÷2 600 只=5.3 元/只

**3. 折旧核算依据(2010 年)**

育成羊:(2 700 元/月×12 个月)÷2 600 只=12.5 元/只

成年羊:(2 700 元/月×12 个月)÷2 600 只=12.5 元/只

育肥羔羊:(2 700 元/月×3 个月)÷2 600 只=3.1 元/只

# 参考文献


［1］ 中国畜牧业年鉴编辑委员会. 2010 年中国畜牧业年鉴［M］. 北京：中国农业出版社，2010.

［2］ 国家畜禽遗传资源委员会组. 中国畜禽遗传资源志：羊志［M］. 北京：中国农业出版社，2011.

［3］ 赵有璋. 羊生产学（第三版）全国高等农林院校“十一五”规划教材［M］. 北京：中国农业出版社，2011.

［4］ 马宁. 中国绒山羊研究［M］. 北京：中国农业出版社，2011.

［5］ 姜怀志，李莫南，娄玉杰，马宁. 中国绒山羊的分布、生产性能与生态环境间关系的初步研究［J］. 家畜生态，2001，22（2）：30-34.

［6］ 贾志海. 现代羊羊生产［M］. 北京：中国农业大学出版社，1999.

［7］ 南京农学院. 饲料生产学［M］. 北京：中国农业出版社，1980.

［8］ 张子仪. 中国饲料学［M］. 北京：中国农业出版社，2000.

［9］ 岳文斌，等. 生态养羊技术大全［M］. 北京：中国农业出版社，2006.

［10］ 岳文斌，等. 现代养羊［M］. 北京：中国农业出版社，2000.

［11］ 岳文斌，等. 羊场畜牧师手册［M］. 北京：金盾出版社，2006.

［12］ 张灵君，等. 科学养羊技术指南［M］. 北京：中国农业大

学出版社,2003.

[13] 李志农,等.中国养羊学[M].北京:中国农业出版社,1993.

[14] 赵有璋.半细毛羊饲养与育种[M].兰州:甘肃人民出版社,1981.

[15] 全国畜牧总站组编.绒山羊养殖技术百问百答[M].北京:中国农业出版社,2012.

[16] 宁夏畜禽品种志编委会编.宁夏回族自治区畜禽品种志、图谱[M].宁夏回族自治区农牧厅畜牧局印,1984.

[17] 中华人民共和国农业部组编.细毛羊技术 100 问[M].北京:中国农业出版社,2009.

[18] 张富全,等.新疆温宿县萨瓦甫齐牧场生态条件与绒山羊可持续发展分析[J].新疆:《草食家畜》,2006-2:7-9.

[19] 田可川,等.羊个体鉴定台[P].实用新型专利:ZL201220090336.8,2012-10-03.

[20] NY 1—2004,细毛羊鉴定项目、符号、术语[S].

[21] DB 65/ T 3595—2014,细毛羊生产性能测定技术规范[S].

[22] 全国畜牧总站组编.细毛羊养殖技术百问百答[M].北京:中国农业出版社,2012.

[23] 中华人民共和国农业部组编.绒山羊技术 100 问[M].北京:中国农业出版社,2009.

[24] 于宗贤.科学养羊问答[M].北京:中国农业出版社,2004.